DER ZÜCHTER

Begründet 1929 von Erwin Baur. Herausgegeben im Auftrage der Gesellschaft zur Förderung deutscher Pflanzenzüchter, des Reichsverbandes der deutschen Pflanzenzuchtbetriebe und des Kaiser-Wilhelm-Institutes für Züchtungsforschung, Erwin-Baur-Institut, Müncheberg, von Erwin Baur und B. Husfeld. Berlin, Springer.

DER ZÜCHTER erscheint jährlich in 8 einzelnen Heften, Jahres-Umfang 24 Druckbogen.

Für die Redaktion bestimmte Sendungen und Zuschriften sind zu richten an

Herrn Professor Dr. H. Stubbe,
Institut für Kulturpflanzenforschung
(19 b) Gatersleben, Krs. Aschersleben.

oder an den Springer-Verlag,
1 Berlin 31 (Wilmersdorf), Heidelberger Platz 3.

Es empfiehlt sich, Manuskripte unter „Einschreiben" zu senden.

In die Zeitschrift werden aufgenommen:
a) Originalarbeiten aus dem Gebiet der Pflanzen- und Tierzüchtung.
b) Originalarbeiten aus dem Gebiet der Entstehung der Kulturpflanzen und Haustiere.
c) Genetische und cytologische Originalarbeiten an züchterisch wichtigen Objekten.
d) Physiologische Arbeiten an züchterisch wichtigen Objekten.
e) Arbeiten über neue Methoden, Apparate u. dgl., soweit diese für den Züchter und Züchtungsforscher Bedeutung haben.
f) Zusammenfassende Darstellungen aus für die Züchtung wichtigen Gebieten der Grundlagenforschung.
g) Mitteilungen über Verordnungen, Gesetze und Patente, die die Züchtungsarbeiten betreffen.
h) Mitteilungen über die Organisation der Pflanzenzüchtung in und außerhalb Deutschlands sowie Ankündigungen von Züchtertagungen und Kongressen.
i) Gedenktage und Nachrufe.
k) Referatenteil.

Redaktionelle Anweisungen:
1. Die Manuskripte sind in Maschinenschrift druckfertig einzureichen.
2. Abbildungen dürfen nicht aufgeklebt sein, sie sind auf der Rückseite zu numerieren, die Legenden zu den Abbildungen auf einem Sonderblatt der Reihe nach aufzuführen.
3. Autorennamen sind glatt zu unterstreichen, wissenschaftliche Namen von Pflanzen und Tieren gewellt zu unterstreichen.
4. Jeder Arbeit ist ein Literaturverzeichnis anzufügen in der Reihenfolge: Name und Vorname (abgekürzt) des Autors, Titel der Arbeit, Erscheinungsort, Band, Seite, Jahreszahl.
5. Der Entstehungsort der Arbeit ist über dem Titel der Arbeit anzugeben.
6. Die Zahl der Abbildungen muß auf das Notwendigste beschränkt werden. Nur wirklich gut reproduzierte Fotos sind einzureichen.
7. Die Autoren erhalten:
2 Fahnenabzüge, von denen der eine korrigiert zusammen mit dem Manuskript umgehend an den Springer-Verlag, 1 Berlin 31 (Wilmersdorf), Heidelberger Platz 3, zurückzusenden ist, — danach
2 Umbruchabzüge geliefert, von denen ein imprimiertes Exemplar ebenfalls umgehend an den Verlag zurückerbeten wird.

Sonderabdrucke: Von jeder Originalarbeit erhält der Verfasser (bzw. die Verfasser zusammen) 50 Sonderdrucke kostenlos. Weitere Sonderdrucke können nur gegen Berechnung geliefert werden; diese zusätzlichen Exemplare müssen spätestens bei der Rücksendung der druckfertigen Abzüge bestellt werden.

Bezugsbedingungen: „DER ZÜCHTER" kann im In- und Auslande durch jede Buchhandlung bezogen werden. Preis des Bandes (8 Hefte) 48,— DM zuzüglich Postgebühren.

Die Lieferung läuft weiter, wenn nicht unmittelbar nach Lieferung des Schlußheftes eines Bandes Abbestellung erfolgt. Der Bezugspreis ist im voraus zahlbar.

Nachdruck: Grundsätzlich dürfen nur Arbeiten eingereicht werden, die vorher weder im Inland noch im Ausland veröffentlicht worden sind. Der Autor verpflichtet sich, sie auch nachträglich nicht an anderer Stelle zu publizieren. Mit der Annahme des Manuskriptes und seiner Veröffentlichung durch den Verlag geht das Verlagsrecht für alle Sprachen und Länder einschließlich des Rechts der fotomechanischen Wiedergabe oder einer sonstigen Vervielfältigung an den Verlag über. Jedoch wird gewerblichen Unternehmen für den innerbetrieblichen Gebrauch nach Maßgabe des zwischen dem Börsenverein des Deutschen Buchhandels e. V. und dem Bundesverband der Deutschen Industrie abgeschlossenen Rahmenabkommens die Anfertigung einer fotomechanischen Vervielfältigung gestattet. Wenn für diese Zeitschrift kein Pauschalabkommen mit dem Verlag vereinbart worden ist, ist eine Wertmarke im Betrage von DM 0,10 pro Seite zu verwenden. *Der Verlag läßt diese Beträge den Autorenverbänden zufließen.*

Die Wiedergabe von Gebrauchsnamen, Handelsnamen, Warenbezeichnungen usw. in dieser Zeitschrift berechtigt auch ohne besondere Kennzeichnung nicht zu der Annahme, daß solche Namen im Sinne der Warenzeichen- und Markenschutz-Gesetzgebung als frei zu betrachten wären und daher von jedermann benutzt werden dürften.

Anzeigen: werden vom Verlag angenommen. Die Preise wolle man unter Angabe der Größe und des Platzes erfragen.

Springer-Verlag
Berlin / Göttingen / Heidelberg

DER ZÜCHTER

Internationale Zeitschrift für theoretische und angewandte Genetik

6. Sonderheft

Die Frühdiagnose in der Züchtung und Züchtungsforschung II

Beiträge zur statistischen Behandlung
und Beispiele der praktischen Anwendung

Mit 45 Abbildungen

Herausgeber
W. Schmidt und **H. Stubbe**

Redaktionskollegium
H. Rundfeldt · W. Schmidt · E. Walter
K. F. Zimmermann

1963
Springer-Verlag / Berlin · Göttingen · Heidelberg

ISBN-13: 978-3-540-02978-6   e-ISBN-13: 978-3-642-45997-9
DOI: 10.1007/978-3-642-45997-9

Alle Rechte, insbesondere das der Übersetzung in fremde Sprachen, vorbehalten
Ohne ausdrückliche Genehmigung des Verlages ist es auch nicht gestattet,
dieses Heft oder Teile daraus auf photomechanischem Wege
(Photokopie, Mikrokopie) zu vervielfältigen
© by Springer-Verlag OHG., Berlin/Göttingen/Heidelberg 1963
Library of Congress Catalog Card Number: 47-43320

Die Wiedergabe von Gebrauchsnamen, Handelsnamen, Warenbezeichnungen usw. in dieser Zeitschrift berechtigt auch ohne besondere Kennzeichnung nicht zu der Annahme, daß solche Namen im Sinne der Warenzeichen- und Markenschutz-Gesetzgebung oder unter Patentschutz stehende Verfahren als frei zu betrachten wären und daher von jedermann benutzt werden dürften

Vorwort

Im ersten Sonderheft des „Züchter" über Frühdiagnose (1957) wurden genetische und physiologische Ursachen behandelt, die den Zusammenhängen zwischen Früh- und Spätwerten bestimmter Eigenschaften zugrunde liegen können. Begriff und praktische Bedeutung der frühen Erkennbarkeit von Spätmerkmalen wurden umrissen. Es wurde gezeigt, daß ihr Wert bei langlebigen Gewächsen, denen das erste Sonderheft in der Hauptsache gewidmet war, vor allem im Zeitgewinn liegt. Bei kurzlebigen Kulturpflanzen dagegen treten andere Vorteile in den Vordergrund, wofür R. von Sengbusch klassische Beispiele gab.

Unter Frühdiagnose versteht man die indirekte Erfassung von spät erkennbaren Merkmalen auf Grund von Aussagen, die man an früh auftretenden Merkmalen gewinnt. (Die direkte Bestimmung von Eigenschaften fällt nicht hierunter.) Der Begriff „Frühdiagnose", im engeren Sinne, ist auf die Erfassung von Kriterien derselben Individuen beschränkt, die man in ihren verschiedenen Lebensstadien beobachtet. Ähnliche Probleme treten in der Züchtung auf, wenn man von einem Zuchtstamm auf die fertige Sorte schließt, d. h. von Eigenschaften, die in frühen Stadien des Züchtungsgangs erkennbar werden, auf den späteren Zuchterfolg. Das vorliegende Heft enthält auch Arbeiten, die sich hiermit befassen.

Für die Anwendbarkeit einer Frühdiagnose genügt es, wenn Korrelationen, also statistische Beziehungen bestehen. Jedoch muß man stets sorgfältig überlegen, welchen Gültigkeitsbereich Aussagen haben, die sich auf derartige Abhängigkeiten stützen. Nicht ausreichend ist beispielsweise der Nachweis, daß eine Korrelation signifikant ist, denn daraus ist zunächst nur zu entnehmen, daß (mit vorgegebener Irrtumswahrscheinlichkeit) eine Abhängigkeit besteht. Praktisch verwendbar wird eine Korrelation erst dann, wenn sie so eng ist, daß sie eine hinreichend genaue Selektion gewährleistet. In jedem Falle ist es unrealistisch, zu erwarten, daß eine Frühauslese, die sich auf derartige statistische Abhängigkeiten gründet, nur erwünschte Typen liefert und daß sie diese vollständig erfassen kann. Selbst bei sehr hohen Korrelationskoeffizienten muß mit Auslesefehlern gerechnet werden, und in der Regel wird ihr Anteil unterschätzt. Weiterhin ist wichtig zu wissen, daß die gefundenen Korrelationen repräsentativ für die betreffende Selektionsmaßnahme sein müssen. Eine nur bei bestimmten Genotypen oder nur unter speziellen Umweltbedingungen ermittelte statistische Abhängigkeit kann unter veränderten Verhältnissen vollkommen anders ausfallen. Dadurch sind möglicherweise auch sehr enge Korrelationen für bestimmte Selektionsmaßnahmen unbrauchbar.

Korrelationsrechnung und Regressionsanalyse, mit denen Abhängigkeiten und Wechselwirkungen beschrieben werden, sind langbekannte statistische Verfahren, und auch ihre Anwendung in der Züchtung ist nicht neu. Dennoch scheint es erforderlich zu sein, nachdrücklich auf ihre Bedeutung für die Lösung praktischer Züchtungsaufgaben hinzuweisen. Es ist dies eines der Ziele dieses Sonderhefts.

Selten richtet sich die Selektion in der Pflanzenzüchtung auf einzelne und einfache Merkmale. In der Regel liegt vielmehr ein Komplex von Werteigenschaften vor, die ihrerseits wiederum komplexer Natur sein können und die vielschichtig miteinander verknüpft sind. Für eine wirksame Auslese ist dann die weitgehende Kenntnis der Beziehungen zwischen den einzelnen Eigenschaften bzw. ihren Einzelkomponenten sehr nützlich. Deshalb sind häufig nicht nur einzelne, sondern es ist ein ganzes System von Korrelationen und Regressionen zu errechnen. Die hierzu notwendigen umfangreichen Rechenarbeiten brauchen aber heute, da uns vielfältige Rechenhilfsmittel zur Verfügung stehen, nicht mehr abschreckend zu wirken. Für mehrere Beiträge des vorliegenden Heftes konnte unter Mithilfe von H. Rundfeldt ein Elektronenrechner zur Verrechnung der Daten herangezogen werden. Dem Institut für praktische Mathematik der Technischen Hochschule Hannover und der Deutschen Forschungsgemeinschaft sei dafür gedankt. Es kann dadurch vielleicht ein Bild der Verwendungsmöglichkeiten solcher Rechengeräte in der Pflanzenzüchtung vermittelt werden, über die heute zumeist nur wenig konkrete Vorstellungen bestehen.

Leider stehen elektronische Rechenanlagen z. Z. noch nicht überall zur Verfügung. Daher wird in dem Beitrag von E. Walter gezeigt, daß auch vereinfachende Verfahren zur Schätzung von Abhängigkeiten dem Züchter gute Dienste leisten können, und daß es Verfahren gibt, deren Anwendung nicht an die Normalverteilung gebunden ist. Obwohl diese Verfahren schon vor 50 Jahren benutzt wurden, sind sie bis heute weitgehend unbekannt geblieben.

Eine Einführung in die Anwendung der mehrfachen Regression findet der Leser in dem Beitrag von W. U. Behrens.

Während im ersten Teil des Heftes allgemeine statistische Fragen behandelt werden, bringen die beiden speziellen Teile einige typische Beispiele für Anwendungsmöglichkeiten der Frühdiagnose. Bei der Vielfalt der sich bietenden Probleme kann und soll ein Anspruch auf Vollständigkeit in keinem der Abschnitte des Hefts erhoben werden.

Berlin, Gatersleben, Göttingen, Hamburg, Hannover.

Das Redaktionskollegium

Inhaltsverzeichnis

I. Allgemeiner Teil

Seite

Beiträge zur statistischen Behandlung

W. U. Behrens, Hannover:
Die Anwendung statistischer Methoden auf die Frühdiagnose 1

E. Walter, Göttingen:
Rangkorrelation und Quadrantenkorrelation 7

W. Schmidt, Hamburg:
Zur Benutzung partieller Korrelationskoeffizienten 12

II. Spezieller Teil

Beispiele der praktischen Anwendung

H. Hänsel, Wien:
Physiologische und genetische Untersuchungen über den Zusammenhang zwischen der Anzahl steriler Nodi und der Zeitspanne bis zum Blühbeginn der Erbse (*Pisum sativum*) . . . 15

H. Krug, Braunschweig:
Beitrag zur Frühdiagnose der Ertragsbildung von Kartoffelpflanzen unter besonderer Berücksichtigung der photoperiodischen Reaktion 24

Kl. von Rosenstiel, Waterneverstorf, und **H. Rundfeldt**, Hannover:
Zur Frage der Bestimmung der Backfähigkeit bei Weizen 28

G. Vincent, Brno, ČSR:
Wachstumsquotienten als Frühtests 39

K. F. Zimmermann, Berlin:
Frühtestmethoden bei ein- und mehrjährigen Kulturarten, insbesondere perennierenden Futterpflanzen 46

J. Zimmermann, Freiburg i. Br.:
Zur Frühauslese in der Rebenzüchtung 52

III. Autorenreferate

J. M. Andeweg und **A. van Kooten**, Wageningen, Holland:
Die praktische Bedeutung einer Identifikation von Auskernerbsen im Sämlingsstadium . . . 65

O. Banga, Wageningen, Holland:
Indikatoren für das agro-physiologische Verhalten von Möhren 66

H. B. Kriebel, Wooster, Ohio, USA:
Some techniques for early diagnosis of genotype in *Acer saccharum* L. 68

R. Maatsch, Hannover:
Weiterer Beitrag zur Frage der Erhöhung der Prozente gefüllt blühender Levkojen (*Matthiola incana* R. Br. var. *annua* Sweet) 71

W. Seyffert, Köln:
Kurze Mitteilung über eine Möglichkeit zur Frühdiagnose bei der Levkoje, *Matthiola incana* R. Br. 72

M. Ufer, São Paulo, Brasilien:
Frühauslese auf Cumarin-Armut beim Steinklee 73

Sir Ronald A. Fisher †

Unmittelbar vor Erscheinen dieses Sonderheftes traf die Nachricht vom Ableben eines Großen unseres Jahrhunderts, Sir RONALD A. FISHER ein (geboren am 17. Februar 1890, † 29. 7. 62).

Die Entwicklung des neuzeitlichen quantitativ-analytischen Denkens in der Biologie und in allen anderen Erfahrungswissenschaften ist in der Hauptsache sein Werk. Dieser neue Denkstil ist aus dem 20. Jahrhundert nicht mehr wegzudenken, er ist sein Charakteristikum geworden und für die Erfassung des Wirklichkeitsbildes ebenso ergiebig wie als Bildungsgut in Schulen und Hochschulen unentbehrlich, in der alten wie in der neuen Welt.

RONALD AYLMER FISHER war gleichzeitig genialer Mathematiker und ideenreicher Biologe. Nur selten vereinigen sich in einem Menschen zwei Richtungen höchster Begabung wie bei ihm. Als er 1909 in Cambridge Mathematik studierte und durch seine außergewöhnliche Befähigung auffiel, hätte es sein können, daß er sich dem Ausbau der reinen Mathematik verschrieb. Aber es zog ihn nicht dorthin, sondern vielmehr gleichzeitig zur Genetik und Evolutionslehre, obwohl damals die herrschende Strömung in Cambridge eher gegen die Lehren DARWINS gerichtet war. Charakteristisch für seine Einstellung ist der Ausspruch (13. Aufl., 1958, seines Standardwerks): „Die Kunst der praktischen Anwendung allgemeiner mathematischer Theorieen ist sehr verschieden von der Kunst, diese Theorieen aufzustellen. Die praktische Anwendung erfordert allerdings ein tiefes Verständnis der Grundgedanken. Aber die „Konsumenten" können die Formulierungen benutzen, ohne selbst Formeln entwickeln zu müssen. — Die neuen Methoden vereinfachen heute die Datenverarbeitung sehr."

So wurde er zum Schöpfer der Mehrfaktor-Analyse, eines Denkstils, der von der Biologie aus auf alle Erfahrungswissenschaften ausgestrahlt hat, auf die Medizin, Psychologie, Soziologie oder auf die Durchleuchtung von Wirtschaftsstrukturen. Wie auf einem Röntgenschirm lösen sich bisweilen scheinbar vertraute Bildkonturen der Wirklichkeit überraschend auf, sobald man von der früheren Empirie (die heute rührend hilflos und unvollkommen erscheint) zur exakten Analyse übergeht. Die Aspekte des Gegebenen sind außerordentlich komplex, und um ihr Bild einzufangen und die vielschichtigen Zusammenhänge zu entwirren, muß man das Bild gewissermaßen stereoskopisch von verschiedenen Seiten aus aufnehmen. Übersehen von Aspekten führt zu Fehlschlüssen, Hauptaufgabe der Forschung ist das Aufdecken bisher übersehener Aspekte. Der klassische Einfaktorversuch der Physik oder Chemie variierte nur einen Faktor und hielt die übrigen nach Möglichkeit konstant. Fehlerschwankungen beschränkten sich im wesentlichen auf Meßfehler. In der Biologie jedoch kann nur die Mehrfaktor-Analyse zum Ziel führen. R. A. FISHER schuf hierfür das elegante Instrument der „Varianzanalyse", dessen Prüfkriterium „F" nach ihm benannt wurde. Diese Methodik hat nahezu universale Anwendung gefunden.

1915 erschien aus seiner Feder seine erste Arbeit in der Zeitschrift BIOMETRIKA, die für die moderne Theorie der exakten Verteilung von Stichproben grundlegend wurde.

Auf seinen „Mathematical Foundations of Theoretical Statistics" (1921) ist die neuzeitliche statistische Theorie aufgebaut.

Während seiner Tätigkeit an der landwirtschaftlichen Versuchsstation Rothamstedt erschien 1925 sein Hauptwerk „Statistical Methods for Research Workers", das 1958 in 13. Auflage vorliegt. Ein Standardwerk wurden auch die mit F. YATES herausgegebenen „Statistical Tables for Biological, Agricultural and Medical Research" (5. Auflage 1957), unentbehrlich und ungeheuer vielseitig als Hilfe für Versuchsauswertungen aller Art. Im Werk „The Design of Experiments" (1935) zeigte FISHER, wie sehr die Auswertbarkeit von Untersuchungen davon abhängt, daß die Anlage und Planung von vornherein die spätere Ergiebigkeit und Informationsfülle garantiert.

Werke der quantitativen Genetik:

1930: The Genetical Theory of Natural Selection".
1932: „The Social Selection of Human Fertility".
1949: „The Theory of Inbreeding".

1933 wurde FISHER auf den GALTON-Lehrstuhl für Eugenik an der Universität London berufen, 1943 auf den ARTHUR-BALFOUR-Lehrstuhl für Genetik in Cambridge, 1952 mit dem Adelsprädikat geehrt und 1956 zum Präsidenten seines alten Cambridger College-Gonville and Caius, gewählt.

Unser Sonderheft über die Frühdiagnose in der Züchtung und Züchtungsforschung II beschäftigt sich in der Hauptsache mit der Auswertung von Zusammenhängen zwischen Früh- und Spätmerkmalen und warnt vor dem Fehlschluß, die diagnostischen Aussagen zu überschätzen, wenn die Zusammenhänge nicht genügend eng sind. Mit Diagnosewertung hat es besonders die Medizinische Wissenschaft auf Schritt und Tritt zu tun, und FISHERS letztes Werk, 1959, geht auf die falschen Schlußfolgerungen ein, die manchmal aus unbewiesenen Zusammenhängen gezogen werden und weite Kreise der Bevölkerung erschrecken können. Er kritisiert in seinem Buch von 1959 die ,,Cancer Controversy: Some Attempts to Assess the Evidence". Die krebsfördernde Gefahr des Zigarettenrauchens sieht er als nicht schlüssig erwiesen an.

Man braucht heute nur den Anzeigenteil einer Zeitung aufzuschlagen, um Wirkungen FISHERSchen Gedankenguts zu begegnen. So wird z. B. von Führungskräften der Industrie verlangt, ,,daß sie analytisch denken können, einen Blick für das Wesentliche haben (FISHERS Mehrfaktorenanalyse mit Gewichtsbestimmung der beteiligten Mitfaktoren), die Fähigkeit zur kritischen Prüfung aller Dinge (Signifikanznachweis) und ein sicheres Urteil besitzen. Gewünscht wird weiter Klarheit im Ausdruck." So weit in die Praxis ist also die Betonung klaren Denkstils und präziser Ausdrucksweise gedrungen. FISHERS universales Genie hat unser Jahrhundert vor dem Schicksal allzu einseitigen Spezialistentums bewahrt, indem er die Bedeutung des Denkstils herausstellte, der ein Schlüssel zu vielen Toren ist und in die Lage setzt, die vielschichtigen Aspekte der Wirklichkeit richtig zu sehen.

Zuletzt arbeitete er, nach Rücktritt von seinem Lehrstuhl in Cambridge, an der Universität von Adelaide in Australien weiter. Sein reiches und weithin wirkendes Lebenswerk fand nun seinen Abschluß, der aber seine Nachwirkung nicht aufhören läßt.

WERNER SCHMIDT

Dr. W. U. Behrens †

Während der Drucklegung verstarb Herr Dr. W. U. BEHRENS. Der Beitrag in diesem Sonderheft ist seine letzte Veröffentlichung. Sein Tod reißt eine schmerzliche Lücke in die Reihe der Förderer der Biostatistik, um deren Ausbau er sich durch seine wertvollen Beiträge ein bleibendes Verdienst erwarb. Sein Test von 1929 ist im Standardwerk R. A. FISHERS in einem besonderen Kapitel gewürdigt worden. BEHRENS' Lebenswerk wird als das eines Nachklassikers der Biostatistik in deren Geschichte weiterleben. Wer ihn persönlich kannte, wird ihn stets dankbar zu den Männern zählen, die mit reichen Gaben und schöpferischer Phantasie Neuland erschlossen und in unermüdlicher Hilfsbereitschaft viele bei der Lösung ihrer Probleme unterstützt haben.

Die Tabelle, die er im vorliegenden Beitrag zur leichteren Ablesung des Auslesegewinns, in Abhängigkeit vom Korrelationskoeffizienten, entworfen hat, wird von vielen begrüßt werden. Sie beantwortet die Frage des Züchters, welchen Vorteil er von der frühen Bestimmung von Merkmalen hat, die mit dem Zuchtziel korreliert sind.

WERNER SCHMIDT

I. Allgemeiner Teil
Beiträge zur statistischen Behandlung

Aus der Landwirtschaftlichen Versuchsstation der Kali-Chemie-Aktiengesellschaft, Hannover

Die Anwendung statistischer Methoden auf die Frühdiagnose

Von W. U. BEHRENS

Die Frühdiagnose hat bereits mehrfach von der Verwendung statistischer Methoden Nutzen gehabt. Insbesondere können Korrelationsrechnung und Regressionsrechnung wertvolle Hilfsmittel darstellen. Andererseits sind der Anwendung der Methoden gewisse Grenzen gezogen. Sie sollen richtig eingesetzt, aber in ihrer Bedeutung auch nicht überschätzt werden.

Bevor man die Frühdiagnose für praktische Zwecke der Züchtung benutzen kann, muß man den Zusammenhang zwischen den Merkmalen, die sich in einem früheren Stadium messen lassen, und den Eigenschaften, die durch die Züchtung angestrebt werden, durch Untersuchung möglichst vieler Individuen einer Gesamtheit auffinden. Als mathematisches Hilfsmittel dient hierbei die Regressionsrechnung, wenn es sich um quantitative, d. h. meßbare Merkmale handelt. Ein Beispiel aus der Forstwissenschaft möge die Problemstellung aufzeigen.

Tab. 1 enthält die durchschnittliche Höhe (in Fuß) von 45 europäischen Kiefernherkünften, die in einem internationalen Anbauversuch festgestellt wurde (LANGLET 1959). Die Höhe wurde im 17. Anbaujahr gemessen (x_1). In der letzten Spalte ist unter x_2 das Trockensubstanzprozent der oberirdischen Pflänzchen (nebst Nadeln) im Herbst des ersten Anbaujahres angegeben.

Zwischen den Werten x_1 und x_2 besteht nun eine deutliche Korrelation. Niedriger Trockensubstanzgehalt (oder hoher Wassergehalt) der südlichen Herkünfte ist mit starkem Längenwachstum, hoher Trockensubstanzgehalt (oder niedriger Wassergehalt) der nördlichen Herkünfte zwar mit Frosthärte, aber mit mäßigem Längenwachstum korreliert.

Der einfachste Ausdruck für den Zusammenhang zwischen x_1 und x_2 ist eine lineare Gleichung (Regressionsgleichung) von der Art

$$x_1 = \bar{x}_1 + b_{12}(x_2 - \bar{x}_2) \quad (1)$$

Es bedeuten

n die Anzahl der Beobachtungspaare

Σ das Summierungszeichen

$\bar{x}_1$ den Mittelwert aller x_1-Werte: $\bar{x}_1 = \frac{1}{n}\Sigma x_1$

$\bar{x}_2$ den Mittelwert aller x_2-Werte: $\bar{x}_2 = \frac{1}{n}\Sigma x_2$

b_{12} den Regressionskoeffizienten von x_1 in bezug auf x_2

$$b_{12} = \frac{\Sigma(x_1-\bar{x}_1)(x_2-\bar{x}_2)}{\Sigma(x_2-\bar{x}_2)^2} = \frac{\Sigma x_1 x_2 - \frac{1}{n}\Sigma x_1 \Sigma x_2}{\Sigma x_2^2 - \frac{1}{n}(\Sigma x_2)^2} \quad (2)$$

Die erste Formel ist die Definition von b_{12}, die zweite Formel ist für das Maschinenrechnen besonders geeignet.

Tabelle 1. *Längenwachstum (x_1) und Trockensubstanzgehalt (x_2) von Kiefernherkünften.*

Herkunft	x_1 beobachtet	x_1 berechnet	x_1 Diff.	x_2 beobachtet
1	19,5	20,6	—1,1	33,9
2	19,0	21,6	—2,6	33,5
3	19,0	22,2	—3,2	33,2
4	19,0	20,6	—1,6	33,9
5	22,2	20,4	+1,8	34,0
6	18,1	19,7	—1,6	34,3
7	19,6	19,5	+0,1	34,4
8	17,1	19,5	—2,4	34,4
9	19,6	19,7	—0,1	34,3
10	19,4	19,5	—0,1	34,4
11	17,2	19,5	—2,3	34,4
12	19,5	19,3	+0,2	34,5
13	18,8	19,1	—0,3	34,6
14	20,7	19,1	+1,6	34,6
15	19,5	18,8	+0,7	34,7
16	19,0	18,6	+0,4	34,8
17	19,7	18,6	+1,1	34,8
18	18,9	18,6	+0,3	34,8
19	19,7	18,4	+1,3	34,9
20	19,6	18,2	+1,4	35,0
21	18,1	17,9	+0,2	35,1
22	19,7	17,7	+2,0	35,2
23	20,2	16,8	+3,4	35,6
24	14,5	16,6	—2,1	35,7
25	18,7	16,6	+2,1	35,7
26	16,2	16,6	—0,4	35,7
27	15,3	15,9	—0,6	36,0
28	17,2	15,9	+1,3	36,0
29	17,6	15,7	+1,9	36,1
30	16,0	14,1	+1,9	36,8
31	15,4	13,9	+1,5	36,9
32	12,5	14,3	—1,8	36,7
33	14,9	13,6	+1,3	37,0
34	13,6	13,4	+0,2	37,1
35	13,4	13,0	+0,4	37,3
36	12,8	12,1	+0,7	37,7
37	15,6	12,7	+2,9	37,4
38	10,0	10,7	—0,7	38,3
39	10,0	10,7	—0,7	38,3
40	9,3	10,0	—0,7	38,6
41	9,1	10,3	—1,2	38,5
42	9,3	10,5	—1,2	38,4
43	6,4	8,2	—1,8	39,4
44	5,8	6,9	—1,1	40,0
45	5,0	6,2	—1,2	40,3
Summe	721,7			1617,2

Im Zahlenbeispiel ist $n = 45$, $\Sigma x_1 = 721{,}7$; $\bar{x}_1 = 721{,}7 : 45 = 16{,}04$; $\Sigma x_2 = 1617{,}2$; $\bar{x}_2 = 1617{,}2 : 45 = 35{,}94$; $\Sigma x_1 x_2 = 25608{,}40$; $\frac{1}{n} \Sigma x_1 \Sigma x_2 = 25936{,}29$; $\Sigma x_2^2 = 58263{,}70$; $\frac{1}{n}(\Sigma x_2)^2 = 58118{,}57$. Für spätere Rechnungen werden noch gebraucht $\Sigma x_1^2 = 12421{,}95$ $\frac{1}{n}(\Sigma x_1)^2 = 11574{,}46$. Man findet nach (2)

$$b_{12} = \frac{25608{,}40 - 25936{,}29}{58263{,}70 - 58118{,}57} = -\frac{327{,}89}{145{,}13} = -2{,}259.$$

Die Regressionsgleichung lautet

$$x_1 = 16{,}04 - 2{,}259(x_2 - 35{,}94)$$

Die Regressionsgleichung erlaubt, für jeden x_2-Wert einen x_1-Wert zu berechnen und somit aus dem Trockensubstanzgehalt auf die Wuchsleistung zu schließen. In Tabelle 1 sind die berechneten Werte von x_1 angegeben; ferner die Differenzen x_1 beobachtet minus x_1 berechnet.

Berechnete und beobachtete Werte stimmen nicht völlig überein. Ein Maß für die Differenz ist die Varianz (Streuung) der x_1-Werte um ihre Regressionswerte. Sie möge mit $s_{1.2}^2$ bezeichnet werden.

Diese Varianz $s_{1.2}^2$ um die Regressionswerte darf nicht mit der Varianz s_1^2 um das Mittel $\bar{x}_1$ verwechselt werden. Die Varianz um das Mittel berechnet man nach der Formel

$$s_1^2 = \frac{\Sigma(x_1 - \bar{x}_1)^2}{n-1} = \frac{\Sigma x_1^2 - \frac{1}{n}(\Sigma x_1)^2}{n-1}. \quad (3)$$

Im Beispiel findet man

$$s_1^2 = \frac{12421{,}95 - 11574{,}46}{44} = \frac{847{,}49}{44} = 19{,}26.$$

Die Varianz $s_{1.2}^2$ um die Regressionswerte kann man auf zwei Wegen finden. Auf dem einen Wege berechnet man zunächst die x_1-Werte aus der Regressionsgleichung (1). Sie sind in Tabelle 1, Spalte 3 unter „x_1 berechnet" eingetragen. Dann bildet man die Differenzen der beobachteten und berechneten Werte (Tabelle 1, Spalte 4). Die Differenzen werden quadriert und die Quadrate werden addiert. Man findet

$$1{,}1^2 + 2{,}6^2 + 3{,}2^2 + \cdots 1{,}2^2 = 106{,}31.$$

Die Quadratsumme wird durch die Anzahl der Freiheitsgrade, in diesem Fall durch die um 2 verminderte Anzahl n der Beobachtungen dividiert:

$$s_{1.2}^2 = \frac{106{,}31}{45-2} = 2{,}472,$$

$$s_{1.2} = \sqrt{2{,}472} = 1{,}57.$$

Der beschriebene Weg hält sich an die Definition der Varianz $s_{1.2}^2$. Auf dem zweiten Weg geht man von den Summen Σx_1^2, Σx_1, Σx_2^2, Σx_2, $\Sigma x_1 x_2$ aus und berechnet die Varianz aus

$$s_{1.2}^2 = \frac{\Sigma x_1^2 - \frac{1}{n}(\Sigma x_1)^2}{n-2}(1 - r^2). \quad (4)$$

Hier bedeutet r den Korrelationskoeffizienten

$$r = \frac{\Sigma(x_1 - \bar{x}_1)(x_2 - \bar{x}_2)}{\sqrt{\Sigma(x_1 - \bar{x})^2 \cdot \Sigma(x_2 - \bar{x}_2)^2}} =$$

$$= \frac{\Sigma x_1 x_2 - \frac{1}{n}\Sigma x_1 \Sigma x_2}{\sqrt{\left[\Sigma x_1^2 - \frac{1}{n}(\Sigma x_1)^2\right]\left[\Sigma x_2^2 - \frac{1}{n}(\Sigma x_2)^2\right]}}. \quad (5)$$

Zwischen Regression und Korrelation besteht ein logischer Zusammenhang. r ist der Korrelationskoeffizient und ein Maß für den Grad der linearen Korrelation zwischen x_1 und x_2. Er liegt zwischen -1 und $+1$. $r = \pm 1$ bedeutet eine so enge Korrelation, daß x_2 aus x_1 genau berechnet werden kann; beobachtete und berechnete Werte fallen zusammen; die Varianz $s_{1.2}^2$ der x_1-Werte um ihre Regressionswerte ist gleich Null. $r = 0$ bedeutet das völlige Fehlen einer linearen Korrelation; aus der Kenntnis von x_2 läßt sich keine Voraussage für x_1 machen. Je mehr sich der Korrelationskoeffizient den Grenzen ± 1 nähert, um so kleiner ist $s_{1.2}^2$, um so wertvoller ist die Frühdiagnose.

Zwischen s_1^2 und $s_{1.2}^2$ besteht die Gleichung

$$s_{1.2}^2 = s_1^2 \cdot \frac{n-1}{n-2}(1 - r^2). \quad (6)$$

Die Varianz $s_{1.2}^2$ der x_1-Werte um ihre Regressionswerte ist somit der Varianz um das Mittel proportional, außerdem dem Faktor $1 - r^2$ und dem Quotienten $(n-1)/(n-2)$.

Im Zahlenbeispiel ist

$$\Sigma(x_1 - \bar{x}_1)^2 = \Sigma x_1^2 - \frac{1}{n}(\Sigma x_1)^2 = 847{,}49,$$

$$r^2 = \frac{327{,}89^2}{847{,}49 \cdot 145{,}13} = 0{,}8741; \quad r = -0{,}935$$

$$s_{1.2}^2 = \frac{847{,}49}{43}(1 - 0{,}8741) = 2{,}486$$

$$s_{1.2} = \sqrt{2{,}486} = 1{,}58$$

und innerhalb des Abrundungsfehlers gleich dem aus den Differenzen berechneten Wert.

Es sei nun bei einer neuen Herkunft z. B. $x_2 = 35{,}0$ beobachtet worden. Die Regressionsgleichung bzw. Tabelle 1 liefert $x_1 = 18{,}2$ als berechneten Wert. Die Standardabweichung dieses Wertes ist $1{,}58$. Die Vertrauensgrenzen für den „wahren" Wert von x_1 sind dann bei großem n $18{,}2 \pm 1{,}58 \cdot t_P$, wobei t_P der Tabellenwert ist, der der Signifikanzschwelle P entspricht. Der Einfachheit halber sei angenommen, n sei genügend groß, daß folgende Tabellenwerte benutzt werden dürfen

P	t_P
20%	1,28
10%	1,64
5%	1,96

Der Signifikanzschwelle

$P = 20\%$ entsprechen die Grenzen 16,2 u. 20,2
10% entsprechen die Grenzen 15,6 u. 20,8
5% entsprechen die Grenzen 15,1 u. 21,3

In dem Zahlenmaterial von Tabelle 1 ist bei den Herkünften 2, 3, 8, 11, 23, 24, 25, 37, also in 8 Fällen von 45 Fällen, die Abweichung zwischen berechnetem und beobachtetem Wert größer als $1{,}58 \cdot t_{20\%} = 2{,}0$, bei den Herkünften 3, 23, 37, also in 3 von 45 Fällen, größer als $1{,}58 \cdot t_{10\%} = 2{,}6$, bei den Herkünften 3 und 23, also in 2 von 45 Fällen, größer als $1{,}58 \cdot t_{5\%} = 3{,}1$. Dies entspricht etwa den theoretischen Erwartungen.

Man wird nur selten das Glück haben, auf die Beobachtung nur eines Merkmals, wie im Kiefernbeispiel, die Frühdiagnose aufbauen zu können. Im allgemeinen muß man eine größere Anzahl von Merkmalen heranziehen. Statistische Berechnungen, die weniger

Tabelle 2.

i	Merkmal	Σx_i	Produktsummen					
			$j =$					
			1	2	3	4	5	6
1	Fruchtfleischfestigkeit	14390	21486	—26707	—22261	51394	21241	3859
2	CaO-Gehalt des Blattes	10661		102630	36881	— 50506	—52928	12099
3	N-Gehalt des Blattes	24099			120133	—103514	—26626	— 1971
4	P_2O_5-Gehalt des Blattes	49169				2008972	131250	995
5	K_2O-Gehalt des Blattes	19740					160841	—18023
6	MgO-Gehalt des Blattes	2968						7744

Tabelle 3. *Korrelationskoeffizienten r_{ij}.*

i	Merkmal	$j=$					
		1	2	3	4	5	6
1	Fruchtfleischfestigkeit	1,0000	—0,5688	—0,4382	+0,2474	+0,3614	+0,2992
2	CaO-Gehalt des Blattes		1,0000	+0,3321	—0,1114	—0,4119	+0,4292
3	N-Gehalt des Blattes			1,0000	—0,2107	—0,1916	—0,0648
4	P_2O_5-Gehalt des Blattes				1,0000	+0,2309	+0,0100
5	K_2O-Gehalt des Blattes					1,0000	—0,5107
6	MgO-Gehalt des Blattes						1,0000

einer fertigen Frühdiagnose dienen als vielmehr die Korrelation zwischen bestimmten Merkmalen untersuchen sollten, sind in der Dissertation OTTO BÜNEMANNS (1958) enthalten. Der Autor untersuchte die Beziehungen zwischen der Qualität und Haltbarkeit von Äpfeln und dem Mineralstoffgehalt des Bodens und der Blätter. Es wurden Ergebnisse von Erhebungen auf zahlreichen Standorten statistisch verarbeitet. Die Reihe 1956/57 mit der Apfelsorte Cox' Orange von $n = 94$ Standorten sei herausgegriffen.

Es wurden 45 Merkmale beobachtet; es standen somit $45 \cdot 94 = 4230$ Zahlen zur Verfügung. Die Rechnungen wurden mit der programmgesteuerten Rechenmaschine IBM 650 ausgeführt. Nach einem Programm, das von Dr. RUNDFELDT-Hannover ausgearbeitet war, wurden berechnet: (i, j bedeuten Merkmale; die Summierung Σ erstreckt sich über sämtliche Standorte)

1) 45 Summen Σx_i
2) 45 Mittelwerte $\bar{x}_i$
3) $\frac{45 \cdot 44}{2} = 990$ Produktsummen

$\Sigma (x_i - \bar{x}_i)(x_j - \bar{x}_j)$ bzw. Quadratsumme $\Sigma (x_i - \bar{x}_i)^2$ für alle Kombinationen i, j

4) 990 Korrelationskoeffizienten r_{ij} für alle Kombinationen i, j

Einige dieser Werte sind in Tab. 2 festgehalten, die Merkmale wurden umnumeriert.

Tab. 3 enthält die Korrelationskoeffizienten.

Die Festigkeit des Fruchtfleisches ist mit dem Gehalt des Blattes korreliert, und zwar positiv mit dem Phosphor-, dem Kalium- und dem Magnesiumgehalt, negativ mit dem Stickstoff- und dem Calciumgehalt, d. h. mit steigendem Phosphor-, Kalium- und Magnesiumgehalt nimmt die Festigkeit des Fruchtfleisches zu, mit steigendem Stickstoff- und Calciumgehalt ab. Die positiven Korrelationskoeffizienten sind nicht groß genug, die negativen Korrelationskoeffizienten nicht klein genug, als daß eine einzelne Korrelation für eine Voraussage viel Wert hätte. Durch Kombination der Fruchtfleischfestigkeit mit den Gehalten des Blattes an den fünf Stoffen wird der Wert der Voraussage erhöht. Hierbei müssen auch die Korrelationen zwischen den Blattgehalten berücksichtigt werden; sie liefern häufig zusätzliche Informationen.

Die Theorie der Korrelation zwischen mehr als zwei Veränderlichen stammt von YULE (1907). Der Ansatz der Gleichung der multiplen (mehrfachen) Regression lautet bei $p = 6$ Veränderlichen

$$x_1 = \bar{x}_1 + b_{12.3456}(x_2 - \bar{x}_2) + b_{13.2456}(x_3 - \bar{x}_3) + \\ + b_{14.2356}(x_4 - \bar{x}_4) + b_{15.2346}(x_5 - \bar{x}_5) + b_{16.2345}(x_6 - \bar{x}_6)$$

(7)

Aus der vorstehenden Gleichung läßt sich leicht der allgemeine Ansatz bei p Veränderlichen ableiten. Die Koeffizienten b heißen partielle Regressionskoeffizienten. Die Reihenfolge der Zahlen des Index vor dem Punkt ist wesentlich, die Reihenfolge der Zahlen nach dem Punkt unwesentlich.

Es sind allgemein $p - 1$ Koeffizienten b zu berechnen. Zur Ersparung von Schreibarbeit und zur besseren Übersicht sollen sie im folgenden mit $b_2, b_3 \cdots b_p$ bezeichnet werden. Es gelten nun folgende Bestimmungsgleichungen

$$\left. \begin{array}{l} b_2 \Sigma (x_2 - \bar{x}_2)^2 + b_3 \Sigma (x_2 - \bar{x}_2) \\ \quad \times (x_3 - \bar{x}_3) + \cdots b_p \Sigma (x_2 - \bar{x}_2)(x_p - \bar{x}_p) \\ \quad = \Sigma (x_1 - \bar{x}_1)(x_2 - \bar{x}_2), \\ b_2 \Sigma (x_2 - \bar{x}_2)(x_3 - \bar{x}_3) \\ \quad + b_3 \Sigma (x_3 - \bar{x}_3)^2 + \cdots b_p \Sigma (x_3 - \bar{x}_3)(x_p - \bar{x}_p) \\ \quad = \Sigma (x_1 - \bar{x}_1)(x_3 - \bar{x}_3) \\ b_2 \Sigma (x_2 - \bar{x}_2)(x_p - \bar{x}_p) + b_3 \Sigma (x_3 - \bar{x}_3) \\ \quad \times (x_p - \bar{x}_p) + \cdots b_p \Sigma (x_p - \bar{x}_p)^2 \\ \quad = \Sigma (x_1 - \bar{x}_1)(x_p - \bar{x}_p). \end{array} \right\}$$ (8)

Die $p - 1$ Gleichungen (8) reichen zur Berechnung der $p - 1$ Koeffizienten aus. Im Beispiel werden die Summen aus der Tabelle 2 benutzt. Die Gleichungen lauten

$$102630\, b_2 + 36881\, b_3 - 50506\, b_4 - 52928 \\ \times b_5 + 12099\, b_6 = -26707$$

$$36881\, b_2 + 120133\, b_3 - 103514\, b_4 - 26626 \\ \times b_5 - 1971\, b_6 = -22261$$

$$-50506\, b_2 - 103514\, b_3 + 2008972\, b_4 + 131250 \\ \times b_5 + 995\, b_6 = 51394$$

$$-52928\,b_2 - 26626\,b_3 + 131250\,b_4 + 160841$$
$$\times\, b_5 - 18023\,b_6 = 21241$$
$$12099\,b_2 - 1971\,b_3 + 995\,b_4 - 18023\,b_5$$
$$+ 7744\,b_6 = 3859$$

Die Auflösung derartiger Gleichungen ist bei Verwendung programmgesteuerter Rechenmaschinen relativ einfach; auch 30 Gleichungen mit 30 Unbekannten werden in wenigen Minuten gelöst. Sollten programmgesteuerte Rechenmaschinen nicht zur Verfügung stehen, so kann man Gleichungssysteme geringeren Umfangs auch mit gewöhnlichen Rechenmaschinen berechnen. Die zweckmäßigsten Methoden sind in den Lehrbüchern der praktischen Mathematik zu finden. Es gibt ferner auch Rekursionsformeln, mit deren Hilfe man Regressionskoeffizienten höherer Ordnung aus Regressionskoeffizienten der nächstniederen Ordnung oder aus partiellen Korrelationskoeffizienten der gleichen Ordnung (s. unten) berechnen kann.

Für den Biologen ist es nun besonders wichtig, die Varianz der x_1-Werte um ihre Regressionswerte zu kennen. Nur wenn diese Varianz merklich kleiner als die Varianz s_1^2 um das Mittel $\bar{x}_1$ ist, lohnt die Berechnung der partiellen Regressionskoeffizienten. Die Varianz der x_1-Werte um ihre Regressionswerte habe bei mehrfachen Korrelationen das Symbol $s_{1.23np}^2$. Sie beträgt

$$s_{1.23\ldots p}^2 = \frac{\sum (x_1 - \bar{x}_1)^2}{n - p}\left(1 - R_{1(23\ldots p)}^2\right). \quad (9)$$

$R_{1(23\ldots p)}$ ist der Koeffizient der Korrelation zwischen den gefundenen und den nach (7) berechneten Werten von x_1. Er heißt multipler (mehrfacher, totaler) Korrelationskoeffizient. Er hat im Gegensatz zum gewöhnlichen und zum partiellen Korrelationskoeffizienten kein Vorzeichen. R^2 läßt sich aus partiellen Korrelationskoeffizienten berechnen; z. B. auf folgende Weise

$$1 - R_{1(23456)}^2 = (1 - r_{13}^2)(1 - r_{14.3}^2)(1 - r_{15.34}^2)$$
$$\times (1 - r_{16.345}^2)(1 - r_{12.3456}^2). \quad (10)$$

Die partiellen Korrelationskoeffizienten bedeuten Korrelationskoeffizienten zwischen den beiden Veränderlichen, deren Indices vor dem Punkt stehen, unter der Voraussetzung, daß die Variablen, deren Indices hinter dem Punkt stehen, konstant gehalten werden. Die Indices vor (hinter) dem Punkt können die Reihenfolge ändern, ohne daß sich der Wert der partiellen Korrelationskoeffizienten ändert.

r_{13} ist der einfache Korrelationskoeffizient zwischen den Variablen 1 und 3. Das Bildungsgesetz der partiellen Korrelationskoeffizienten ist aus folgenden Formeln zu erkennen:

$$r_{14.3} = \frac{r_{14} - r_{13}\,r_{34}}{\sqrt{(1 - r_{13}^2)(1 - r_{34}^2)}},$$

$$r_{15.34} = \frac{r_{15.3} - r_{14.3}\,r_{45.3}}{\sqrt{(1 - r_{14.3}^2)(1 - r_{45.3}^2)}},$$

$$r_{16.345} = \frac{r_{16.34} - r_{15.34}\cdot r_{56.34}}{\sqrt{(1 - r_{15.34}^2)(1 - r_{56.34}^2)}},$$

$$r_{12.3456} = \frac{r_{12.345} - r_{16.345}\,r_{26.345}}{\sqrt{(1 - r_{16.345}^2)(1 - r_{26.345}^2)}}.$$

Im Zahlenbeispiel werden berechnet:

$r_{12.3} = -0{,}4992$ $r_{14.3} = +0{,}1765$ $r_{24.3} = -0{,}0449$
$r_{15.3} = +0{,}3144$ $r_{45.3} = +0{,}1986$ $r_{25.3} = -0{,}3762$
$r_{16.3} = +0{,}3019$ $r_{46.3} = -0{,}0037$ $r_{56.3} = -0{,}5341$
$r_{26.3} = +0{,}4788$ $r_{12.34} = -0{,}4996$ $r_{15.34} = +0{,}2896$
$r_{25.34} = -0{,}3751$ $r_{16.34} = +0{,}3074$ $r_{56.34} = -0{,}5442$
$r_{26.34} = +0{,}4791$ $r_{12.345} = -0{,}4407$ $r_{16.345} = +0{,}5790$
$r_{26.345} = +0{,}3535$ $r_{12.3456} = -0{,}8459$

$$1 - R_{1(23456)}^2 = (1 - 0{,}4382^2)(1 - 0{,}1765^2)$$
$$\times (1 - 0{,}2896^2)(1 - 0{,}5790^2)(1 - 0{,}8459^2)$$
$$= 0{,}1356$$
$$R_{1(23456)} = \sqrt{1 - 0{,}1356} = 0{,}93\,.$$

Die x_1-Werte haben nach (9) die Standardabweichung um die Regressionswerte:

$$s_{1.23456} = \sqrt{\frac{21486}{94 - 6} \cdot 0{,}1356} = 18{,}2\,.$$

Diese Standardabweichung ist ein Maß dafür, wieweit die nach (7) berechneten und die gefundenen x_1-Werte voneinander abweichen.

Die Varianz des Merkmals Fruchtfleischfestigkeit um die Regressionswerte ist nach (3) und (9) die

$0{,}1356\,\dfrac{n-1}{n-p}$ fache $= 0{,}1356\,\dfrac{44}{39}$ fache $= 0{,}153$ fache

Varianz um das Mittel.

Die statistische Berechnung zeigt dem Züchter, daß in den von BÜNEMANN verarbeiteten Herkünften die Fruchtfleischfestigkeit weitgehend von der Ernährung des Blattes abhängt. Für den Einfluß von Faktoren, die nicht mit der Nährstoffaufnahme korreliert sind, bleibt nur noch geringer Raum. Im vorliegenden Fall stammte das untersuchte Material aus einem Klon und war genetisch einheitlich, der Einfluß genetischer Faktoren war somit von vornherein auszuschließen. Wäre es nicht genetisch einheitlich gewesen, so hätte der Züchter dadurch Hinweise erhalten, daß er berechnete und beobachtete Merkmalswerte vergleicht und sein Augenmerk auf die Ausnahmen lenkt, d. h. auf die Herkünfte, die das erwünschte Merkmal in höherem Grad besitzen, als sich aus der Regressionsgleichung errechnet.

Weitere Beispiele zur Benutzung statistischer Methoden verdanke ich Dr. GEISLER vom Forschungsinstitut für Rebenzüchtung Geilweilerhof. Es wurden 250 verschiedene Unterlagen geprüft. Die als Unterlagen verwendeten Sämlinge entstammten einer Kreuzungspopulation. Von diesen Sämlingen wurden während eines mehrjährigen Anbaus u. a. folgende Merkmale bonitiert:

Wüchsigkeit
Geiztriebbildung
Holzreife
Plasmopara-Resistenz
Austriebszeit
Beginn der Beerenreife
Beerengröße

Die erstgenannten fünf Merkmale werden bereits vor dem Fruchtbarwerden der Sämlinge, womit im 3. oder 4. Anbaujahr zu rechnen ist, bestimmt. Es ist erwünscht, daß die letztgenannten zwei Merkmale aus den erstgenannten fünf Merkmalen im Rahmen einer Frühdiagnose vorhergesagt werden können.

In Tab. 4 sind die Koeffizienten der Korrelation zwischen 1. Beginn der Beerenreife; 2. Wüchsigkeit; 3. Geiztriebbildung; 4. Holzreife; 5. Austriebszeit enthalten.

Tabelle 4. *Korrelationskoeffizienten* r_{ij}.

i	Merkmal	$j=$ 1	2	3	4	5
1	Beginn der Beerenreife	1,000	0,361	−0,161	0,155	0,399
2	Wüchsigkeit		1,000	−0,173	0,266	0,081
3	Geiztriebbildung			1,000	0,284	0,086
4	Holzreife				1,000	0,138
5	Austriebszeit					1,000

Man berechnet

$r_{12.3} = 0{,}343 \quad r_{14.3} = 0{,}212$
$r_{24.3} = 0{,}334 \quad r_{15.3} = 0{,}420$
$r_{45.3} = 0{,}119 \quad r_{25.3} = 0{,}098$
$r_{12.34} = 0{,}295 \quad r_{15.34} = 0{,}407$
$r_{25.34} = 0{,}062 \quad r_{12.345} = 0{,}296$

$$1 - R^2_{1(2345)} = (1 - 0{,}161^2)(1 - 0{,}212^2)(1 - 0{,}407^2)$$
$$\times (1 - 0{,}296^2) = 0{,}708\,.$$

$$R = 0{,}540$$

Die Varianz des Merkmals „Beginn der Beerenreife" um die Regressionswerte beträgt etwas mehr als das 0,708fache der Varianz um den Mittelwert, d. h. etwa 70,8% der Varianz s_1^2 stehen für weitere Faktoren zur Verfügung.

Die eigentlichen Versuche GEISLERS wurden mit veredelten Pflanzen gemacht, die durch Pfropfung der Sorte Riesling auf die 250 Unterlagen entstanden waren. Es wurde u. a. der Einfluß der Eigenschaften der Unterlage auf eine Eigenschaft des Edelreises, den Zuckergehalt in Oechsle geprüft. Die Korrelationskoeffizienten sind in Tab. 5 zusammengestellt.

Tabelle 5. *Korrelationskoeffizienten* r_{ij}.

i	Merkmal	$j=$ 1	2	3	4	5
1	Zuckergehalt	1,000	−0,173	−0,295	0,227	−0,179
2	Geiztriebbildung		1,000	0,284	−0,285	0,224
3	Holzreife			1,000	−0,188	0,154
4	*Plasmopara*-Resistenz				1,000	−0,282
5	Beerengröße der Unterlage					1,000

Man berechnet

$r_{12.3} = -0{,}097 \quad r_{14.3} = 0{,}182$
$r_{24.3} = -0{,}245 \quad r_{15.3} = -0{,}141$
$r_{45.3} = -0{,}261 \quad r_{25.3} = 0{,}190$
$r_{12.34} = -0{,}055 \quad r_{15.34} = -0{,}099$
$r_{25.34} = 0{,}135 \quad r_{12.345} = -0{,}042$

$$1 - R^2_{1(2345)} = (1 - 0{,}295^2)(1 - 0{,}182^2)$$
$$\times (1 - 0{,}099^2)(1 - 0{,}042^2) = 0{,}873\,,$$

$$R = 0{,}356$$

Die Varianz des Merkmals „Zuckergehalt" um die Regressionswerte beträgt etwas mehr als das 0,873fache der Varianz um den Mittelwert, etwa 87,3% der Varianz stehen für weitere Faktoren zur Verfügung.

Die Bedeutung der Regressions- und der Korrelationsrechnung darf nicht überschätzt werden. Die Berechnungen gelten zunächst nur für die untersuchten biologischen Objekte; z. B. bei den Obstbaumerhebungen nur für die Apfelsorte Cox' Orange, für die geprüften Standorte, für bekannte Bewirtschaftung, für bestimmte Jahreswitterung und Vorjahreswitterung usw. Wieweit die Ergebnisse verallgemeinert werden dürfen, kann nur aus neuen Erhebungen geschlossen werden. Diese Grenzen der statistischen Betrachtung sind dem Biologen geläufig.

Noch in anderer Hinsicht muß vor einer Überschätzung der Mathematik gewarnt werden. In verschiedenen Fällen sind die Korrelationen vor Beginn der Prüfung noch unbekannt, sie sollen ja gerade durch den Versuch oder die Erhebung aufgedeckt werden. Es liegt nun nahe, die Merkmale auszuwählen, deren Kombination mit den Zuchtzielen absolut besonders hohe Korrelationskoeffizienten ergeben hat, und die Merkmale mit absolut niedrigen Koeffizienten außer acht zu lassen. Der praktische Wert dieses Verfahrens hat aber Grenzen, wie aus folgender Betrachtung hervorgeht. Zur Prüfung, ob r mehr als zufällig von Null abweicht, pflegt man die Prüfgröße

$$t = \frac{r}{\sqrt{1 - r^2}}\sqrt{n - 2}$$

zu berechnen und mit dem Tabellenwert für t zu vergleichen. Für genügend großes n entspricht der Signifikanzschwelle $P = 5\%$ der Tabellenwert $t_{5\%} = 1{,}960$; der Signifikanzschwelle $P = 1\%$ der Tabellenwert $t_{1\%} = 2{,}576$; d. h. Korrelationskoeffizienten, deren t-Wert absolut über dem Tabellenwert liegt, gelten als signifikant. Bei $n = 102$ liegen nun aber von 100 gefundenen Korrelationskoeffizienten im Mittel schon 5 Koeffizienten absolut über 0,192, wenn in der Grundgesamtheit keine Korrelation besteht.

Die Regeln für die Beurteilung der Signifikanz gelten nur dann, wenn die Fragen bereits vor Beginn des Versuchs gestellt sind; man muß sich aber klar sein, daß von 100 Antworten P Antworten in der Richtung falsch sind, daß eine Korrelation vorgetäuscht wird. Die Gefahr eines solchen Fehlschlusses kann man verringern, wenn man den Versuch oder die Erhebung wiederholt. Ist die Frage nicht vor Beginn gestellt, so kann keine gültige Signifikanzprüfung vorgenommen werden; ein zweiter Versuch oder eine zweite Erhebung sind nötig.

Der praktische Züchter wird nun fragen, welchen Vorteil er von der frühen Bestimmung von Merkmalen hat, die mit dem Zuchtziel korreliert sind. Die folgenden Angaben beziehen sich streng genommen auf den „wahren" Korrelationskoeffizienten ϱ, sie gelten aber mit genügender Annäherung für den Schätzwert r, bzw. beim Vorliegen von p Merkmalen für den Schätzwert $R_{1(23\ldots p)}$ des multiplen Korrelationskoeffizienten. Es bezeichne

N die Gesamtzahl der Individuen

a die Zahl der ausgelesenen geeigneten Individuen

b die Zahl der ausgemerzten geeigneten Individuen

c die Zahl der ausgelesenen nicht geeigneten Individuen

d die Zahl der ausgemerzten nicht geeigneten Individuen.

Die Bezeichnungen sind in der Vierfeldertafel von Tabelle 6 übersichtlich geordnet.

Tabelle 6. *Vierfeldertafel*.

a	b	a+b	geeignet
c	d	c+d	ungeeignet
a+c ausgelesen	b+d ausgemerzt	$N = a+b+c+d$	

Der Quotient $(a+b)/N$ ist der Bruchteil der Anzahl der geeigneten Individuen von der Gesamtzahl der Individuen, er ist im wesentlichen von Natur gegeben. Auch der Korrelationskoeffizient ϱ ist durch die Natur bestimmt. Der Quotient $(a+c)/N$ ist der Bruchteil der Anzahl der ausgelesenen Individuen von der Gesamtzahl. Er ist in die Hand des Züchters gelegt. Der Quotient a/N ist der Anteil der ausgelesenen geeigneten Individuen, er hängt von der Natur und dem Züchter ab.

Tab. 7 gibt an, wie groß dieser Quotient bei bestimmten Werten von $(a+b)/N$, von $(a+c)/N$ und von ϱ ist.

Tabelle 7. *Anteil a/N der ausgelesenen geeigneten Individuen*.

$\frac{a+b}{N}$	$\frac{a+c}{N}$	$\varrho = 0$	$\varrho = 0{,}2$	$\varrho = 0{,}4$	$\varrho = 0{,}6$	$\varrho = 0{,}8$	$\varrho = 1{,}0$
0,045	0,045	0,002	0,004	0,008	0,013	0,022	0,045
	0,097	0,004	0,008	0,014	0,021	0,032	0,045
	0,212	0,009	0,016	0,023	0,032	0,041	0,045
	0,309	0,014	0,021	0,029	0,037	0,043	0,045
	0,421	0,019	0,026	0,034	0,040	0,044	0,045
	0,500	0,022	0,030	0,036	0,042	0,044	0,045
0,097	0,045	0,004	0,008	0,014	0,021	0,032	0,045
	0,097	0,009	0,016	0,025	0,037	0,051	0,097
	0,212	0,021	0,031	0,045	0,060	0,079	0,097
	0,309	0,030	0,043	0,057	0,072	0,089	0,097
	0,421	0,041	0,054	0,068	0,082	0,094	0,097
	0,500	0,048	0,062	0,075	0,087	0,095	0,097
0,212	0,045	0,009	0,016	0,023	0,032	0,041	0,045
	0,097	0,021	0,031	0,045	0,060	0,079	0,097
	0,212	0,045	0,063	0,083	0,107	0,138	0,212
	0,309	0,065	0,087	0,110	0,137	0,169	0,212
	0,421	0,089	0,112	0,136	0,162	0,191	0,212
	0,500	0,106	0,129	0,153	0,177	0,200	0,212
0,309	0,045	0,014	0,021	0,029	0,037	0,043	0,045
	0,097	0,030	0,043	0,057	0,072	0,089	0,097
	0,212	0,065	0,087	0,110	0,137	0,169	0,212
	0,309	0,095	0,121	0,148	0,180	0,219	0,309
	0,421	0,130	0,158	0,187	0,220	0,259	0,309
	0,500	0,154	0,183	0,212	0,243	0,278	0,309
0,421	0,045	0,019	0,026	0,034	0,040	0,044	0,045
	0,097	0,041	0,054	0,068	0,082	0,094	0,097
	0,212	0,089	0,112	0,136	0,162	0,191	0,212
	0,309	0,130	0,158	0,187	0,220	0,259	0,309
	0,421	0,177	0,208	0,240	0,276	0,320	0,421
	0,500	0,210	0,242	0,274	0,310	0,354	0,421
0,500	0,045	0,022	0,030	0,036	0,042	0,044	0,045
	0,097	0,048	0,062	0,075	0,087	0,095	0,097
	0,212	0,106	0,129	0,153	0,177	0,200	0,212
	0,309	0,154	0,183	0,212	0,243	0,278	0,309
	0,421	0,210	0,242	0,274	0,310	0,354	0,421
	0,500	0,250	0,282	0,315	0,352	0,398	0,500

Zu den Werten von Tab. 7 gelangt man durch folgende Überlegungen. Es bedeute x das quantitative Merkmal, das durch die Frühdiagnose gemessen wird; y das quantitative Merkmal, das für die Eignung entscheidend ist. x und y seien stetig veränderlich. Zur Vereinfachung der Formeln sei angenommen, x und y seien normiert. Ferner sei vorausgesetzt, die Häufigkeitsverteilung von x sei

$$f(x) = \frac{1}{\sqrt{2\pi}} \exp\left(-\frac{x^2}{2}\right)$$

die Häufigkeitsverteilung von y sei $f(y)$; die zweidimensionale Häufigkeitsverteilung von x und y sei

$$g(x,y) = \frac{1}{2\pi\sqrt{1-\varrho^2}} \exp\left[-\frac{1}{2(1-\varrho^2)}(x^2 - 2\varrho xy + y^2)\right]$$

Der Korrelationskoeffizient ϱ sei von ± 1 verschieden. Dann ist die Erwartung von $\frac{a+b}{N}$ gleich

$$\int_k^\infty f(y)\,dy \qquad (11)$$

Die Erwartung von $\frac{a+c}{N}$ ist gleich

$$\int_p^\infty f(x)\,dx \qquad (12)$$

Die Erwartung von $\frac{a}{N}$ ist gleich

$$\int_p^\infty \int_k^\infty g(x,y)\,dx\,dy \qquad (13)$$

Nach (11) erhält man bei Benutzung der Tabellen für das Gaußsche Fehlerintegral aus $a+b$ den Wert für k, nach (12) aus $a+c$ den Wert für h. Aus h und k erhält man nach (13) bei Benutzung der Tabellen von A. LEE den Wert für a.

Ein Beispiel möge zeigen, wie Tabelle 7 zu benutzen ist. Von 1000 Individuen seien 309 geeignet. Es werden 212 ausgelesen. Ist der Korrelationskoeffizient $\varrho = 0$, so sind 65 ausgelesene Individuen geeignet, $212 - 65 = 147$ ungeeignet. Beim Korrelationskoeffizienten $\varrho = 0{,}2$ sind 87 Individuen geeignet, $212 - 87 = 125$ ungeeignet. Beim Korrelationskoeffizienten 0,4 erhöht sich die Zahl der geeigneten Individuen auf 110, bei $\varrho = 0{,}6$ auf 137, bei $\varrho = 0{,}8$ auf 169 und erst bei $\varrho = 1$ sind sämtliche 212 ausgelesene Individuen geeignet.

Ich danke den Herren Prof. Dr. W. SCHMIDT, Dr. H. RUNDFELDT, Dr. E. WALTER für Anregungen und Hilfe, Dr. G. GEISLER und Dr. GRUPPE für die Überlassung von unveröffentlichtem Zahlenmaterial.

Zusammenfassung

Die Berechnung des Korrelationskoeffizienten, des Regressionskoeffizienten und der Varianz (bzw. der Standardabweichung) um die Regressionswerte wird unter Benutzung eines Beispieles aus der Forstbaumzüchtung gezeigt. Die Betrachtungen werden auf beliebig viele Merkmale und die Berechnung der partiellen und des multiplen Korrelationskoeffizienten und der partiellen Regressionskoeffizienten ausgedehnt, Beispiele aus dem Obstbau und der Rebenzüchtung werden ausgewertet. Die Schlüsse, die der Züchter aus den Ergebnissen der Auswertung ziehen kann, werden diskutiert. Eine Tabelle gibt den Anteil der ausgelesenen geeigneten Individuen in Abhängigkeit vom Korrelationskoeffizienten wieder.

Summary

The computation of the correlation coefficient, the regression coefficient and the variance (or the standard deviation) about the regression values is showed, an example of forestry is brought. The discussions are extended to three or more attributes, the computation of the partial and the multiple correlation coefficient and the partial regression coefficient is given, examples of fruit-growing and vine-selection are evaluated. The conclusions which the breeder can get are discussed. A table shows the part of the selected fit individuals in dependence on the correlation coefficient.

Literatur

1. BÜNEMANN, O.: Über Beziehungen zwischen der Qualität und Haltbarkeit von Äpfeln und dem Mineralstoffgehalt im Boden und in den Blättern, Dissert. T. H. Hannover 1958. — 2. CZUBER, E., u. F. BURKHARDT: Die statistischen Forschungsmethoden. Wien 1938. — 3. GRAF, U., u. H.-J. HENNING: Formeln und Tabellen der mathematischen Statistik. Berlin/Göttingen/Heidelberg 1958. — 4. KENDALL, M. G.: The advanced theory of statistics. Fifth edition, London 1952. — 5. LANGLET, O.: Silvae genetica, H. 1. Frankfurt/M.: Sauerländers Verlag 1959. — 6. LEE, A.: Supplementary tables for determining correlation from tetrachoric groupings. Biometrika 19, 354—404 (1927). — 7. PEARSON, K.: Tables for statisticians and biometricians. Part II. Cambridge 1931. — 8. YULE, G.: On the theory of correlation for any number of variables treated by a new system of notation. Proc. Roy. Soc. A 79, 182—193 (1907). — 9. ZURMÜHL, R.: Praktische Mathematik für Ingenieure und Physiker. Berlin/Göttingen/Heidelberg 1957.

Aus dem Max-Planck-Institut für Tierzucht und Tierernährung Mariensee/Trenthorst

Rangkorrelation und Quadrantenkorrelation

Von E. WALTER

Bevor eine Frühdiagnose praktische Anwendung findet, sollte auf Grund einer nichtselektierten Stichprobe von Individuen (Sorten, Bäumen, Zuchttieren usw.), von denen Frühwerte x und die dazugehörenden Spätwerte y vorliegen, geprüft werden, welchen Vorteil die Frühdiagnose bietet, wenn sie zukünftig auf Individuen der gleichen Ausgangsgesamtheit angewandt wird. Mittels der Stichprobe sollte untersucht werden, ob eine Abhängigkeit im statistischen Sinne zwischen Frühwert und Spätwert besteht, und es kann dann eine Regressionsgleichung $\hat{y} = f(x)$ aufgestellt werden, um aus dem Frühwert x den Spätwert y zu schätzen.

Werden die Frühwerte nur zur Selektion der Individuen benutzt, so kann auf die Aufstellung der Regressionsgleichung verzichtet werden. In diesem Fall interessiert nicht so sehr der Schätzwert $\hat{y}$ des Spätwertes y, sondern die zu erwartende Verminderung des Selektionsgewinns, wenn statt nach y schon nach x selektiert wird.

I. Die Eigenschaften des gewöhnlichen Korrelationskoeffizienten

Bei Normalverteilung

Als Maß für die Brauchbarkeit einer Frühdiagnose wird vielfach der gewöhnliche oder Produktmoment-Korrelationskoeffizient r der Stichprobe verwendet; denn folgen Frühwert und Spätwert einer zweivariablen Gaußschen Normalverteilung, so faßt er die für die Beurteilung des Zusammenhanges zwischen Frühwert und Spätwert zur Verfügung stehenden Informationen in geeigneter Weise zusammen.

Er ist ein Schätzwert für den unbekannten Korrelationskoeffizienten ϱ in der Ausgangsgesamtheit. Wir werden zunächst einige Eigenschaften von ϱ bei einer zweivariablen Normalverteilung behandeln und untersuchen, inwieweit der Korrelationskoeffizient r der Stichprobe Hinweise für diese Eigenschaften gibt.

1. $\varrho = 0$ *bedeutet, daß die beiden Merkmale unabhängig sind.* Mit Hilfe des beobachteten Korrelationskoeffizienten r kann geprüft werden, ob eine Abhängigkeit zwischen Frühwert und Spätwert besteht, d. h. ob ϱ in der Ausgangsgesamtheit von Null verschieden ist. Bei großem n ist bekanntlich mit der Irrtumswahrscheinlichkeit α eine Abhängigkeit anzunehmen, wenn

$$\frac{r}{\sqrt{1-r^2}}\sqrt{n-2} \geq z_{\alpha/2}, \quad (1)$$

mit

α	0,05	0,01	0,001
$z_{\alpha/2}$	1,96	2,58	3,29

ist. Bei kleinem n werden zur Prüfung Tabellen der kritischen r-Werte oder der t-Test benutzt.

2. *Aus ϱ ist ein Maß für die Verringerung des Standardfehlers von y, wenn die Kenntnis von x ausgenutzt wird, herleitbar.*

Wenn die Parameter der Ausgangsgesamtheit bekannt sind, wird zur Schätzung von y die Regressionsgleichung $\hat{y} = \mu_y + \beta(x - \mu_x)$ verwendet, wobei μ_x und μ_y die Mittelwerte der Früh- und Spätwerte und β den Regressionskoeffizienten in der Ausgangsgesamtheit bedeuten. Der Schätzfehler beträgt $y - \hat{y}$ und der mittlere quadratische Fehler, also der Standardfehler $\sigma_y \sqrt{1 - \varrho^2}$.

Wäre x nicht bekannt, so wäre μ_y der beste Schätzwert von $\hat{y}$. Der Schätzfehler beträgt dann $y - \mu_y$ mit dem Standardfehler σ_y.

Durch die Kenntnis von x verändert sich also der Standardfehler des Schätzwertes von σ_y um $\sigma(1 - \sqrt{1 - \varrho^2})$ auf $\sigma_y \sqrt{1 - \varrho^2}$.

Wenn man für das unbekannte ϱ den beobachteten Korrelationskoeffizienten r verwendet, dann ist also

$$1 - \sqrt{1-r^2} \quad (2)$$

ein Schätzwert für die durch die Verwendung von x bewirkte relative Verringerung des Standardfehlers.

3 a) *ϱ ist der Regressionskoeffizient von y auf x, wenn die Varianzen von y und x übereinstimmen.*

Gleiche Varianzen in beiden Merkmalen können auftreten, wenn das gleiche Merkmal an zwei verschiedenen Zeitpunkten beobachtet wird, z. B. Sortenertrag in zwei verschiedenen Jahren. Wenn eine Sorte k % besser als die Vergleichssorte ist, dann ist zu erwarten, daß ihre Überlegenheit im nächsten Jahr ϱk % beträgt, falls sich die Varianz der Erträge nicht geändert hat. ϱ ist hierbei die Korrelation zwischen den Erträgen einer Gesamtheit von Sorten in verschiedenen Jahren.

Mit Hilfe des Regressionskoeffizienten läßt sich auch der Selektionsgewinn bestimmen. Haben die auf Grund ihres Frühwertes selektierten Individuen den Mittelwert $\bar{x}_s$, dann kann man erwarten, daß der Mittelwert $\bar{y}_s$ dieser Individuen im Spätwert allgemein um den Betrag

$$\Delta_x = \bar{y}_s - \mu_y = \beta (\bar{x}_s - \mu_x)$$

vom Mittelwert μ_y der Ausgangsgesamtheit abweicht, wobei Δ_x den Selektionsgewinn bei Selektion nach x und β den theoretischen Regressionskoeffizienten bedeuten. Bei gleichen Varianzen ist $\beta = \varrho$, und der Selektionsgewinn beträgt

$$\Delta_x = \varrho (\bar{x}_s - \bar{x}) . \qquad (3)$$

Haben x und y verschiedene Varianzen, so muß man zu den Größen $x' = \dfrac{x}{\sigma_x}$ und $y' = \dfrac{y}{\sigma_y}$ übergehen, für die dann diese Betrachtungen gelten.

b) *ϱ ist bei gleicher Selektionsintensität proportional zum Selektionsgewinn.*

Werden γ % der Individuen selektiert und erfolgt die Auslese auf Grund des Frühwertes in der Weise, daß alle Individuen mit einem x-Wert größer als ein Wert k verwendet werden, wobei k durch γ festgelegt ist, dann ist der beim Spätwert im Mittel zu erwartende Selektionsgewinn durch

$$\Delta_x = \varrho\, h(\gamma)\, \sigma_y \qquad (4)$$

gegeben. Es ist

$$h(\gamma) = \frac{f(z_\gamma)}{\gamma}, \qquad (5)$$

wobei $f(z_\gamma)$ die Dichte der standardisierten Normalverteilung im γ-Prozentpunkt bedeutet. Nachstehend sind $h(\gamma)$ und der normierte Wert $\dfrac{k-\mu}{\sigma}$ für einige Werte von γ angegeben:

γ	$h(\gamma)$	$\dfrac{k-\mu}{\sigma}$
0,01	2,67	2,33
0,10	1,75	1,28
0,20	1,40	0,84
0,50	0,80	0
0,90	0,20	—1,28

Die Formel (4) zeigt, daß die Differenz Δ_x bei gleicher Selektionsintensität unabhängig von der Varianz des Frühwertes nur proportional zum Korrelationskoeffizienten ϱ ist. Würde die Selektion auf Grund des Spätwertes y vorgenommen, so wäre $\Delta_y = h(\gamma)\, \sigma_y$.

Der beobachtete Korrelationskoeffizient r ist also ein Schätzwert für den relativen Selektionsgewinn $\dfrac{\Delta_x}{\Delta_y}$.

4. *Aus dem Korrelationskoeffizienten ϱ können der Trefferanteil und die Wahrscheinlichkeit für eine Konkordanz hergeleitet werden.*

a) Wenn die Spätwerte in zwei Klassen „groß" und „klein" eingeteilt werden, dann kann die Klasse, der das Individuum angehören wird, auf Grund des Frühwertes vorausgesagt werden, indem die Werte x auch wieder in zwei Klassen eingeteilt werden und das Individuum als „groß" bezeichnet wird, wenn x bei positiver Korrelation zur Klasse mit den großen Werten und bei negativer Korrelation zur Klasse mit den kleinen Werten gehört. Der zu erwartende Anteil der richtigen Voraussagen (Trefferanteil) ist eine Funktion von ϱ, die bei einer Einteilung in je zwei gleich große Gruppen durch die Beziehung

$$\varrho = \sin \frac{\pi}{2} (2\,\omega_q - 1) \qquad (6)$$

(ω_q: Trefferanteil bei gleichgroßen Klassen) gegeben ist. Tabelle 1 gibt die Größe von ω_q für verschiedene Werte von ϱ an. Ist die Einteilung nicht gleich, so ergibt sich der zu erwartende Trefferanteil mit Hilfe tetrachorischer Funktionen. Der Trefferanteil in diesem allgemeinen Fall ist bei PEARSON (1931) tabelliert.

Tabelle 1. *Korrelationskoeffizient, Trefferanteil und Konkordanzwahrscheinlichkeit.*

1) ω_q bzw. ω_τ	ϱ	ω_q bzw. ω_τ	ϱ
2) w_q bzw. w_τ	$\hat{\varrho}$	w_q bzw. w_τ	$\hat{\varrho}$
0,50	0,000	0,75	0,707
0,51	0,031	0,76	0,729
0,52	0,063	0,77	0,750
0,53	0,094	0,78	0,771
0,54	0,125	0,79	0,791
0,55	0,156	0,80	0,809
0,56	0,187	0,81	0,828
0,57	0,218	0,82	0,844
0,58	0,249	0,83	0,861
0,59	0,279	0,84	0,876
0,60	0,309	0,85	0,891
0,61	0,339	0,86	0,905
0,62	0,368	0,87	0,918
0,63	0,397	0,88	0,930
0,64	0,424	0,89	0,941
0,65	0,454	0,90	0,951
0,66	0,482	0,91	0,960
0,67	0,509	0,92	0,969
0,68	0,536	0,93	0,976
0,69	0,562	0,94	0,982
0,70	0,588	0,95	0,988
0,71	0,613	0,96	0,992
0,72	0,637	0,97	0,996
0,73	0,661	0,98	0,998
0,74	0,685	0,99	0,9995

Aus der Tabelle kann bei Vorliegen einer Normalverteilung abgelesen werden:

1. aus dem gegebenen Korrelationskoeffizienten ϱ der zu erwartende Trefferanteil ω_q (bei Aufteilung der x- und y-Werte in zwei gleichgroße Gruppen) und die Konkordanzwahrscheinlichkeit ω_τ;

2. aus dem beobachteten Trefferanteil w_q (bei Aufteilung der x- und y-Werte in zwei gleichgroße Gruppen) oder aus dem beobachteten Anteil w_τ der konkordanten Individuenpaare der Schätzwert $\hat{\varrho}$ der Korrelation in der Grundgesamtheit.

Ist w_q kleiner als 0,5, so ist ϱ negativ und der Betrag von $\hat{\varrho}$ bei $1 - w_q$ abzulesen; z. B. $w_q = 0,33$ ergibt $\hat{\varrho} = -0,509$. Entsprechendes gilt für w_τ.

b) Ein weiteres Maß, die Abhängigkeit zu kennzeichnen, ist die Konkordanzwahrscheinlichkeit ω_τ.

ω_τ sei die Wahrscheinlichkeit, daß bei zwei beliebig herausgegriffenen Individuen mit den Werten x_i, y_i und x'_i, y'_i die beiden Differenzen $x_i - x'_i$ und $y_i - y'_i$ dasselbe Vorzeichen haben.

ω_τ ist also die Wahrscheinlichkeit dafür, daß das im Frühwert bessere Individuum auch im Spätwert besser sein wird. Man bezeichnet zwei Beobachtungspaare mit dieser Eigenschaft als konkordant (HOEFFDING 1947).

Bei Normalverteilung gilt nun $\omega_\tau = \omega_q$, so daß Tabelle 1 auch zur Berechnung der Konkordanzwahrscheinlichkeit benutzt werden kann.

Wenn keine Normalverteilung vorausgesetzt werden kann

In vielen Fällen trifft die Voraussetzung der Gaußschen Normalverteilung nicht zu. Liegt aber trotzdem noch Linearität der Regression vor, d. h. läßt sich der Erwartungswert der y-Werte in Abhängigkeit von x durch eine Regressionsgerade darstellen (und hängen die höheren y-Momente nicht von x ab), dann ist der Korrelationskoeffizient r bei großem Stichprobenumfang, von ganz extremen Fällen abgesehen, noch als Prüfmaß für die Abhängigkeit brauchbar. Bei kleinem Stichprobenumfang hängen die kritischen Grenzen von der Form der zugrunde liegenden Verteilung ab.

Die Eigenschaften 2 und 3 bleiben bei Linearität der Regression auch bei nicht normalverteilten Werten erhalten. Allerdings muß statt (5) die allgemeinere Formel

$$h(\gamma) = \frac{\int_k^\infty x f(x)\, dx}{\gamma}, \quad (7)$$

wobei k aus $\gamma = \int_k^\infty f(x)\, dx$ bestimmt wird, benutzt werden. Der Trefferanteil ω_q und die Konkordanzwahrscheinlichkeit ω_r, die bei anderen Verteilungen im allgemeinen nicht den gleichen Wert haben, lassen sich aber nicht mehr aus dem Korrelationskoeffizienten schätzen.

Trifft auch die Linearität der Regression nicht mehr zu, dann ist der Korrelationskoeffizient nur ein Prüfmaß für den linearen Anteil der Regressionsbeziehung. Eine Abhängigkeit kann bestehen, auch wenn der Korrelationskoeffizient ϱ in der Grundgesamtheit Null ist.

$1 - \sqrt{1-r^2}$ bedeutet dann nur eine Schätzung der relativen Verringerung des Standardfehlers, die durch die lineare Regression hervorgerufen wird. Durch Benutzung anderer Regressionsformeln $y(x)$, z. B. eines quadratischen Polynoms, kann die Verminderung des Standardfehlers von y größer sein. In der Formel (4) für den Selektionsgewinn ist dann ϱ durch die Korrelation zwischen y und dem Schätzwert $\hat{y}(x)$ zu ersetzen. Allerdings gilt auch (4) wieder nur, wenn die Regression von $\hat{y}$ und $y(x)$ linear ist.

II. Andere Abhängigkeitsmaße

Neben dem Korrelationskoeffizienten r gibt es nun eine Reihe weiterer statistischer Abhängigkeitsmaßzahlen, deren Anwendung andere Voraussetzungen hat und die in Sonderfällen benutzt werden können. Außerdem sind sie oft einfacher zu berechnen und können zur schnellen Prüfung der Unabhängigkeit oder zur Schätzung von ϱ dienen.

Im folgenden sollen einige derartige Maße zusammengestellt werden, die im wesentlichen auf der Anordnung der Beobachtung beruhen, und untersucht werden, welche Eigenschaften des Korrelationskoeffizienten r sie besitzen.

Der Spearmansche Rangkorrelationskoeffizient r_S

Der von SPEARMAN entwickelte Rangkorrelationskoeffizient wird in der folgenden Weise berechnet:

Die Frühwerte x und die Spätwerte y der n Individuen der Stichprobe werden getrennt nach der Größe geordnet und dem kleinsten Wert jeweils die Rangzahl 1, dem zweitkleinsten die Rangzahl 2 usw., dem größten die Rangzahl n zugeordnet. Werden die beiden Rangzahlen des ersten Individuums mit R_{x_1} und R_{y_1}, die des zweiten mit R_{x_2} und R_{y_2} bezeichnet, usw., dann ist der Spearmansche Rangkorrelationskoeffizient durch

$$r_S = 1 - \frac{6 \sum\limits_{i=1}^{n}(R_{x_i} - R_{y_i})^2}{(n^2 - 1)\, n}$$

gegeben.

Beispiel:

Individuum i	x_i	y_i	R_{x_i}	R_{y_i}	Rangdifferenz $\|R_{x_i} - R_{y_i}\|$
1	42	145	2	6	4
2	49	165	7	9	2
3	48	143	6	5	1
4	44	129	4	2	2
5	50	151	8	7	1
6	43	133	3	3	0
7	54	172	10	10	0
8	52	158	9	8	1
9	38	125	1	1	0
10	47	140	5	4	1

Daraus ergibt sich:

$$r_S = 1 - \frac{6((2-6)^2 + (7-9)^2 + \cdots + (5-4)^2)}{(10^2 - 1)\, 10} = 0{,}8303\,.$$

Treten gleiche Beobachtungswerte auf, so kann der Mittelwert der dazugehörenden Rangzahlen verwendet werden. Wäre z. B. $x_6 = 44$, dann ist $R_{x_4} = R_{x_6} = 3{,}5$ zu setzen.

Der Rangkorrelationskoeffizient kann zur Prüfung der Unabhängigkeit ohne Rücksicht auf die Form der zugrunde liegenden Verteilung verwandt werden. Für große n gilt auch für r_S die Formel (1). Für kleine n sind von M. G. KENDALL u. a. (1939) Tabellen für die kritischen Werte berechnet worden. Auch bei Vorliegen einer Normalverteilung wendet man den Koeffizienten an. Die Prüfung auf Unabhängigkeit ist dann aber nicht so scharf wie bei der Verwendung des gewöhnlichen Korrelationskoeffizienten. Für große n und kleine ϱ gilt, daß man bei Verwendung von r_S die gleiche Schärfe erzielt wie bei Verwendung des gewöhnlichen Korrelationskoeffizienten in einer Stichprobe, die nur $0{,}91 \cdot n$ Beobachtungen umfaßt; er nutzt also 91% der Beobachtungen aus.

Der praktische Vorteil besteht aber darin, daß die Prüfung auch bei nicht normalen Verteilungen bei kleinem Stichprobenumfang exakt ist und daß die Wirkung von Ausreißern, die die Größe des gewöhnlichen Korrelationskoeffizienten stark beeinflussen können, abgeschwächt wird. Ein weiterer Vorteil liegt in der Unabhängigkeit vom Maßsystem. Der gewöhnliche Korrelationskoeffizient ändert seinen Wert, wenn statt x das Quadrat von x verwendet wird, also z. B. statt des Durchmessers die Fläche eines Kreises. Der Rangkorrelationskoeffizient dagegen verändert seinen Wert nicht, wenn statt x eine Funktion $g(x)$ verwendet wird, bei der die Reihenfolge der beobachteten Werte unverändert bleibt.

Der Rangkorrelationskoeffizient r_S wird auch zur Schätzung des gewöhnlichen Korrelationskoeffizienten ϱ in der Grundgesamtheit benutzt. Allerdings wird bei Normalverteilung ϱ etwas überschätzt; denn der Erwartungswert $E(r_S)$ beträgt nicht ϱ, sondern

$$E(r_S) = \frac{6}{(n+1)\pi}\left(\arcsin\varrho + (n-2)\arcsin\frac{\varrho}{2}\right).$$

Doch ist die Differenz im Vergleich zum Standardfehler des Koeffizienten so gering, daß man r_S direkt als Schätzwert verwenden wird. In unserem Beispiel ist der gewöhnliche Korrelationskoeffizient 0,86, weicht also nur um 0,03 vom Rangkorrelationskoeffizienten ab. Allerdings strebt r_S nicht wie r mit wachsendem Stichprobenumfang n gegen ϱ, sondern gegen ϱ_S mit $\varrho = 2\sin\frac{\pi}{6}\varrho_S$. Der Unterschied zwischen ϱ und ϱ_S ist aber stets kleiner als 0,018.

Als Schätzwert für ϱ kann der Rangkorrelationskoeffizient auch für die Eigenschaften 2, 3 und 4 verwendet werden, wenn Normalverteilung vorliegt.

Der Rangkorrelationskoeffizient ist aber unabhängig von der zugrunde liegenden Verteilung auch gleichzeitig der Regressionskoeffizient der Rangzahlen der Werte y auf die Rangzahlen der Werte x.

Ein Schätzwert $\hat{R}_y$ für die Rangzahl R_y eines Individuums, das die Rangzahl R_x hat, ist durch

$$\hat{R}_y = \frac{n+1}{2} + \varrho_S\left(R_x - \frac{n+1}{2}\right)$$

gegeben. Der Standardfehler beträgt im Mittel

$$\sigma_{R_y} = \sqrt{\frac{n^2-1}{12}}\sqrt{1-\varrho_S^2}.$$

Die Regression ist allerdings nichtlinear, so daß die Schätzung einen systematischen Fehler hat.

Als Beispiel sei angenommen, daß eine Normalverteilung mit der Korrelation ϱ vorliege. Wird dann die in der Grundgesamtheit geltende Regressionsbeziehung benutzt, dann erhält man als Schätzwert für R_y

$$\hat{R}'_y = n\left(F\frac{\varrho}{\sqrt{2-\varrho^2}}F^{-1}\left(\frac{R_x}{n}\right)\right).$$

wobei $F(z)$ die Verteilungsfunktion der Normalverteilung bedeutet.

Bei $n = 1000$, $\varrho = 0{,}5$, dem Erwartungswert der Rangkorrelation $E(r_S) = 0{,}48$ ist

R_x	10	50	100	400
$\hat{R}_y$	265	284	308	452
$\hat{R}'_y$	190	267	314	462

Beispiel: $R_x = 10$;

$$\hat{R}_y = \frac{1000+1}{2} + 0{,}48\left(10 - \frac{1000+1}{2}\right) = 265.$$

Werden die $\gamma\%$ besten Individuen auf Grund des Frühwertes x selektiert, so ist die mittlere Rangzahl der selektierten Individuen im Spätwert näherungsweise durch

$$\bar{R}_y \approx \frac{n+1}{2}(1 + \varrho_S(1-\gamma))$$

gegeben. Auch diese Formel kann nur als grober Anhaltspunkt dienen.

Als Schätzung für den Trefferanteil und die Konkordanzwahrscheinlichkeit ist der Rangkorrelationskoeffizient im allgemeinen ungeeignet, wenn nicht Normalverteilung vorliegt; denn für den bei einer Aufteilung in gleichgroße Gruppen sich ergebenden Trefferanteil ω_q gilt nach KRUSKAL (1953) die Ungleichung

$$\frac{3}{2}\omega_q^3 - 1 \leq \varrho_S \leq 1 - \frac{3}{2}(1-\omega_q)^3.$$

Wenn also $\varrho_S = 0$ ist, dann kann ω_q immer noch 87% betragen. Für die Konkordanzwahrscheinlichkeit ergibt sich entsprechend

$$3\omega_\tau - 2 \leq \varrho_S \leq 1 - 2\omega_\tau^2 \quad \text{wenn } \omega_\tau \geq 0{,}5$$

und

$$2\omega_\tau^2 - 1 \leq \varrho_S \leq 3\omega_\tau - 1 \quad \text{wenn } \omega_\tau \leq 0{,}5$$

Quadrantenkorrelation

Sei x_{Med} der Median oder Halbwert der beobachteten x-Werte; das ist nach Anordnung der x-Werte nach ihrer Größe der mittelste Wert, wenn die Beobachtungsanzahl ungerade ist, und der Mittelwert der beiden mittelsten Beobachtungen, wenn die Beobachtungsanzahl gerade ist. Bei ungerader Beobachtungsanzahl werde im folgenden das zu x_{Med} gehörende Wertpaar x, y nicht weiter berücksichtigt. Dadurch wird die Anzahl der Wertpaare in jedem Fall gerade, und der Mittelwert der beiden mittelsten y-Werte werde mit y_{Med} bezeichnet.

Die Anzahl der Treffer sei nun die Anzahl der Beobachtungspaare $x_i y_i$, bei denen $(x_i - x_{Med})$ und $(y_i - y_{Med})$ das gleiche Vorzeichen haben. Ihr relativer Anteil werde mit w_q bezeichnet. Wenn $w_n = 1 - w_q$ den relativen Anteil der Nichttreffer angibt, dann ist die Quadrantenkorrelation

$$r_q = w_q - w_n = 2w_q - 1$$

ein Abhängigkeitsmaß, das wie der Korrelationskoeffizient r Werte zwischen -1 und $+1$ annehmen kann; bei vollständiger Abhängigkeit ist $r_q = +1$ bzw. -1, bei Unabhängigkeit ist $r_q = 0$.

Für Quadrantenkorrelation ist auch der Ausdruck Quadrantenassoziationskoeffizient (KRUSKAL 1953) oder medialer Korrelationskoeffizient (BLOMQVIST 1950, QUENOUILLE 1952) vorgeschlagen worden.

In unserem Beispiel ist $x_{Med} = 47{,}5$, $y_{Med} = 144$. Das Paar (42, 145) ist kein Treffer, da 42—47,5 und 145—144 verschiedene Vorzeichen haben. Unter den folgenden Paaren befinden sich 8 Treffer, so daß $w_q = 0{,}8$, $w_n = 0{,}2$ beträgt und daraus folgt $r_q = 0{,}6$.

Wir haben bisher angenommen, daß keine der beobachteten Werte gleich sind. Bei gleichen Beobachtungswerten können mehrere Beobachtungen gleich dem mittelsten Wert x_{Med} sein. In diesem Fall sind alle Paare wegzulassen, deren x-Werte gleich ihrem Median x_{Med} sind. Treten bei den restlichen Paaren y-Werte auf, die gleich y_{Med} sind, so sind auch diese Paare nicht weiter zu berücksichtigen.

r_q kann zunächst zur Prüfung der Unabhängigkeit benutzt werden. Tabellen für kleine Werte von n gibt QUENOUILLE (1952). Für große Beobachtungsanzahlen kann auf eine Abhängigkeit mit der Irrtumswahrscheinlichkeit α geschlossen werden, wenn $|r_q|\cdot\sqrt{n} > z_{\alpha/2}$ ist. Bei Normalverteilung ist dieser Test allerdings nicht sehr scharf, weil er nur 41% der Beobachtungen ausnutzt. Ähnlich wie der Rangkorrelationskoeffizient hat aber r_q den Vorteil, bei jeder Verteilungsfunktion einen gültigen Test zu liefern, die Wirkung von Ausreißern abzuschwächen und unabhängig vom Maßsystem zu sein.

Der Quadrantenkorrelationskoeffizient r_q bzw. der Trefferanteil w_q kann auch zur Schätzung des gewöhnlichen Korrelationskoeffizienten ϱ verwendet werden, wenn Normalverteilung vorliegt. Da $\varrho = \sin\frac{\pi}{2}\varrho_q$, ergibt sich als Schätzwert für den Korrelationskoeffizienten

$$\hat{\varrho} = \sin\frac{\pi}{2} r_q = \sin\frac{\pi}{2}(2 w_q - 1) . \qquad (8)$$

Die Tabelle 1 gibt zu gegebenem w_q den Wert des Korrelationskoeffizienten. In unserem Beispiel erhält man aus $w_q = 0.8$ als Schätzwert für den Korrelationskoeffizienten $\hat{\varrho} = 0.809$.

Bei nicht normalen Verteilungen hat die Quadrantenkorrelation den großen Vorteil, daß w_q direkt einen Schätzwert für den theoretischen Trefferanteil ω_q bei Aufteilung in gleichgroße Klassen darstellt. w_q ist aber kein Schätzwert für die Wahrscheinlichkeit einer Konkordanz.

Differenzvorzeichenkorrelation

Eine Mittelstellung zwischen dem Rangkorrelationskoeffizienten r_S und dem Quadrantenkorrelationskoeffizienten r_q nimmt der Differenzvorzeichenkorrelationskoeffizient r_τ ein. Zwischen ihm und der Konkordanzwahrscheinlichkeit ω_τ besteht die gleiche Beziehung wie zwischen r_q und ω_q. Seine Berechnung ist in verschiedener Weise möglich. Ein einfacher Weg besteht darin, die Beobachtungen nach der Größe von x zu ordnen und dann, bei dem Beobachtungspaar mit dem kleinsten x-Wert beginnend, alle darunter stehenden y-Werte zu zählen, die kleiner als der y-Wert des ersten Beobachtungspaares sind, deren Anzahl mit s_1 bezeichnet sei. Als nächstes ist das gleiche mit dem zweitkleinsten Paar durchzuführen und für alle weiteren Paare fortzusetzen. Die Summe S der s_i-Werte ist die Anzahl der nichtkonkordanten Individuenpaare, die sich aus der Stichprobe bilden lassen. $r_\tau = 1 - \frac{4S}{n(n-1)}$ ist der Koeffizient der Differenzvorzeichenkorrelation, der wie der gewöhnliche Korrelationskoeffizient Werte zwischen -1 und $+1$ annehmen kann, und $w_\tau = \frac{r_\tau + 1}{2}$ der Anteil der konkordanten Individuenpaare.

Im Beispiel (S. 9) ergibt sich die folgende Anordnung der 10 Individuen nach der Größe von x:

i	x_i	y_i	s_i
1	38	125	0
2	42	145	4
3	43	133	1
4	44	129	0
5	47	140	0
6	48	143	0
7	49	165	2
8	50	151	0
9	52	158	0
10	54	172	0
Σ			7

Es ist $s_1 = 0$, weil kein y-Wert kleiner als $y_1 = 125$ ist. Von den 8 unterhalb von $y_2 = 145$ stehenden y-Werten sind 4 kleiner als 145, also $s_2 = 4$, usw. Die Summe der s_i ist $S = 7$ und daraus ergibt sich $r_\tau = 1 - \frac{4 \cdot 7}{10 \cdot 9} = 0.689$, und $w_\tau = \frac{0.689 + 1}{2} = 0.844$

als Anteil der $45 - 7 = 38$ konkordanten Individuenpaare unter den 45 verschiedenen Paaren, die aus den 10 Individuen der Stichprobe gebildet werden können.

Für den Fall, daß gleiche Werte auftreten, sei auf Kendall (1948) und Siegel (1956) hingewiesen.

Auch diesen Korrelationskoeffizienten kann man in gleicher Weise zur Prüfung der Unabhängigkeit benutzen. r_τ weicht bei großen n signifikant von Null ab, wenn $|r_\tau| > z_{\alpha/2} \cdot \sqrt{\frac{2(2n+5)}{9n(n-1)}}$. Für kleine n sind die kritischen Werte von Kendall (1948) tabelliert. Bei normaler Verteilung und kleinen Werten von ϱ nutzt dieser Test wie der Rangkorrelationskoeffizient 91% der Beobachtungen aus.

r_τ kann bei Normalverteilung auch zur Schätzung des Korrelationskoeffizienten ϱ verwendet werden. Bei Normalverteilung ist der r_τ entsprechende Wert ϱ_τ in der Grundgesamtheit gleich dem Wert ϱ_q des Quadrantenkorrelationskoeffizienten. Es ergibt sich also als Schätzung für ϱ die Formel

$$\hat{\varrho} = \sin\frac{\pi}{2} r_\tau .$$

Für die Umrechnung ist Tabelle 1 zu benutzen, wenn $\frac{r_\tau + 1}{2} = w_\tau$ statt w_q verwendet wird.

In unserem Beispiel ist $w_\tau = 0.844$, und daraus ergibt sich ein Schätzwert des Korrelationskoeffizienten von $r = 0.88$.

Bei nicht normalen Verteilungen ist w_τ kein Schätzwert für den Trefferanteil, wohl aber ein Schätzwert für die Konkordanz in der Grundgesamtheit.

Zusammenfassung

Es wurden verschiedene Eigenschaften des gewöhnlichen Korrelationskoeffizienten dargestellt und mit den Eigenschaften von drei verschiedenen Rangverfahren (Rangkorrelation, Quadrantenkorrelation und Differenzvorzeichenkorrelation) verglichen.

Summary

Some characteristics of the correlation coefficient are discussed and compared with characteristics of three different rank methods (rank correlation, quadrant correlation and difference-sign correlation).

Literatur

1. Hoeffding, W.: On the distribution of the rank correlation coefficient τ when the variates are not independent. Biom. **34**, 183—196 (1947). — 2. Kendall, M. G.: Rank correlation methods. Griffin, London 1948. — 3. Kendall, M. G., S. F. H. Kendall and B. B. Smith: The distribution of Spearman's coefficient of rank correlation in a universe in which all rankings occur an equal number of times. Biom. **30** 251—273 (1939). — 4. Kruskal, W.: Ordinal measures of association. J. Amer. Statist. Ass. **48**, 844—906 (1953). — 5. Pearson, K.: Tables for statisticians and biometricians, Part 2. Cambridge Univ. Press f. Biom. Trustees 1931. — 6. Quenouille, M. H.: Associated measurements. Butterworths Scientific Publications, London 1952. — 7. Siegel, S.: Nonparametric statistics for the behavioral sciences. McGraw-Hill Book Comp. 1956. — 8. Blomqvist, N.: On a measure of dependence between two random variables. Ann. Math. Statist. **21**, 593—601 (1950).

Aus dem Diagnostik-Institut Hamburg-Bergedorf

Zur Benutzung partieller Korrelationskoeffizienten

Von Werner Schmidt

Sind Merkmale komplex bedingt, hängt z. B. der Kornertrag (y) von den Ertragskomponenten Korngewicht (x) und Kornzahl (z) ab, so kann sowohl nach (x) als auch nach (z) ausgelesen werden, um y zu steigern. r_{yx} und r_{yz} waren offenbar in den nachstehenden Beispielen von K. F. Zimmermann (1954) ausreichend hoch, um eine wirksame Auslese auf den Kornertrag zu gewährleisten. Der Autor erörtert die Möglichkeit, „eine direkte Feststellung des Ertrages im Feldversuch zu umgehen und die Auslese auf Komponenten des Ertrags mehr oder weniger in das Labor zu verlegen." Das hätte den Vorteil, die im Feldversuch höhere Streuung zu senken. Falls außerdem eine zeitliche Vorverlegung möglich ist, würde es sich um einen Fall der Frühauslese handeln. Bei Sommergerste erreichte in seinen Versuchen des Jahres 1952 die Sorte Nr. 10, Heines Haisa, eine Spitzenleistung im Kornertrag (y) infolge hoher Kornzahl (z). Mit derselben Spitzenleistung im Kornertrag schnitten die Prüfnummern 7 und 8 ab, auf Grund hohen Korngewichts. Es war bei Sommergerste gelungen, einmal durch Auslese nach (z) und bei Nr. 7 und 8 durch Auslese nach (x) den Kornertrag um mehr als 30% über den Durchschnitt aller Prüfnummern zu heben, und sogar um ca. 45% über die Ertragsleistung der schlechtesten Prüfglieder, die die geringsten Korngewichte und Kornzahlen aufwiesen. — Ähnlich war die Situation bei Hirse, der beste Stamm bezüglich Kornertrag hatte hohe x- und z-Werte.

Sind r_{yx} sowie r_{yz} ausreichend hoch, so ist also eine Auslese nach (x) oder nach (z) wirksam, wie die praktischen Beispiele zeigen, nach einer Regressionsgleichung, in der x und z berücksichtigt werden. Als Selektionskriterium wird I verwandt und die Gleichung $I = b_1 x + b_2 z$ gebildet, wobei die b_1 und b_2 nach den Regeln der multiplen Regression bestimmt werden. Nun kann jedoch der Fall auftreten, daß (x) und (z) untereinander stark zusammenhängen, wie aus einem nachstehend geschilderten Material hervorgeht. Dann stellt sich die Frage, ob bei hohem r_{xz} eine zusätzliche Auslese nach x sich lohnt, wenn bereits nach z selektiert wird. Und gerade diese Frage ist es, die durch den partiellen Korrelationskoeffizienten $r_{yx \cdot z}$ beantwortet werden kann. Er ist ein Maßstab dafür, ob eine zusätzliche Verwendung von x sich lohnt, wenn schon z benutzt wird, ob man also neben z noch x berücksichtigen soll oder nicht. $\sqrt{1 - r_{yx \cdot z}^2}$ gibt die Verringerung des Standardfehlers von y an, wenn man x zusätzlich berücksichtigt. Die Bedeutung des partiellen Korrelationskoeffizienten läßt sich für den Fall eines hohen r_{xz} und beabsichtigte Auslese nach x und z recht gut demonstrieren. Dem soll hier aber kein zu großes Gewicht beigemessen werden, wenn es sich nicht um diesen Sonderfall handelt.

Die Formeln für die Berechnung partieller Korrelationskoeffizienten (nach Yule) sind in dem Beitrag von W. U. Behrens angegeben worden. Zur Vereinfachung kann man in die Formel

$$r_{yx \cdot z} = \frac{r_{yx} - r_{yz} \cdot r_{xz}}{\sqrt{(1 - r_{yz}^2)(1 - r_{xz}^2)}}$$

die Symbole einsetzen

$$\alpha' = r_{yx \cdot z}$$
$$\alpha = r_{yx}$$
$$\beta = r_{yz}$$
$$\gamma = r_{xz}$$

und erhält dann

$$\alpha' = \frac{\alpha - \beta \cdot \gamma}{\sqrt{(1 - \beta^2)(1 - \gamma^2)}}$$

Entsprechend wäre β' auszudrücken.

Wenn es sich nur um Zusammenhänge zwischen 3 Merkmalen handelt, wie angenommen, so ist die Berechnung partieller Korrelationskoeffizienten nicht zeitraubend. Es sei hier jedoch auf das Tafelwerk von S. Koller (3. Aufl. Verlag Steinkopff, Darmstadt) hingewiesen, aus dem man partielle Koeffizienten sehr einfach graphisch ablesen kann. Da das Werk z. Z. vergriffen ist, so wurde vom Verlage die Genehmigung zum Abdruck der Tafel 12 erbeten und freundlicherweise erteilt. Der Leser ist dadurch in die Lage gesetzt, für die folgenden Zahlenbeispiele entweder diese Tafel oder auch Tabellen zu benutzen. Dem Verlag Steinkopff und dem Autor danke ich hierfür. Wer Tabellen benutzen will, sei auf T. L. Kelley „The Kelley Statistical Tables", Harvard University Press, 1948, hingewiesen, die neben r auch $\sqrt{1 - r^2}$ sehr dicht tabelliert enthalten. Man kann aber auch jede trigonometrische Tabelle anwenden, die zu jedem Winkel x sowohl $\sin x$ als auch $\cos x$ ablesen läßt. Um $\sqrt{1 - r^2}$ zu bestimmen, braucht man nur den $\cos$ des Winkels x nachzusehen, dessen $\sin$ gleich r ist, da $\cos x = \sqrt{1 - \sin^2 x}$ gilt. Diese Rechenhilfen stehen zur Verfügung, jedoch ist das Ablesen aus der beigegebenen graphischen Tafel von S. Koller eine besonders zeitsparende Hilfe, wie der Leser sofort sehen wird.

Zur Veranschaulichung der Situation bei hohem r_{xz} mag ein Material des Verfassers von seinen Versuchsflächen bei Bremervörde dienen. Dort wurden Nachkommenschaften von 60 Subpopulationen aus dem osteuropäischen Kiefergebiet auf sehr gleichförmigem Boden geprüft. Die Parzellen wurden einmal wiederholt. Im 10jährigen Alter wurden auf den Parzellen, die im Pflanzabstand 1,0 × 1,0 m angelegt waren, die Stammgewichte und die Astgewichte mittels einer Feldwaage an 10 mittleren Probestämmen bestimmt, nach Fällung und Entästung dieser Stämme. (Außerdem waren alle Populationen in dem weit engeren Pflanzabstand von 0,3 × 0,3 m ausgepflanzt worden, um diesen Behandlungseinfluß zu studieren.) Das Samenmaterial stammte aus dem Gebiet zwischen Ukraine und Baltikum und in West-Ostrichtung zwischen dem Warthegebiet bis zum Pripeth. Es mag nur für diese Kiefernherkünfte charakteristisch sein, daß eine ungewöhnlich hohe

Korrelation zwischen Stamm- und Astgewichten gefunden wurde ($r = 0{,}987$) (s. W. SCHMIDT, 1958.) Das Vorkommen eines so hohen r_{xz}, wie es in der Praxis selten auftreten wird, gibt Anlaß, folgendes Beispiel zu konstruieren. Nehmen wir folgende Beziehungen zwischen dem Holzmassenertrag pro ha (y), dem Zuwachs der Stämme (Stammgewicht x) und dem Zuwachs der Äste (Astgewicht z) an:

$$r_{yx} = 0{,}605 \quad r_{yz} = 0{,}6 \quad r_{xz} = 0{,}96$$

Will man unter den angenommenen Beziehungen nun Herkunftsauslese auf hohen Massenertrag (y) treiben, so kann entweder nach x oder nach z ausgelesen werden. Neben (z) noch zusätzlich (x) zu berücksichtigen, lohnt sich infolge der hohen Korrelation r_{xz} nicht, denn wie die Berechnung (oder Ablesung aus der Tafel KOLLERS) zeigt, werden die partiellen Koeffizienten $r_{yx \cdot z}$ und $r_{yz \cdot x}$ sehr klein. Sie liegen mit je 0,1 weit unter den Werten r_{yx} und $r_{yz} = 0{,}6$.

Wird nach hohem Astgewicht ausgelesen, so erreicht man schon durch diese Auslese nach z einen hohen Massenertrag, und eine zusätzliche Auslese nach (x) würde unlohnend sein. Man würde dadurch nicht mehr erreichen als das, was man schon durch Auslese nach (z) erzielen kann. Denn (x) und (z) sind so stark miteinander verknüpft, daß die Auslese nach (x) oder nach (z) genügt. In Wirklichkeit ist Auslese nach (x) ($r_{yx \cdot z} = 0{,}1$) unwirksam, wenn ohnehin nach (z) selektioniert wird. In der Praxis würde man auch nicht auf den Gedanken kommen, nach (z) und zusätzlich nach (x) auszulesen.

Stark bekronte Stämme sind besser ernährt und eben deswegen die zuwachskräftigsten. Man braucht nur auf die optisch leicht erfaßbare Bekronung zu achten und den Stammzuwachs nicht zu messen, der eng damit korreliert ist. Nun gibt es unterschiedliche Wachstumsrhythmen, jugendwüchsige Frühentwickler und langsam startende Spätentwickler. In Durchforstungen entnimmt man zuerst die früh kulminierenden Typen und läßt die schmalbekronten Spättypen weiterwachsen, um ihren lange anhaltenden Alterszuwachs später zu nutzen. Das wäre eine genetisch effektive Selektion, wenn der genetische Wuchstypus nicht von Milieueinflüssen maskiert werden würde. Schon auf kleinste Unterschiede im Wuchsraum, wie sie sich im Kiefernbestand auch bei anfänglich genau eingehaltenem Pflanzabstand einstellen, reagiert der Zuwachs empfindlich. Da alle 60 Populationen des Bremervörder Versuchs sowohl im weiten Pflanzenabstand 1,0 × 1,0 m als auch im Engverband 0,3 × 0,3 m ausgepflanzt waren, so konnte varianzanalytisch geklärt werden: der Einfluß des weiten oder engen Wuchsraums war bei weitem stärker als Unterschiede zwischen den Herkünften. Die Wahrscheinlichkeit, genetisch bedingte Typen zu erfassen und damit die Aussicht auf eine genetisch effektive Selektion, war also gering. Wir sagten daher, daß das Bremervörder Beispiel konstruiert war.

Übrigens bedeutet starke Massenzuwachsleistung gleichzeitig verminderte Holzqualität (Einwachsen starker Äste). Aber man kann dem durch Entästung vorbeugen.

Bei Auslesen auf Korngewicht bei Gerste usw. (siehe oben) wird man natürlich Randpflanzen neben Lücken ausschalten und nur von solchen ausgehen, die in einem normalgeschlossen Feldbestand herangewachsen sind.

Es seien Beispiele für positive und negative r-Werte angeschlossen, aus denen hervorgeht, daß, im Gegensatz zu dem behandelten Beispiel mit hoher Korrelation r_{xz}, die partiellen Korrelationskoeffizienten nicht kleiner auszufallen brauchen als die Werte r_{yx} und r_{yz}.

Kehren wir zum ersten Beispiel der Kornertrags-Komponenten x und z zurück und nehmen wir an, es seien gefunden

$$\begin{aligned}\alpha &= r_{yx} &&= +0{,}4 \quad +0{,}6 \quad +0{,}8 \\ \beta &= r_{yz} &&= +0{,}5 \\ \gamma &= r_{xz} &&= +0{,}6\end{aligned}$$

Dann ist

$$\alpha' = r_{yx \cdot z} = +0{,}14 \quad +0{,}43 \quad +0{,}74$$

Bei hohem Wert von r_{yx} fällt $r_{yx \cdot z}$ nur unwesentlich kleiner aus; bei kleinem Wert von r_{yx} sinkt α' zwar ab. Aber auch dies ist nur der Fall, wenn γ hoch ist (= 0,6). Bei kleinem Zusammenhang γ wird α' nur wenig beeinflußt, wie man leicht berechnen oder aus KOLLERS Tafel ablesen kann. Damit läßt sich demonstrieren: Auslese nach x neben Auslese nach z bleibt aussichtsreich, sofern nicht die beiden Komponenten x und z untereinander mit zu hohem γ-Wert korreliert sind.

Wird lediglich nach x ausgelesen, ohne auch nach z zu selektionieren, vielleicht weil z, wie einmal angenommen werden soll, stark umweltabhängig ist, so ist ein ausreichend hohes r_{yx} der einzige Maßstab dafür, ob nach x wirksam selektiert werden kann.

Beispiel für negative Zusammenhänge

Der Kornertrag (y) sei mit dem Korngewicht (x) positiv, jedoch mit der Rispenanzahl (z) negativ korreliert (viele kleine Rispen mit wenigen Körnern). Ferner soll angenommen werden, daß zwischen (x) und (z) ein schwacher Zusammenhang (γ) besteht. Eine Ablesung oder Berechnung der partiellen Koeffizienten zeigt dann folgendes:

Gefunden			
$\alpha = r_{yx}$ =	+0,2	+0,4	+0,6
$\beta = r_{yz} = -0{,}5$			
$\gamma = r_{xz} = +0{,}3$			
Abgelesen			
$\alpha' = r_{yx \cdot z}$	+0,42	+0,66	+0,92
$\beta' = r_{yz \cdot x}$	−0,61	−0,71	−0,90

Eine Auslese nach x neben einer Ausmerze nach z ist um so lohnender, je höhere Werte für r_{yx} gefunden worden waren (s. die Werte α' in der Tabelle). Und bei einem Einsetzen höherer negativer Werte für r_{yz}, z. B. von $\beta = -0{,}6$ oder $-0{,}7$, steigen die β'-Werte ebenfalls stärker an.

Hier sind die Komponenten des Kornertrags (y), nämlich (x) und (z), untereinander positiv korreliert (γ positiv). Jedoch ist β negativ.

Die Benutzungsanleitung unter der nachstehenden Ablesetafel besagt: Sind β und γ vorzeichenverschieden, so ist der untere Teil der Tafel zu benutzen. Das gilt auch dann, wenn β das Zeichen + und γ das Zeichen − hat.

Nur wenn β und γ vorzeichengleich sind, ist der obere Teil der Tafel zu benutzen.

Ablesung partieller Korrelationskoeffizienten bei vielschichtig bedingten Eigenschaften

S. KOLLER gibt ein Beispiel für die Ablesung eines partiellen Korrelationskoeffizienten

$$r_{xy \cdot v_1 v_2} = \frac{r_{xy \cdot v_1} - r_{xv_2 \cdot v_1} \cdot r_{yv_2 \cdot v_1}}{\sqrt{(1 - r_{xv_2 \cdot v_1}^2)(1 - r_{yv_2 \cdot v_1}^2)}}$$

(nach YULE), wobei unter x die Streckgrenze eines Eisenmaterials verstanden wird, die mit dem Kohlenstoffgehalt (y) zusammenhänge ($r_{xy} = +0{,}66$). Gleichzeitig bestehe aber noch ein Zusammenhang mit dem Anteil an anderen Bestandteilen v_1 und v_2. Um das gesuchte $r_{xy \cdot v_1 v_2}$ zu finden, liest man die Tafel 12 von KOLLER mehrmals ab. Das Beispiel läßt sich auf andere aus der Auslesezüchtung übertragen, es sei hier mit den vom Autor benutzten Zahlenwerten angeführt. — Diese seien

$r_{xy} = +0{,}66$, $\quad r_{xv_1} = +0{,}52$, $\quad r_{xv_2} = -0{,}35$,
$r_{yv_1} = +0{,}27$, $\quad r_{yv_2} = +0{,}12$
und $\quad r_{v_1 v_2} = -0{,}75$.

Zunächst liest man in der graphischen Tafel alle partiellen Korrelationskoeffizienten ab, bei denen v_1 ausgeschaltet (konstant gedacht) ist und findet:

$r_{xy \cdot v_1} = +0{,}633$, $\quad r_{yv_2 \cdot v_1} = +0{,}072$
ferner $\quad r_{yv_1 \cdot v_2} = +0{,}510$.

Hieraus ergibt sich wiederum das gesuchte $r_{xy \cdot v_1 v_2} = +0{,}695$.

Allgemeines über partielle Korrelationen

Die Benutzung partieller Korrelationen ist nicht auf züchterische Anwendung beschränkt, um die es sich hier handelte. Ganz allgemein bieten sie die Möglichkeit, Fälle der Überlagerung von Faktoren durch Mitfaktoren zu interpretieren. Nach einer amerikanischen Verkehrsstatistik fuhren Männer zu 56%, Frauen am Steuer zu 68% unfallfrei. Es stellt sich die Frage: Ist dieser Unterschied der Unfallquote (y) ein Ausdruck eines echten Zusammenhangs r_{yx} mit der Fahrweise der Geschlechter (x)? Und bleibt er auch dann erhalten, wenn man bei gleichen Fahrstecken (z) vergleicht, also den Mitfaktor z konstant setzt? Mit anderen Worten: Wird $r_{yx \cdot z}$ nicht wesentlich von r_{yx} abweichen?

Resultat: Bei gleichen Fahrstrecken (z) fuhren Männer und Frauen zu völlig gleichen Prozentsätzen unfallfrei, und zwar bei durchschnittlich kurzen Strecken, die sie zurücklegten, beide zu 75%, bei durchschnittlich längeren Strecken beide zu 48%. Man sah also: der entscheidende Faktor war die Fahrstrecke. Der Faktor x (Geschlecht) und der Mitfaktor z (Fahrstrecke) stehen untereinander im engen Zusammenhang. Wenn zunächst ein Zusammenhang r_{yx} sich ergab, so war er nur dadurch vorgetäuscht, daß Männer überwiegend Langstreckenfahrer, Frauen überwiegend Kurzstreckenfahrer waren. Es stand also hinter dem Faktor (x) in Wirklichkeit der Faktor (z). Schaltet man aber (z) aus, d. h. vergleicht man bei konstanter Fahrstrecke, so wird $r_{xy \cdot z} = 0$. Sinn und Aussagewert des partiellen Korrelationskoeffizienten liegen hier klar zutage. Und zur Abrundung des Bildes wurde daher dieses Beispiel gebracht. Übrigens gibt es im Pflanzenbau Parallelen. Man unterschied Pappelsorten, die gar keine waren. Unterschiede waren beobachtet worden, aber im ungleichen Milieu. Man schloß daher auf Sortenunterschiede, übersah aber den Milieufaktor. Nachdem man diesen konstant gesetzt, d. h. bodengleich verglichen hatte, zeigte es sich: die „Sorten" waren völlig identisch, der Unterschied verschwand. Er war lediglich durch den Milieuunterschied vorgetäuscht.

Herrn Dr. A. LEIN danke ich für den Hinweis, daß auf Fragen dieser Art oft eine Antwort gesucht wird. Auf Grund dieser Anregung entstand der vorliegende Beitrag. Herrn Dr. E. WALTER danke ich für Empfehlungen, die er für die präzise Fassung der Folgerungen aus partiellen Korrelationskoeffizienten gab. Die Grenzen ihrer Anwendung sind im Schrifttum nicht immer klar herausgearbeitet worden.

Summary

The meaning of partial correlations is discussed. When a yield performance (y) is correlated with some components (x) and (z) an early selection for x as well as for z will be effective provided that r_{yx} and r_{yz} have a satisfying degree. But when a selection for z is already taken into consideration the partial correlation coefficient $r_{xy \cdot z}$ is a measure for the usefulness of an additional consideration of x. Since the addition of each relevant variable increases greatly the labour of the computation procedures tables are cited and a graph is given which provides a facilitated technic.

Literatur

1. KELLEY, T. L.: The Kelley Statistical Tables. Harvard University Press, 1948. — 2. KOLLER, S.: Graphische Tafeln. 3. Aufl., Darmstadt: Verlag Dr. Dietrich Steinkopff 1953. — 3. SCHMIDT, W.: Einführung in statistische Verfahren, Artikelfolge, Forstarchiv, 29./30. Jahrgang, Heft 9 und 11 (1958) und Heft 3 (1959). — 4. ZIMMERMANN, F. K.: Feldversuchswesen, Probleme und Versuche. Der Züchter 24, 116—127 (1954).

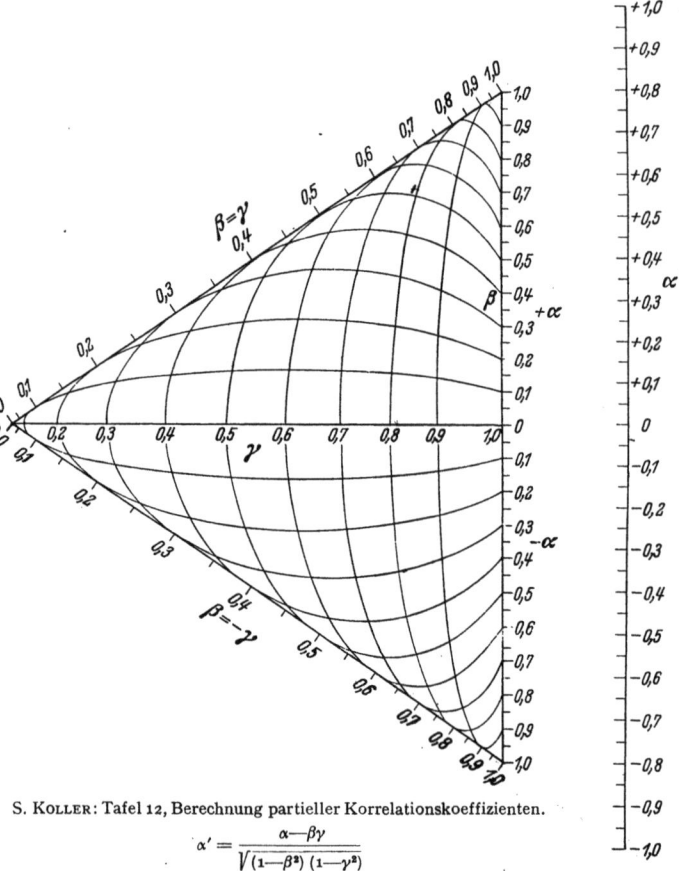

S. KOLLER: Tafel 12, Berechnung partieller Korrelationskoeffizienten.

$$\alpha' = \frac{\alpha - \beta \gamma}{\sqrt{(1-\beta^2)(1-\gamma^2)}}$$

Benutzung der graphischen Tafel von S. KOLLER: Sind β und γ vorzeichengleich, so ist der obere Teil der Tafel zu benutzen. Sind sie vorzeichenverschieden, so der untere Teil.
Beispiel: $\beta = +0{,}5$, $\gamma = +0{,}7$. Man legt ein Lineal am Schnittpunkt (oberer Tafelteil) an und durch die α-Skala. Ist $\alpha = +0{,}4$, so schneidet das Lineal die α'-Skala (rechts außen) bei $+0{,}07$. Man liest also ab: die partielle Korrelation α' ist auf den Wert $+0{,}07$ gesenkt.

II. Spezieller Teil
Beispiele der praktischen Anwendung

Aus dem Institut für Pflanzenbau und Pflanzenzüchtung der Hochschule für Bodenkultur in Wien

Physiologische und genetische Untersuchungen über den Zusammenhang zwischen der Anzahl steriler Nodi und der Zeitspanne bis zum Blühbeginn der Erbse (*Pisum sativum*)[1]

Von Hermann Hänsel

Mit 14 Abbildungen

I. Einleitung

Ein enger Zusammenhang zwischen der Anzahl von Nodi (Knoten) bis zur ersten blütentragenden Blattachsel (= Zahl steriler Nodi) und der Anzahl von Tagen von der Aussaat bzw. vom Auflaufen[2] bis zur Entfaltung der ersten Blüte (= Zeitspanne bis Blühbeginn[3]) wurde bereits von Tedin (1897), Denaiffe (1906) und Teräsvuori (1915) für verschiedene Sorten und Linien der Erbse festgestellt. Nach Angaben von Becker-Dillingen (1950) ergibt sich für 10 Sorten ebenfalls eine deutliche Assoziation zwischen der Anzahl steriler Nodi und der Zeitspanne bis Blühbeginn, wobei die drei Formen mit längeren Internodien eine für ihre Anzahl steriler Nodi relativ kürzere Zeitspanne bis Blühbeginn zeigen als die Formen mit kürzeren Internodien (gestauchte Formen) (Abb. 1). Bei 4 von Hänsel im Langtag untersuchten Sorten (Abb. 8), welche zum Teil unterschiedliche Internodienlängen hatten, lagen allerdings, bei Auftragung der Anzahlen steriler Nodi über den Zeitspannen bis Blühbeginn, die Punkte fast genau auf der Regressionsgeraden. Unter 52 im Langtag geprüften Nachkommenschaften von F_2-Pflanzen der Kreuzung Unica × Vinco wurden mehrere von der mittleren Beziehung beider Merkmale deutlich abweichende Nachkommenschaften gefunden. Die Korrelation zwischen der Anzahl steriler Nodi und der Zeitspanne bis Blühbeginn war in diesem F_3-Material mit $r = +0{,}84$*** dennoch stark ausgeprägt.

Nach den Regressionen, welche bisher an diesbezüglich verschiedenen Genotypen überprüft wur-

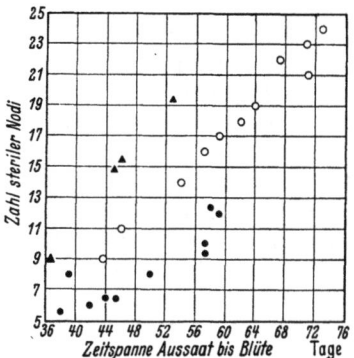

Abb. 1. Beziehung zwischen Zahl steriler Nodi und ZbB bei verschiedenen Erbsensorten. — ○ nach Tedin 1897; ● nach Becker-Dillingen 1950; ▲ nach Hänsel 1954a.

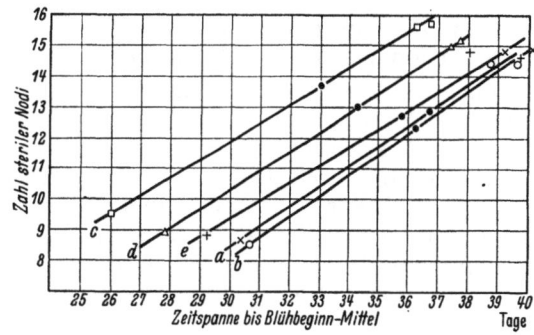

Abb. 2. Regression: Zahl steriler Nodi (y) auf ZbB (Mittel) (x) zwischen den Sorten Vinco, Unica und Parel in 5 Freilandversuchen (s. Tab. 2). — *a*) byx = +0,6478. Versuch I; *b*) byx = +0,6710, Versuch II; *c*) byx = +0,5834, Versuch III; *d*) byx = +0,6293, Versuch V; *e*) byx = +0,5893, Versuch VI. — Die fünf Regressionen erweisen sich statistisch als homogen, bei P < 0,05 (Hänsel 1954b).

den, läßt sich sagen, daß im Durchschnitt bei Ausbildung eines zusätzlichen sterilen Nodus eine Verlängerung der Zeitspanne bis Blühbeginn um zwei Tage zu erwarten ist.

Nach Abb. 1 u. 2 hatten die Prüfungsbedingungen kaum einen Einfluß auf die Steigung der Regressionsgeraden, jedoch einen deutlichen Einfluß auf ihre Lage im Koordinatensystem, was mit Unter-

---

[1] Die Darstellung des experimentellen Teiles stützt sich auf die bei Hänsel 1954a, b ausführlich wiedergegebenen Untersuchungen, so daß auf eine nähere Beschreibung des Kreuzungsmaterials und der Versuchsbedingungen hier verzichtet werden kann. Ebendort finden sich auch weitere Literaturhinweise.

[2] Falls nicht anders vermerkt, wird nachstehend die Zeitspanne vom Auflaufen bis zum Blühbeginn angegeben.

[3] Tschermak 1910 bezeichnete diesen Entwicklungsabschnitt mit „Blühzeit". Diese Bezeichnung wurde von anderen Autoren (auch Hänsel 1954) übernommen. Um jedoch diesen leicht mißzuverstehenden Ausdruck zu vermeiden, wird nachstehend „Zeitspanne bis Blühbeginn" hierfür verwendet. Das Blühen einer Pflanze beginnt in der Regel mit dem Aufblühen der ersten, untersten Blüte. Nachstehend wird diese Zeitspanne abgekürzt mit „ZbB" bezeichnet.

schieden der Samenquellung und eventuell der Bestimmung der Zahl steriler Nodi zusammenhängen dürfte.

Eine so enge Beziehung zwischen einem züchterisch interessanten phänologischen Merkmal, der ZbB, und einem morphologischen Merkmal, welches von einem sehr frühen Entwicklungsstadium — nämlich von der sichtbaren Determination der ersten Blüteninitiale an — während des ganzen Entwicklungsverlaufes bis nach dem Ableben der Pflanze festgestellt werden kann, legt es nahe, die Ursachen dieses Zusammenhanges sowie dessen Wert für die Vorhersage des einen aus dem anderen Merkmal näher zu untersuchen.

Denkbare Möglichkeiten der Auswertung des Zusammenhanges zwischen Zahl steriler Nodi und ZbB sind:

1. Eine Vorhersage der ZbB durch Bestimmung der Lage der ersten Blüteninitiale an Keimpflanzen. Diese Möglichkeit dürfte jedoch, besonders wenn die Bestimmung in einem so frühen Stadium vorgenommen wird, daß eine Dissektion der Keimpflanze nötig ist, ohne Bedeutung für die Züchtung sein. Sie kann jedoch unter Umständen, zusammen mit der Kontrolle anderer Merkmale, bei der Sortenbestimmung, sei es von Samen oder von Beständen in frühen Wachstumsstadien, von Wert sein.

2. Ein Rückschluß aus der Zahl steriler Nodi von reif geernteten Pflanzen auf deren ZbB in derselben Vegetationsperiode. Auf diese Art könnte die besonders bei dichterem Pflanzenstand schwierige Registrierung des Blühbeginnes und die Etikettierung der einzelnen Pflanzen in Kreuzungspopulationen vermieden werden.

3. Eine Vorhersage der mittleren ZbB einer Pflanzennachkommenschaft aus der Zahl steriler Nodi der Mutterpflanze. So z. B. die Vorhersage der mittleren ZbB von F_2-Pflanzen-Nachkommenschaften aus der Zahl steriler Nodi der entsprechenden F_2-Pflanzen.

Beispiele für die Nutzbarkeit der unter (2) und (3) genannten Möglichkeiten werden im experimentellen Teil gegeben.

II. Die Komponenten der ZbB: „Induktionsperiode" und „Aufblühzeit"

Im Folgenden werden vor allem unter natürlichen Wachstumsbedingungen wirksame Faktoren berücksichtigt, von denen die ZbB beeinflußt wird, obwohl nach LEOPOLD und GUERNSEY 1953, 1954 und HAUPT 1954 auch Behandlung mit verschiedenen Chemikalien sowie Entfernung der Koleoptilen in frühen Keimstadien (HAUPT 1952) die Zahl steriler Nodi deutlich verändern können.

Die Blütenorgane werden bei der Erbse in Blattachseln angelegt, wobei die jeweils am tiefsten Nodus angelegte Blüteninitiale sich meistens zu der sich am frühesten entfaltenden Blüte entwickelt. Unter ungünstigen Bedingungen kann es auch vorkommen, daß die als erste angelegte Blüte verkümmert, und die zuerst aufblühende Blüte an einem höheren Nodus steht. Der Blühbeginn am Haupttrieb ist in der Regel früher als der an Seitentrieben.

Umweltfaktoren können die ZbB bei Erbsen in zwei aufeinander folgenden Entwicklungsabschnitten und in jedem der beiden auf eine andere Art beeinflussen:

Im ersten Abschnitt, welcher vom Beginn der Samenquellung bis zur Determination der ersten Blüteninitiale reicht (= „Induktionsperiode"), kann die Zahl steriler Nodi und vor allem dadurch die ZbB verändert werden.

Im zweiten Abschnitt, welcher von der Determination der ersten Blüteninitiale bis zur Entfaltung der sich aus ihr entwickelnden Blüte reicht (= „Aufblühzeit"), kann die Schnelligkeit der Differenzierung und Entfaltung der Blüte verändert werden.

Die „Induktionsperiode" bzw. die Zahl steriler Nodi und die „Aufblühzeit", und die nicht zwangsläufig in derselben Richtung erfolgende Modifikation beider Abschnitte, charakterisieren schließlich die gesamte ZbB (Abb. 4). Auch genetisch lassen sich beide ZbB-Komponenten auseinanderhalten, so daß mit einer etwa gleichen Zahl steriler Nodi etwas verschiedene Aufblühzeiten kombiniert auftreten können. Die Gene, welche die Zahl steriler Nodi kontrollieren, haben jedoch einen weit größeren Einfluß auf die gesamte ZbB als die, welche die „Aufblühzeit" variieren, was im experimentellen Teil gezeigt wird.

III. Die Zahl steriler Nodi und ihre Veränderung durch Photoperiode, Lichtintensität und Vernalisation

1. Photoperiode

Nach den bisherigen Ergebnissen (KOPETZ 1938, 1941, HAUPT 1952, HÄNSEL 1954, WENT 1957 u. a.) reagieren später und spät blühende Sorten auf Kurztag (unter 12 h) mit einer Blühverzögerung, wogegen ausgesprochen frühblühende Sorten im Langtag (auch im 24 h-Tag) und im Kurztag den gleichen Blühbeginn haben. Es wurden daher die frühblühenden Sorten als „tagneutral" bezeichnet. Auf die Zahl steriler Nodi bezogen, liegt der Grenzbereich zwischen den tageslängenempfindlichen und „tagneutralen" Formen um 11—13 Nodi. Es ließ sich nun zeigen, daß bei den später blühenden Formen die Blühverzögerung im Kurztag im wesentlichen auf einer Erhöhung der Zahl steriler Nodi beruht, wogegen „tagneutrale" Formen im Kurztag und Langtag gleich viel sterile Nodi ausbilden (Tab. 1).

Bei einem photoperiodischen Versuch mit einer „tagneutralen" (Vinco) und zwei tageslängenempfindlichen Sorten (Unica, Parel) zeigte sich ferner (HÄNSEL 1954a), daß das Verhältnis zwischen Zahl steriler

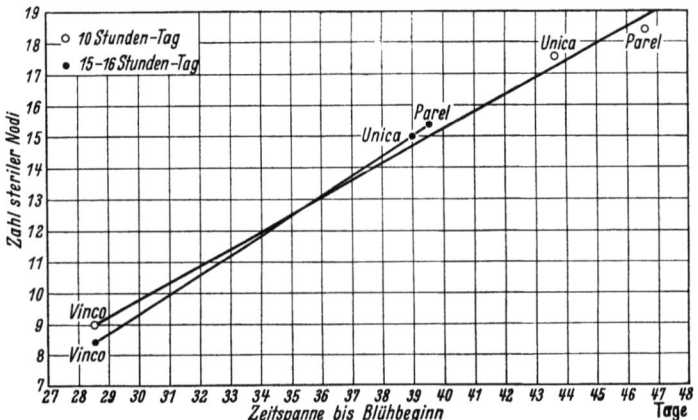

Abb. 3. Beziehung zwischen Zahl steriler Nodi und ZbB der Sorten Vinco, Unica und Parel bei einer Tageslänge von 10^h ○———○ und von 15—16^h ●———● (Gefäßversuch).

Nodi und ZbB im Lang- und Kurztag, trotz der Verschiedenheit der absoluten Werte, dasselbe war (Abb. 3).

Die Photoperiode kann demnach über die Zahl steriler Nodi die ZbB später blühender Genotypen stark modifizieren. Da die erste Blüteninitiale, je nach ihrer Lage, in einem sehr frühen bis mittleren Entwicklungsstadium determiniert wird, so wird sich der für die ZbB wesentliche photoperiodische Einfluß je nach Sorte auf eine verhältnismäßig kurze bis längere Jugendperiode erstrecken.

Tabelle 1. *Einfluß der Tageslänge auf die Zahl steriler Nodi und die Zeitspanne bis Blühbeginn bei einer „tagneutralen" (Vinco) und zwei tageslängenempfindlichen (Unica, Parel) Sorten.*

	Tageslänge	Zahl steriler Nodi			Zeitspanne bis Blühbeginn in Tagen		
		Vinco	Unica	Parel	Vinco	Unica	Parel
Freilandversuch	24^h 16^h	8,6 8,7	14,4 14,8	14,3 14,8	30,6 30,3	38,7 39,2	39,45 40,2
Differenz		—0,1	—0,4**	—0,5*	+0,3	—0,5*	—0,75**
Gefäßversuch	15—16^h 10^h	8,4 9,0	15,1 17,6	15,4 18,4	28,6 28,6	39,0 43,7	39,5 46,5
Differenz		—0,6	—2,5***	—3,0***	+0,03	—4,7***	—7,0***

* $P < 0{,}05$; ** $P < 0{,}01$; *** $P < 0{,}001$

Diese für die Tageslänge empfindliche „Induktionsperiode" läßt sich für verschiedene Formen wie folgt abschätzen: HAUPT 1952 fand bei der „tagneutralen" Sorte Kl. Rheinländerin, welche durchschnittlich 8—9 sterile Nodi ausbildete, daß die Determination des Bezirkes, welcher zur blütentragenden Blattachsel wird, bereits am 5.—6. Tage nach dem Anquellen der Samen erfolgte. Geht man entsprechend der durchschnittlichen Assoziation von ZbB und die Zahl steriler Nodi von der Vorstellung aus, daß die Blütendetermination in der jeweils nächst höheren Blattachsel bei verschiedenen Genotypen in etwa gleichen zeitlichen Abständen von durchschnittlich zwei Tagen erfolgt, so läßt sich die Dauer der „Induktionsperiode" für verschiedene Zahlen steriler Nodi daraus theoretisch ableiten. Sie würde bei sehr frühen Sorten etwa eine Woche und bei extrem späten bis vier Wochen betragen (Abb. 4).

Ganz abgesehen von der Gültigkeit der einzelnen Werte ist anzunehmen, daß die Zeit zwischen Keimung und Determination der ersten Blüte mit einer steigenden Zahl steriler Nodi zunimmt und daß aus diesem Grunde die Dauer einer möglichen photoperiodischen Beeinflussung bei Formen mit einer (im Langtag) geringeren Zahl steriler Nodi kürzer ist als bei Formen mit einer (im Langtag) höheren Zahl steriler Nodi. Experimentelle Untersuchungen in dieser Richtung wurden bisher noch nicht durchgeführt.

Im Zusammenhang damit steht auch eine vorläufige Erklärung der mehrfach festgestellten „Tagneutralität" frühblühender Sorten, wonach diese durch die zeitlich frühe Anlage der ersten Blüteninitiale, welche nach HAUPT 1952 etwa eine Woche nach der Samenquellung erfolgt, noch keine Möglichkeit besitzen, auf die Tageslänge zu reagieren. Diese von HÄNSEL 1954a aufgestellte Hypothese wurde später von HAUPT 1957 insofern verifiziert, als er zeigen konnte, daß sich die als „tagneutral" geltende Sorte Kl. Rheinländerin wie eine Langtagpflanze verhielt, falls sie infolge Entfernung der Kotyledonen und Kultur auf geeigneten Nährböden eine höhere Zahl steriler Nodien ausbildete.

Daß zur Blütenanlage selbst kein Licht notwendig ist, konnten LEOPOLD 1949 bei der Sorte Alaska und HAUPT 1952 bei der Sorte Kl. Rheinländerin zeigen. Es wäre interessant zu untersuchen, ob bei den von LAMPRECHT 1956 gefundenen Formen mit nur 2—4 sterilen Nodi die erste Blüteninitiale bereits im Embryo sichtbar determiniert ist, nachdem HAUPT 1952 im Embryo der Sorte Kl. Rheinländerin bereits bis zu 6 Blattanlagen vorfand.

2. Lichtintensität

Auch die Lichtintensität kann einen Einfluß auf die Zahl steriler Nodi haben, wobei nach HAUPT 1957 bei der Erbse geringere Lichtintensitäten im selben Sinne wie geringere Tageslängen wirken. Ob die tägliche Lichtmenge für die Zahl steriler Nodi maßgebend ist, konnte dabei nicht entschieden werden. Zu erwähnen wären hier auch die Befunde von HÄRER 1951 an *Arabidopsis thaliana*, bei welcher, unter gleicher täglicher Belichtungsdauer, eine geringere Lichtintensität sowie Nährstoffmangel und Sandkultur eine Verringerung der der Blüte vorausgehenden Laubblätter und gleichzeitig eine Verzögerung des Blühbeginns zur Folge hatten. Dies weist auf die Möglichkeit einer starken Störung der Beziehung zwischen sterilen Nodi und ZbB unter ausgesprochen mangelhaften Wachstumsbedingungen hin.

3. Vernalisation

Werden angekeimte Erbsensamen längere Zeit niederen Temperaturen ausgesetzt (Samen-Vernalisation), so wird bei bestimmten Formen die erste Blüteninitiale an einem tieferen Nodus determiniert als ohne Samenvernalisation. Es zeigten jedoch nur Formen mit einer höheren Zahl steriler Nodi, also solche, welche tageslängenempfindlich sind, einen derartigen Vernalisationseffekt; wogegen „tagneutrale" Formen nicht auf Samenvernalisation ansprachen (WENT 1957, Seite 115 und 123, HIGHKIN 1956). So wurde bei der Sorte Unica durch eine 12 tägige Vernalisation die Zahl steriler Nodi von 18 auf 14 vermindert. Eine ähnliche Reaktion zeigte die tageslängenempfindliche Sorte Telephon. Keine Reaktion auf Vernalisation zeigten die „tagneutralen" Sorten Alaska, Massey, Kronberg und Vinco (Zahl steriler Nodi 9—10). Auch vollständige Devernalisation durch hohe Temperaturen wurde festgestellt. (Analog zur Erklärung der „Tagneutralität" könnte bei Formen mit geringen Zahlen steriler Nodi die Vernalisation deshalb keinen Effekt zeigen, weil die Determination der Blüteninitiale bereits während des Anquellens bei höheren Temperaturen und noch vor dem Behandlungsbeginn mit niedrigen Temperaturen erfolgt.)

IV. Die „Aufblühzeit"

Die „Aufblühzeit", welche von der Determination der ersten Blüte bis zu ihrer Entfaltung reicht und durch das Streckungswachstum der Internodien und die Differenzierung der Blütenorgane charakterisiert ist, schließt an die im wesentlichen durch die Zahl steriler Nodi bestimmte „Induktionsperiode" an. Die Dauer der „Aufblühzeit" wird die für die Wachstums- und Differenzierungsvorgänge typische, sehr komplexe Abhängigkeit von Temperatur, Lichtmenge (und daher auch von der Tageslänge), Lichtintensität, Luftbewegung, Feuchtigkeit und Ernährung zeigen und dadurch die gesamte ZbB, auch bei gleicher Zahl steriler Nodi und bei derselben Sorte, erheblich variieren können. Außerdem werden bei verschiedenen Genotypen genetisch bedingte Unterschiede der Reaktion auf bestimmte Kombinationsverläufe genannter Umweltfaktoren auftreten und zu genotypischen Unterschieden in der Dauer der „Aufblühzeit" führen. Auf genotypische Unterschiede der „Aufblühzeit" dürften die bei gleicher Zahl steriler Nodi stark differierenden Werte der gesamten ZbB bei den F_2-Pflanzen-Nachkommenschaften (Tab. 5) der Kreuzung Unica × Vinco zurückzuführen sein. Hinweise auf die Ursachen derartiger Unterschiede geben die Untersuchungen von UNGER 1956, welcher bezüglich der ZbB für verschiedene Sorten unterschiedliche Temperaturschwellwerte und Temperaturoptima sowie verschiedene Reaktionen auf Tages- und Nachttemperaturen errechnen konnte.

Die mehrfach zur Charakterisierung der sortentypischen ZbB herangezogenen Temperatursummen von Aufgang bis Blüte erwiesen sich je nach den Prüfungsbedingungen (Saatzeitversuche, Anbau in verschiedenen Jahren an verschiedenen Orten usw.) als ein konstanteres oder etwa gleich konstantes ZbB-Maß als die ZbB in Tagen (KOPETZ 1942, FUCHS 1941, FUCHS und MÜHLENDYCK 1951, HÄNSEL 1954a). In derartigen Temperatursummen werden die „Induktionsperiode" und die „Aufblühzeit" unter dem Gesichtspunkt einer linearen Temperaturwirkung zusammengefaßt, was jedoch nur in gewissen Grenzen berechtigt erscheint. Eine eingehendere Diskussion über die Temperatursumme als Maß für die ZbB findet sich bei den zuletzt genannten Autoren.

V. Schema für das Zusammenwirken der beiden Komponenten der ZbB

In Abb. 4 wird der Versuch gemacht, die Beziehungen der vor allem durch die Zahl steriler Nodi charakterisierten „Induktionsperiode" und der von der Zahl steriler Nodi vermutlich nur wenig abhängigen „Aufblühzeit" für Formen mit verschiedenen Zahlen steriler Nodi schematisch darzustellen. Die diesem Schema zugrunde liegenden experimentellen Ergebnisse sind:

a) die verhältnismäßig konstante mittlere Regression von 2 Tagen Verzögerung des Blühbeginns je einem zusätzlichen sterilen Nodus bei verschiedenen Genotypen,

b) die Determination der ersten Blüte am 5. bis 6. Tage bei einer Sorte mit 8—9 sterilen Nodi (HAUPT 1952), und

c) das Vorkommen von verschiedenen ZbB bei gleicher Zahl steriler Nodi, wie es u. a. ein Vergleich von F_2-Pflanzen-Nachkommenschaften ergab.

Es wird nun angenommen, daß die erwähnte mittlere Beziehung zwischen der Zahl steriler Nodi und der ZbB im wesentlichen auf den Zusammenhang zwischen der Zahl steriler Nodi und der „Induktionsperiode" zurückgeht. Dieser Annahme nach würde bei Formen mit jeweils einem weiteren sterilen Nodus die Blüteninitiale jeweils um etwa zwei Tage später determiniert. Daß sich verschiedene Genotypen diesbezüglich verschieden verhalten können, wird durch das Streuungsband der Blütendetermination angedeutet. Die „Aufblühzeit" würde sich nach diesen Voraussetzungen bei den verschiedenen Sorten als etwa gleich lang ergeben und wäre von der Lage der ersten blütentragenden Blattachsel mehr oder weniger unabhängig. Auch die „Aufblühzeit" wird jedoch einer genotypischen Variation unterliegen, welche in gewisser Abhängigkeit von der Internodienlänge und, bei den später gezeigten F_2- und F_3-Generationen, von dem „Farbgrundfaktor" sein dürfte.

Summiert man nun bei einer bestimmten Zahl steriler Nodi die „Induktionsperiode" mit der „Aufblühzeit", so ergibt sich hieraus die gesamte ZbB. Durch die erwähnte mögliche genotypische Variation der beiden ZbB-Komponenten, welche für eine jede der Komponenten nicht zwangsläufig im selben Sinne erfolgen muß, erklären sich verschieden lange gesamte ZbB bei einer jeweils gleichen Zahl steriler Nodi. Dies wird durch das entsprechend breitere Streuungsband der Blütenentfaltung angedeutet. Die später gezeigten Daten über verschiedene ZbB bei gleicher Zahl steriler Nodi können auf diese Weise gedeutet werden.

Der Grenzbereich zwischen „tagneutralen" und tageslängenempfindlichen Formen dürfte, wie erwähnt, zwischen 11 und 13 sterilen Nodi liegen. Dies entspricht einer mittleren „Induktionsperiode" von 10—14 Tagen, was im Grenzbereich der Dauer zwischen Aussaat und Auflaufen liegt. (Die in Abb. 4 als Abszisse gezeichnete Skala der Tage ab Samenquellung müßte, je nach Temperatur und Wachstumsbedingungen, anders eingeteilt werden, worauf z. B. die unter verschiedenen Bedingungen erhaltenen Ergebnisse der in Abb. 1 zusammengestellten Ergebnisse hinweisen.)

Das gegebene Schema läßt sich sinngemäß auch auf die relative Verkürzung oder Verlängerung der einzelnen ZbB-Komponenten durch Umweltfaktoren bei jeweils gleichbleibender Zahl steriler Nodi anwenden.

VI. Interindividuelle Streuung der Zahl steriler Nodi und ZbB innerhalb von „reinen Linien"

Der im Vorhergehenden gegebene entwicklungsphysiologische Überblick bezog sich auf Mittelwerte verschiedener, genetisch einheitlicher Muster (Sorten). Bei der züchterischen Verwendung des Zusammenhanges zwischen der Zahl steriler Nodi und ZbB kommt es jedoch auch auf die Möglichkeit an, aus dem Verhalten einzelner, genetisch differierender Individuen das Verhalten ihrer Nachkommen annähernd vorherzusagen. Die Genauigkeit der Vorhersage wird, abgesehen von genetischen Momenten, stark von der umweltbedingten, interindividuellen Streuung beider Merkmale abhängen, welche sich an

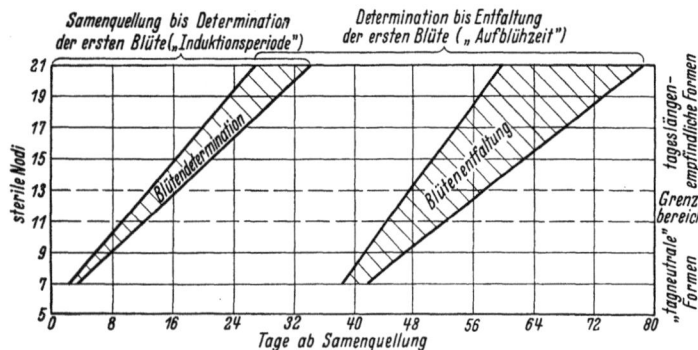

Abb. 4. Schema für die Zusammensetzung der ZbB aus den beiden Komponenten „Induktionsperiode" und „Aufblühzeit" bei Erbsenformen mit verschiedenen Zahlen steriler Nodi. Erklärung im Text.

Tabelle 2. *Standorte der sechs Versuche und ihre Bedingungen.*

Versuch Nr.	Jahr	Ort	Geogr. Breite	Tageslänge von Aufgang bis 50% Blüte der Sorte Parel	Datum von		Temperatur-Mittel °C	Anzahl Tage mit Temperatur-Mittel	
					Anbau	Aufgang		unter 15 °C	über 20 °C
I	1949	Wageningen	51°58'	16,09^h bis 16,11^h	30. 5.	7. 6.	16,2°	13	6
II	1949	Wageningen	51°58'	24^h durch Neonzusatzlicht im Freien	30. 5.	7. 6.	16,2°	13	6
III	1950	Cambridge	52°13'	15,48^h bis 16,35^h	18. 5.	27. 5.	17,6°	4	9
IV	1950	Wien	48°16'	15,27^h bis 13,20^h	20. 7.	28. 7.	18,5°	6	11
V	1951	Probstdorf N. Ö.	48°16'	15,12^h bis 15,58^h	18. 5.	24. 5.	17,6°	12	10
VI	1952	Probstdorf N. Ö.	48°16'	15,07^h bis 15,54^h	15. 5.	26. 5.	17,7°	15	11

der Streuung innerhalb „reiner Linien" abschätzen läßt.

WENT 1957 erwähnt in einem zusammenfassenden Bericht über Versuche am Earhart Plant Research Laboratory (California), daß sich die Erbse infolge ihrer auf einfachem Wege zu erreichenden genetischen Einheitlichkeit und infolge ihrer unter konstanten Bedingungen sehr genau reproduzierbaren Internodienzahlen und Wachstumskurven als besonders geeignet für entwicklungsphysiologische Versuche erwiesen habe. Diese hohe Einheitlichkeit wurde allerdings nur bei im gequollenen Zustande vorselektierten Samen und nach einer weiteren Einschränkung des Materials in frühen Wachstumsstadien erreicht. Derartige Vorauslesen können jedoch bei Züchtungsversuchen, in welchen die interindividuelle Streuung der Eltern und F_1-Generationen als Maß für die wahrscheinlich umweltbedingte Streuung in F_2-Generationen dienen soll, nicht vorgenommen werden.

Unter Freilandbedingungen (Tab. 2) war die Streuung der Zahl steriler Nodi und die der ZbB innerhalb der Sorten unabhängig von ihren Mittelwerten und verhältnismäßig hoch (HÄNSEL 1954a). Die gesamte Streubreite (bis 99% blühender Pflanzen) betrug bei der Sorte Vinco in sechs Versuchen bei jeweils etwa 100 Individuen zwischen 9 und 14 Tage und betrug nach Zentrierung mittels des Medianstages (an welchem zumindest 50% der Pflanzen aufgeblüht waren) für die drei untersuchten Sorten bei insgesamt 1957 Individuen 17 Tage. RASMUSSON 1935 fand bei zwei „reinen Linien" eine ähnliche Streubreite der ZbB von 13 und 17 Tagen.

Die gesamte Streubreite der Zahl steriler Nodi betrug bei denselben Mustern der Sorte Vinco 4—8 Nodi und bei insgesamt 1301 Individuen der drei untersuchten Sorten 8 Nodi. Bei 18 Mustern von etwa je 100 Individuen ergab sich für die ZbB (in Tagen) eine mittlere Varianz von $s^2 = 4$ und für die Zahl steriler Nodi eine solche von $s^2 = 1,5$. Die Häufigkeitsverteilung der ZbB erwies sich als etwas links schief, die der Zahl steriler Nodi als etwas rechts schief und bei beiden Eigenschaften kam es zu einer Häufung der Individuen um den Medianwert. Unter Freilandbedingungen wies keine der beiden Eigenschaften eine Normalverteilung auf (Abb. 5, 6).

Trotz der starken Streuung beider Eigenschaften trat keine Korrelation zwischen ihnen in genetisch einheitlichen Eltern- und F_1-Mustern auf (Abb. 8), so daß die Modifikation der Zahl steriler Nodi nicht als generelle Ursache für die modifikatorische Streuung der ZbB angesehen werden kann. Als modifizierende Faktoren lassen sich Zeitpunkt des Auflaufens, Standraum- und Ernährungsunterschiede, Krankheitsbefall und eventuelle Verletzungen (HÄNSEL 1954a) anführen. Die Ähnlichkeit der zeitlichen Häufigkeitsverteilungen des Auflaufens und des Blühbeginnes läßt einen Zusammenhang zwischen beiden vermuten (Abb. 7). Es ist nun anzunehmen, daß in genetischen Populationen (F_2-Generationen oder „Ramschen") die umweltbedingte interindividuelle Streuung zumindest ebensohoch ist wie innerhalb von Sorten, bzw. von „reinen Linien", so daß der Voraussagewert der Zahl steriler Nodi von einer

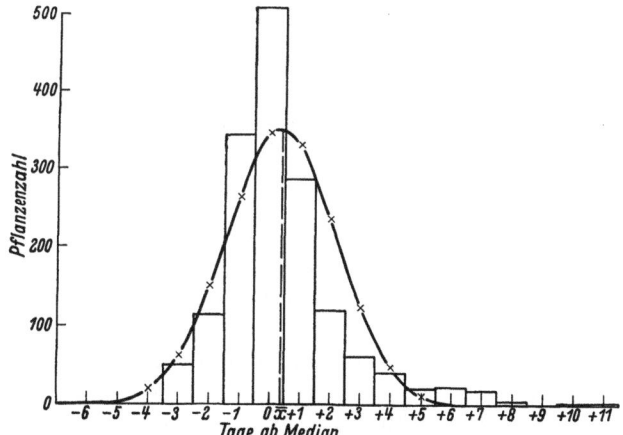

Abb. 5. ZbB-Frequenzen der Sorten Vinco, Unica und Parel; Versuche I bis VI zentriert nach Median-Tag und summiert (n = 1597). Histogramm = gefundene Werte. Variationskurve = theoretische Normalverteilung. Ein Vergleich beider Verteilungen ergibt: $\bar{x} = +0,37 \pm 0,05$; Chi^2 = 999,7; FG = 12; P < 0,001.

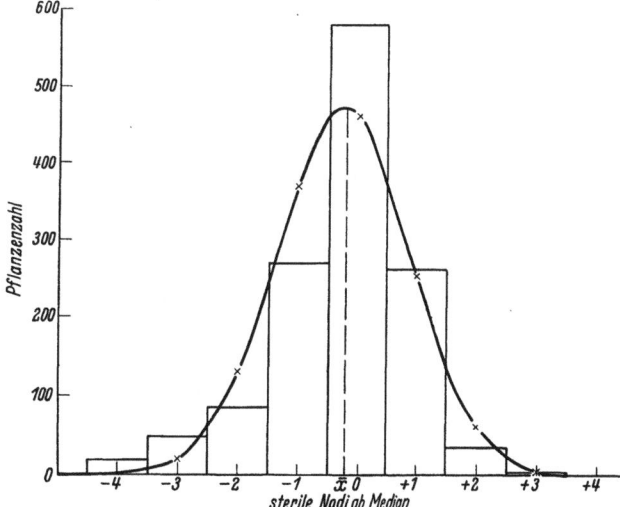

Abb. 6. Häufigkeitsverteilung der Zahl steriler Nodi bei den Sorten Vinco, Unica und Parel. Versuche I, II, III, V und VI zentriert nach Median und summiert (n = 1301). Histogramm = gefundene Werte. Variationskurve = theoretische Normalverteilung. Ein Vergleich beider Verteilungen ergibt: $\bar{x} = -0,23 \pm 0,03$; Chi^2 = 158,7; FG = 6; P < 0,001.

20 II. Spezieller Teil: Beispiele der praktischen Anwendung

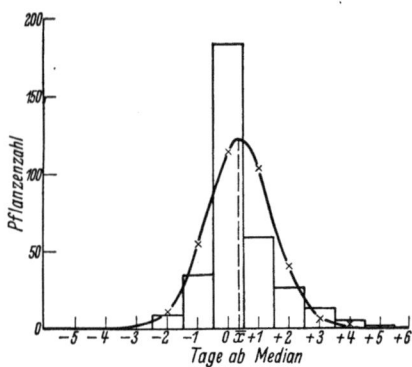

Abb. 7. Aufgang-Frequenzen der Sorten Vinco, Unica und Parel. Versuch IV zentriert nach Mediantag und summiert. Histogramm = gefundene Werte. Variationskurve = theoretische Normalverteilung. Ein Vergleich beider Verteilungen ergibt: $\bar{x} = +0{,}38 \pm 0{,}06$; Chi$^2 = 156{,}4$; FG = 6; P < 0,001.

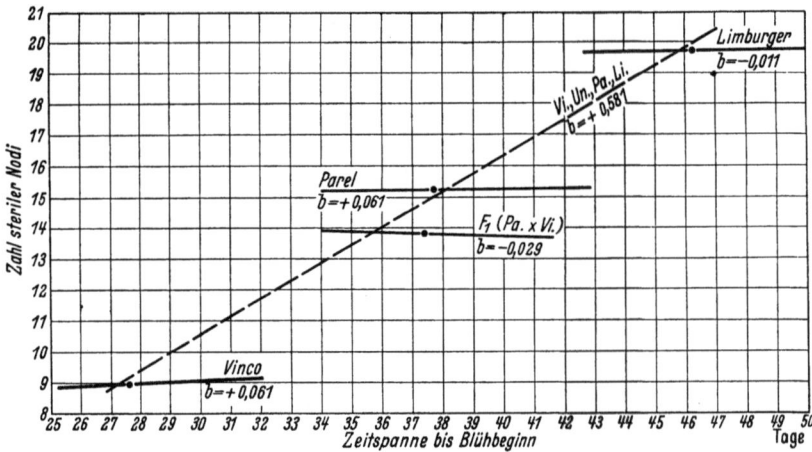

Abb. 8. Regressionsgeraden von Zahl steriler Nodi auf ZbB (1951) zwischen den Sorten Vinco, Unica, Parel und Limburger, sowie innerhalb der Sorten Vinco, Parel und Limburger und innerhalb der F$_1$(Parel × Vinco).

genetischen Population entnommenen Einzelpflanzen für die Zahl steriler Nodi und die ZbB ihrer Nachkommen stark eingeschränkt wird.

VII. Beziehungen zwischen Zahl steriler Nodi und ZbB in F$_2$- und F$_3$-Generationen

Die im Folgenden beschriebenen Zusammenhänge wurden an den Nachkommen von drei Kreuzungen gefunden, in welchen die rot- und frühblühende Sorte Vinco mit den beiden durchschnittlich um 9 und 10 Tage später und weiß blühenden Sorten Unica und Parel sowie mit der um durchschnittlich 17 Tage später blühenden Sorte Gelbe Limburger gekreuzt wurden (Tab. 3). Die gefundenen Ergebnisse lassen sich daher nicht durchwegs verallgemeinern, insbesondere da der Freilandanbau aus Gründen der gene-

Tabelle 3. *Mittlere Zahlen steriler Nodi und mittlere Zeitspannen bis Blühbeginn (ZbB) im Langtag der Sorten Vinco, Unica, Parel (Versuche I, II, III, V, VI) und Gelbe Limburger (Versuch II, n = 91).*

Sorte	Blüten-farbe	Zahl steriler Nodi $\bar{x} \pm s_{\bar{x}}$	ZbB in Tagen $\bar{x} \pm s_{\bar{x}}$
Vinco	rot	8,9 ± 0,16	28,5 ± 0,76
Unica	weiß	14,9 ± 0,19	37,4 ± 0,56
Parel	weiß	15,9 ± 0,25	38,6 ± 0,55
Limburger	weiß	19,6	46,2

tischen Analyse stets im Langtag (15 h bis 16 h) vorgenommen wurde.

Die Korrelationsdiagramme der drei F$_2$-Generationen zeigen einen gesicherten Zusammenhang zwischen der Zahl steriler Nodi und der ZbB (Abb. 9, 10, 11). Die entsprechenden Korrelationskoeffizienten lagen zwischen +0,66 und +0,89 und waren etwas höher als die von WELLENSIEK 1925 in einer F$_2$-Generation gefundene Korrelation von $r = +0{,}553 \pm 0{,}030$. Die Korrelationen waren etwas größer, wenn die einzelnen Pflanzen am Tage ihres Blühbeginnes zur Bestimmung der Zahl steriler Nodi dem Boden entnommen wurden, als wenn die sterilen Nodi an den reif geernteten Pflanzen gezählt wurden (HÄNSEL 1954b). Letztere Methode würde bei einer Vorauslese auf Blühzeit an Hand der Zahl steriler Nodi reifer Pflanzen angewendet werden.

Die genetische Analyse ergab bei den genannten drei Kreuzungen in der F$_1$ eine unvollständige Dominanz der höheren Zahl steriler Nodi und des späteren Blühbeginns. In den F$_2$-Generationen zeigten beide Eigenschaften eine bimodale Verteilung, welche bei Trennung nach der jeweiligen Minimumklasse für zwei die Zahl steriler Nodi bzw. die ZbB kontrollierende Hauptfaktoren sprechen.

Abgesehen von diesen beiden die Zahl steriler Nodi kontrollierenden Hauptfaktoren wurde die ZbB noch von genetischen Modifikatoren beeinflußt, wie (a) die Streuungsanalyse der F$_2$-Generationen (Tab. 4) und (b) die korrelative Gegenüberstellung der Mittelwerte von Zahl steriler Nodi und ZbB bei den

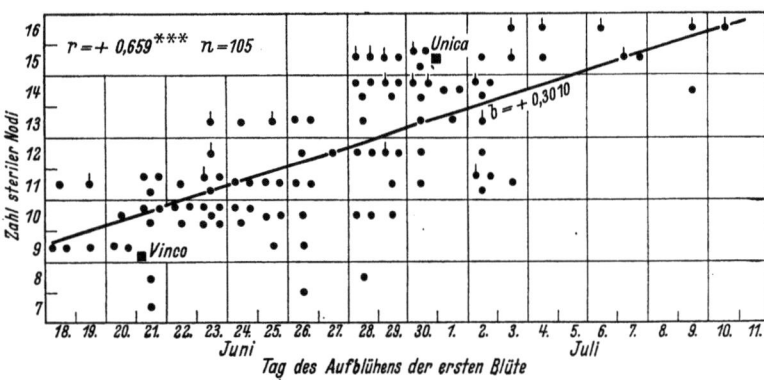

Abb. 9. Beziehung zwischen Zahl steriler Nodi und ZbB innerhalb der F$_2$ (Unica × Vinco). — ■ Mittelwerte der Eltern; ● weiß blühende Pflanzen.

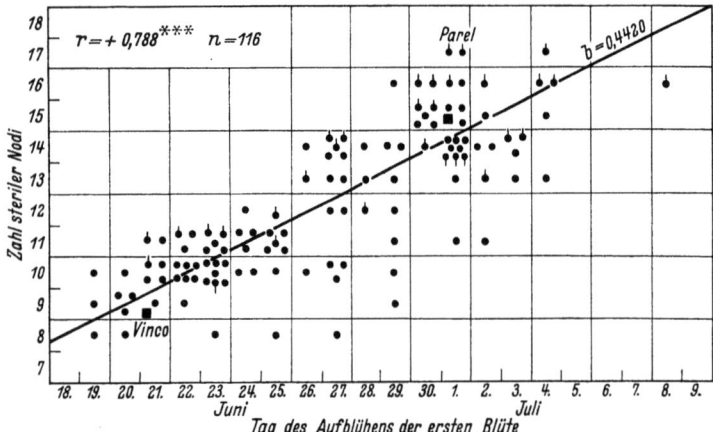

Abb. 10. Beziehung zwischen Zahl steriler Nodi und ZbB innerhalb der F$_2$ (Parel × Vinco). ■ Mittelwerte der Eltern; ● weiß blühende Pflanzen.

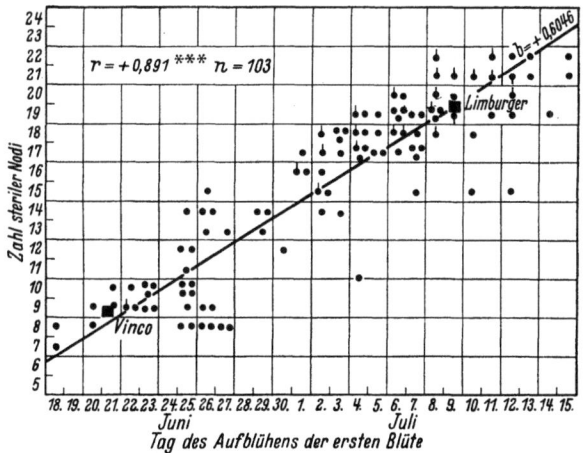

Abb. 11. Beziehung zwischen Zahl steriler Nodi und ZbB innerhalb der F₂ (Limburger × Vinco). — ■ Mittelwerte der Eltern; ○ ● weiß blühende Pflanzen.

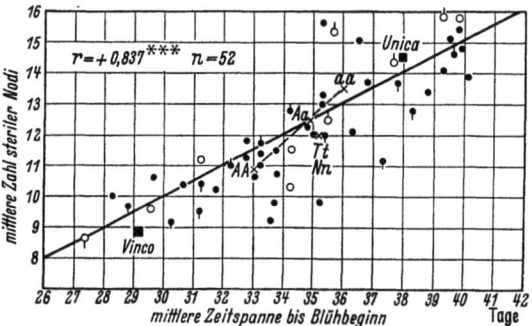

Abb. 12. Beziehung zwischen mittlerer Zahl steriler Nodi und mittlerer ZbB bei 52 F₃-Pflanzen-Nachkommenschaften der Kreuzung Unica × Vinco.— ■ Mittelwerte der Eltern; ○ ○ ○ nach ZbB und Zahl steriler Nodi nicht spaltende Nachkommenschaften; ● ● ● nach ZbB und Zahl steriler Nodi spaltende Nachkommenschaften; ○ ○ rein weiße Nachkommenschaften; ● ● rein rote Nachkommenschaften; ● ○ nach Blütenfarbe spaltende Nachkommenschaften; × AA Mittel aller rein roten Nachkommenschaften; × aa Mittel aller rein weißen Nachkommenschaften; × Aa Mittel aller für Blütenfarbe spaltenden Nachkommenschaften; × Tt, Nn Mittel aller nach ZbB und Zahl steriler Nodi spaltenden Nachkommenschaften.

F₂-Pflanzen-Nachkommenschaften (F₃) zeigen (Abbildung 12).

Bei der in Tab. 4 wiedergegebenen Streuungsanalyse wurde zunächst von der Gesamtsumme der Quadrate (SQ) der durch die Regression (von ZbB auf St. N.) bedingte Anteil abgezogen.

Die nach Abzug verbleibende Variation ist ein Maß für die Streuung der F₂-Individuen um die Regressionslinie.

Der auf die Regression zurückzuführende prozentuelle SQ-Anteil entspricht dem Bestimmtheitsmaß r^2 (s. Beitrag von W. U. BEHRENS im allgemeinen Abschnitt dieses Hefts).

Da in allen drei F₂-Generationen die weiß blühenden Individuen etwas oberhalb und die rot blühenden etwas unterhalb der Regressionslinie zu liegen kamen (was auch für die F₃ Geltung behielt, siehe Abb. 12), konnte diese mit dem „Farbgrundfaktor" in Verbindung stehende Streuung berücksichtigt werden. Sie wurde nach ihrem die Variationsbreite um die Regressionslinie erweiternden Einfluß errechnet und von der Streuung um die Regressionslinie abgezogen.

In der nun verbleibenden Streuung war auf jeden Fall noch die umweltbedingte, interindividuelle Streuung der ZbB enthalten. Diese konnte aus den Statistiken der F₂-Generationen selbst nicht abgeschätzt werden. Es wurde daher der aus mehrfacher Prüfung von Mustern der Eltern und F₁-Generationen gewonnene durchschnittliche Wert $s^2 = 4$, bei $n \sim 100$ (siehe Abschnitt VI) für die Berechnung ihrer SQ verwendet. Diesen SQ konnten jedoch innerhalb der vorliegenden Streuungsanalyse keine Freiheitsgrade zugeordnet werden, da sie nicht aus den F₂-Statistiken selbst abgeschätzt wurden (siehe RASMUSSEN 1935).

Den angewandten Verfahren entsprechend können die für den „Farbgrundfaktor" und die umweltbedingte Streuung ermittelten SQ-Werte allerdings nur als Hinweise auf die Größenordnung dieser Streuungsursachen gewertet werden.

Von der nach Abzug der analysierbaren Streuungsursachen verbleibenden „Rest-Streuung" wurde angenommen, daß sie vor allem durch genetische Modifikatoren, welche die „Aufblühzeit" variierten, bedingt sei.

Aus diesen Streuungsanalysen ergaben sich nachstehende Werte für die prozentuellen Anteile der verschiedenen Streuungsursachen an der Gesamtstreuung der ZbB.

Nach den F₂-Streuungsanalysen der ZbB ließen sich (je nach der ZbB-Differenz der Eltern) 44—81% der Abweichungsquadratsummen (SQ) auf die Zahl steriler Nodi, 4—18% auf den Einfluß des „Farbgrundfaktors", 9—17% auf Umweltmodifikation und 3—22% („Reststreuung") auf nicht erfaßte Einflüsse zurückführen. Nach Berücksichtigung der die ZbB vor allem bestimmenden Zahl steriler Nodi und der Umweltmodifikation ergab sich, daß zwischen 10% und 40% („Reststreuung" + Streuung infolge des „Farbgrundfaktors") der ZbB-Variation (SQ) nicht durch die Zahl steriler Nodi bestimmt war.

Der Einfluß der hierfür verantwortlichen, vermutlich genetischen Modifikatoren dürfte bei den verschiedenen Kreuzungen verschieden hoch gewesen sein. Er war, gemessen an den Abweichungsquadratsummen, etwa gleich bis mehr als doppelt so groß wie der Einfluß der Umweltmodifikation.

Bei der in der F₂ relativ am stärksten um die mittlere Regression beider Eigenschaften streuenden Kreuzung (Unica × Vinco) wurde auch die korrelative Beziehung der Mittelwerte bei 52 F₃-Pflanzen-Nachkommenschaften untersucht (Abb. 12). Sie erwies sich, da in den Mittelwerten die umweltbedingte Streuung weitgehend ausgeschaltet war, mit $r = +0,87$ als enger als die entsprechende Korrelation zwischen den F₂-Pflanzen mit $r = +0,65$. Mit Hilfe der „Bestimmtheit" ($= r^2 \cdot 100$) läßt sich der durchschnittliche Einfluß der Zahl steriler Nodi auf die Zeitspanne bis Blühbeginn bei den F₃-Pflanzen-Nachkommenschaften dieser Kreuzung mit 70% abschätzen. Es blieben demnach ca. 30% für die ZbB mit-

Tabelle 4. *Streuungsanalyse der Assoziation zwischen der Zeitspanne bis Blühbeginn (ZbB) und der Zahl steriler Nodi (St. N.) in drei F₂-Generationen unter Berücksichtigung der Regression von ZbB auf St. N., des Farbfaktors (A, a) und der umweltbedingten interindividuellen Streuung (siehe Text).*

	F₂ (Unica × Vinco)			F₂ (Parel × Vinco)			F₂ (Limburger × Vinco)		
	FG	SQ	s²	FG	SQ	s²	FG	SQ	s²
Gesamtstreuung der ZbB	104	2475,0		116	2090,8		102	4520,0	
Regression auf St. N.	1	1075,6		1	1288,9		1	3670,4	
Abweichungen von Regression	103	1399,4	13,29	115	801,9	7,58	101	849,6	8,41
Streuung infolge (AA + Aa) u. aa	1	438,2		1	284,9		1	176,3	
Umweltbedingte interindividuelle Streuung	—	412,0	(4,00)	—	460,0	(4,00)	—	404,0	(4,00)
Rest-Streuung	102	549,2		114	57,0		100	269,3	

bestimmende genetische Modifikatoren. (Hierbei ist allerdings das uneinheitliche Aufspalten innerhalb von 42 der 52 untersuchten Nachkommenschaften, welche die Mittelwerte verschieden beeinflußten, nicht berücksichtigt.)

Einige deutlich von der mittleren Beziehung zwischen Zahl steriler Nodi und ZbB abweichende F_2-Pflanzen-Nachkommenschaften der Kreuzung (Unica × Vinco) sind in Tab. 5 zusammengestellt. Bezogen auf die Regressionslinie (Zahl steriler Nodi auf ZbB) betrug die maximale Abweichung einzelner Linien 2—3 Nodi mehr bzw. 2—3 Nodi weniger, als es den entsprechenden mittleren Werten der ZbB entspräche.

Tabelle 5. *F_2-Pflanzen-Nachkommenschaften (F_3) mit einem von der durchschnittlichen Beziehung zwischen Zahl steriler Nodi und ZbB stärker abweichenden Verhältnis beider Eigenschaften.*

Nach-kommen-schaft Nr.	n	Mittlere Zahl steriler Nodi		Mittlere ZbB in Tagen	
		Mittel-wert	Variations-breite	Mittel-wert	Variations-breite
5	10	9,3	5	33,6	10
12	19	9,8	3	33,7	10
46	21	10,3	3	34,2	8
43	12	9,8	2	35,3	6
47	15	15,7	2	35,5	6
64	104	15,4	4	35,7	8
45	23	15,1	7	36,6	14

Die Ergebnisse lassen vermuten, daß genetische Faktoren, welche Zeitpunkt und Ort der Blütendetermination kontrollierten, mit solchen, welche die Schnelligkeit der Blütendifferenzierung („Aufblühzeit") beeinflußten, in verschiedenen Kombinationen auftraten.

VIII. Auslese auf ZbB mittels Auslese auf Zahl steriler Nodi

Vom Gesichtspunkt der Auslese ist es von Interesse zu erfahren:

a) inwieweit die ZbB einer F_2-Pflanze die durchschnittliche ZbB ihrer Nachkommen voraussagen läßt, und

b) inwieweit die Zahl steriler Nodi einer F_2-Pflanze einerseits die Zahl steriler Nodi und andererseits die ZbB der entsprechenden Nachkommenschaften anzeigt.

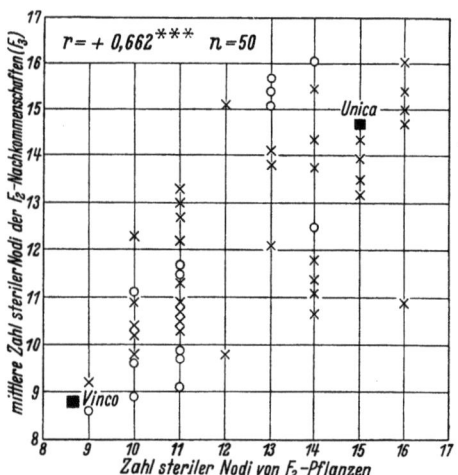

Abb. 13. Beziehung zwischen Zahl steriler Nodi von F_2-Pflanzen 1951 und der mittleren Zahl steriler Nodi ihrer Nachkommenschaften (F_3) 1952. — ■ Eltern; × Nachkommenschaften bezüglich der Zahl steriler Nodi spaltend; ○ Nachkommenschaften bezüglich der Zahl steriler Nodi nicht spaltend.

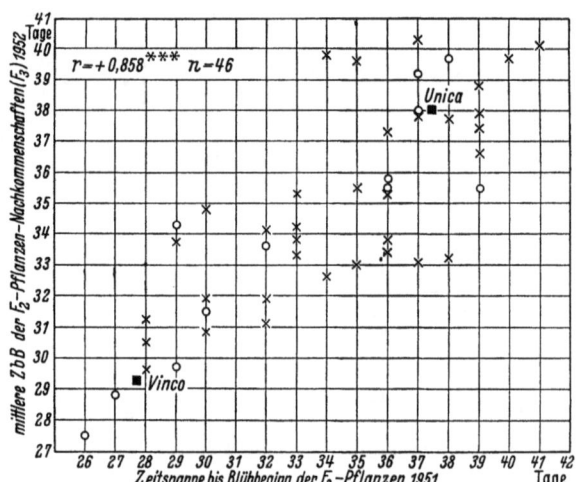

Abb. 14. Beziehung zwischen der Zeitspanne bis Blühbeginn von F_2-Pflanzen 1951 und der mittleren ZbB ihrer Nachkommenschaften (F_3) 1952. — ■ Eltern; × Nachkommenschaften bezüglich der ZbB spaltend; ○ Nachkommenschaften bezüglich der ZbB nicht spaltend.

Die diesbezüglichen Daten wurden für die Kreuzung Unica × Vinco ermittelt (Abb. 13, 14, Tab. 6). Die F_2—F_3-Korrelation der Zahl steriler Nodi war mit $r = +0,66$ kleiner als die entsprechende ZbB-Korrelation mit $r = +0,86$. Hierfür dürfte die bereits erwähnte, weniger exakte Bestimmung der Zahl steriler Nodi an reif geernteten Pflanzen verantwortlich sein.

Tabelle 6. *Korrelationen[1] zwischen Zahl steriler Nodi und ZbB innerhalb der F_3-Generation und zwischen F_2-Pflanzen und deren Nachkommenschaften (F_3) der Kreuzung (Unica × Vinco).*

	Zahl steriler Nodi F_3	ZbB F_3	ZbB F_2
Zahl steriler Nodi F_2	+0,662	+0,623	+0,584
ZbB F_2	—	+0,858	—
Zahl steriler Nodi F_3	—	+0,837	—

[1] Alle Korrelationskoeffizienten bei $P < 0,001$ signifikant.

Die Wirksamkeit einer F_2-Auslese nach der Zahl steriler Nodi von reif geernteten Pflanzen für die Auslese nach ZbB wird durch die Korrelation zwischen der Zahl steriler Nodi der F_2-Pflanzen und den ZbB-Mitteln der entsprechenden Nachkommenschaften demonstriert. Diese betrug $r = +0,623$; dies entspricht einer „Bestimmtheit" von 38,8%. Es hätten daher bei dieser Kreuzung mit Hilfe dieser Selektionsart sicherlich nur ZbB-Gruppen erfaßt werden können. So stammten von 52 F_2-Pflanzen-Nachkommenschaften zwei mit mittlerer ZbB von einer F_2-Pflanze mit der geringsten Zahl steriler Nodi (8) ab und eine Nachkommenschaft mit mittlerer ZbB von einer F_2-Pflanze mit der höchsten Zahl steriler Nodi (16). Von den drei in der F_2 analysierten Kreuzungen erwies sich allerdings bei der Kreuzung Unica × Vinco die ZbB am wenigsten einheitlich durch die Zahl steriler Nodi bedingt, so daß in anderen F_2-Populationen oder „Ramschen" die Zahl der sterilen Nodi der einzelnen Pflanze ein relativ genaueres Maß für die ZbB bei ihren Nachkommen sein kann. Dies dürfte insbesondere dann zutreffen, wenn die Zahlen steriler Nodi bzw. die ZbB der Eltern stärker differieren (s. F_2 Limburger × Vinco).

Zusammenfassung

Es wird auf die lineare mittlere Beziehung zwischen Zahl steriler Nodi und ZbB (= Zeitspanne bis Blühbeginn) bei verschiedenen Formen von *Pisum sativum* hingewiesen. Die Verlängerung der ZbB mit je einem zusätzlichen sterilen Nodus beträgt durchschnittlich zwei Tage. Diese Beziehung erwies sich auch bei einer Blühverzögerung infolge Kurztagbehandlung als gültig.

Es wird ein Entwicklungsschema der Erbse gegeben, in welchem die gesamte ZbB als die jeweilige Summe der „Induktionsperiode" (= Samenquellung bis Determination der ersten Blüte) und der „Aufblühzeit" (= Determination bis Entfaltung der ersten Blüte) für verschiedene Zahlen steriler Nodi dargestellt ist. Demnach nimmt die „Induktionsperiode", in welcher die Tageslänge den Ort der Blütendetermination entscheidend beeinflussen kann, bei frühblühenden Sorten etwa ein Fünftel, bei spätblühenden Sorten etwa die Hälfte der gesamten Zeitspanne bis Blühbeginn ein. An Hand dieses Schemas werden die Ursachen für den durchschnittlichen Zusammenhang zwischen Zahl steriler Nodi und ZbB und die nachweisbaren genetisch(und modifikatorisch) bedingten Abweichungen von diesem erläutert.

Bei im Langtag durchgeführten Kreuzungsversuchen erwiesen sich jeweils gleiche Zahlen steriler Nodi mit verschiedenen ZbB in Grenzen kombinierbar. Der Einfluß der Hauptgene für die Zahl steriler Nodi überwog jedoch stets den der Modifikatoren, welche vermutlich vor allem die „Aufblühzeit" variierten.

In drei F_2-Generationen war die ZbB zu ca. 44% (Unica × Vinco), 62% (Parel × Vinco) und 81% (Limburger × Vinco) durch die Zahl steriler Nodi bestimmt, wobei die restlichen Prozente zu einem Drittel bis zur Hälfte auf die interindividuelle, modifikatorische Streuung und zu zwei Dritteln bis zur Hälfte auf genetische Modifikatoren der ZbB zurückzuführen waren.

Bei einer korrelativen Gegenüberstellung der Mittelwerte der Zahl steriler Nodi und ZbB bei 52 F_2-Pflanzen-Nachkommenschaften der Kreuzung Unica × Vinco konnten 70% der ZbB auf die Zahl steriler Nodi zurückgeführt werden. Die ZbB derselben F_2-Pflanzen-Nachkommenschaften (also der F_3) war jedoch nur zu 39% durch die Zahl steriler Nodi der entsprechenden F_2-Pflanzen bestimmt.

Es wird auf die Möglichkeiten und die Grenzen der Verwertung der Zahl steriler Nodi bei der Selektion auf ZbB und bei der Sortenidentifizierung hingewiesen.

Summary

A linear regression is found when the mean number of sterile nodes (= number of nodes below the first flower bearing node) is plotted against the mean flowering time (= days from the germination to the opening of the first flower) in pea varieties of differing flowering times, grown under the same conditions. Some varieties deviate significantly from the regression line. On the average with each additional sterile node the opening of the first flower occurs two days later. This relationship remained nearly unchanged, when the flowering was delayed by a short day treatment.

Statistical analysis of three F_2-generations and 52 F_2-plant progenies growing in long days showed, that in different genotypes the same number of sterile nodes can be combined with somewhat differing flowering times. In these three F_2-generations (1) 44%, (2) 62% und (3) 89% of the flowering time appeared to be determined by the number of sterile nodes. Of the remaining percentages one third to one half could be attributed to environmental variation and two third to one half to genetical variation. Reducing the interindividual environmental variation in cross (1) by comparing the corresponding mean values of 52 F_2-plant progenies, 70% of the flowering time proved to be determined by the number of sterile nodes. In the same F_2-plant progenies no more but 39% of the flowering time could be attributed to the number of sterile nodes of the corresponding F_2-plants, thus giving a measure of the effectiveness of a F_2-selection in sterile nodes, with the view of selecting for flowering time.

A developmental scheme is given, in which the total flowering time is regarded as being composed of two successive periods, the first period reaching from seed swelling to the first visible determination of the first flower primordium, the second period reaching from the determination to the opening of the first flower. In the first period different photoperiods may change the total flowering time by changing the position of the first flower on the main axis. An attempt is made to explain the decisive influence of the number of sterile nodes on the total flowering time in varieties with different flowering times by the approximately regular increase of the length of the first period (of flower induction) with the genetically controlled increase of the number of leaf primordia layed down on the vegetation point below the first flower primordium, whereas the length of the second period (of differentiation and opening of the flower) is thought to show comparatively small genetical variation. The possible causes of genetical deviation from the mean relationship of both characters are discussed in relation to this scheme.

Literatur

1. BECKER-DILLINGEN, J.: Handbuch des gesamten Gemüsebaues, S. 436—447. Berlin-Hamburg: P. Parey 1950. — 2. DENAIFFE: Les Pois Potagers. Paris: J. B. Baillière et Fils 1906 (zitiert nach WELLENSIEK 1925). — 3. FUCHS, W. H.: Beobachtungen an einem Erbsenaussaatversuch. Z. f. Angew. Botanik 23, 342—347 (1941). — 4. FUCHS, W. H., u. E. MÜHLENDYCK: Über den Einfluß der Aussaat und der Temperatur auf die Entwicklung von Erbsensorten. Z. f. Pflanzenzüchtg. 30, 172—187 (1951). — 5. HÄNSEL, H.: Vergleich der Konstanz verschiedener „Blühzeitmaße" im Langtag in Hinblick auf Sortencharakteristik und Erbversuch bei *Pisum sativum*. Der Züchter 24, 77—92 (1954a). — 6. HÄNSEL, H.: Versuche zur Vererbung der Nodienzahl-Blühzeit-Relation im langen Tag bei Erbsensorten (*Pisum sativum* × *P. arvense*). Der Züchter 24, 97—115 (1954b). — 7. HÄRER, L.: Die Vererbung des Blühalters früher und später sommereinjähriger Rassen von *Arabidopsis thaliana* (L.) HEYN. Beitr. z. Biol. d. Pfl. 28, 1—34 (1951). — 8. HAUPT, W.: Untersuchungen über den Determinationsvorgang der Blütenbildung bei *Pisum sativum*. Zeitsch. f. Botanik 40, 1—32 (1952). — 9. HAUPT, W.: Die stoffliche Beeinflussung der Blütenbildung bei *Pisum sativum*. I. Die Wirkung der Stickstoffernährung. Ber. d. Deutsch. Bot. Gesellsch. 67, 75—83 (1954). — 10. HAUPT, W.: Photoperiodische Reaktion bei einer als tagneutral geltenden Sorte von *Pisum sativum*. Ber. d. Deutsch. Bot. Gesellsch. 70, 191—198 (1957). — 11. HIGHKIN, H. R.: Vernalisation in peas. Plant Physiol. 31, 399—403 (1956). — 12. KOPETZ, L. M.: Photoperiodische Untersuchungen an Pflückerbsen. Gartenbauwissensch. 12, 329—334 (1938).

13. KOPETZ, L. M.: Die praktischen Auswirkungen bisheriger photoperiodischer Untersuchungen bei Gemüse. Gartenbauwissensch. 16, 178—187 (1941). — 14. KOPETZ, L. M.: Über den Einfluß der Temperatur auf Wachstum und Entwicklung einiger Pflückerbsensorten. Gartenbauwissensch. 17, 255—262 (1942). — 15. LAMPRECHT, H.: Ein *Pisum*-Typ mit grundständigen Infloreszenzen. Agri Hort. Genetica 14, 152—202 (1956). — 16. LEOPOLD, A. C.: Flower initiation in total darkness. Plant Physiology 24, 530—533 (1949). — 17. LEOPOLD, A. C., and F. S. GUERNSEY: Flower initiation in Alaska pea. I. Evidence as to the role of auxin. Americ. Jour. Botany 40, 46—50 (1953). II. Chemical vernalisation. ibid. 41, 181—185 (1954). — 18. RASMUSSON, J.: Studies on the inheritance of quantitative characters in *Pisum* I. Hereditas 20, 161—179 (1935). — 19. TEDIN, H.: Nagra synpunkter vid förädling af ärter. Sver. Uts. f. Tidskr. 7, 111—129 (1897). — 20. TERÄSVUORI, K.: Über in Finnland feldmäßig gebaute Erbsenformen. Acta Soc. Fauna Flora Fennica 40, Nr. 9, Seite 142 (1915) (zitiert nach WELLENSIEK 1925). — 21. TSCHERMAK, E. VON: Über die Vererbung der Blühzeit bei Erbsen. Verh. naturf. Ver. Brünn 49, 161—191 (1910). — 22. UNGER, K.: Zum Einfluß der klimatischen Standortfaktoren auf die Blühzeit und den Blühverlauf einiger Gemüseerbsensorten. Zeitsch. f. Acker- u. Pflanzenb. 102, 69—80 (1956). — 23. WELLENSIEK, S. J.: Genetic Monograph on *Pisum*. Bibliographia Genetica II, 343—476 (1925). — 24. WENT, F. W.: The experimental control of plant growth. Waltham, Mass., U.S.A. Chronica Bot. Comp., 1957.

Aus dem Institut für Pflanzenbau und Saatguterzeugung der Forschungsanstalt für Landwirtschaft, Braunschweig-Völkenrode, Direktor: Prof. Dr. O. Fischnich

Beitrag zur Frühdiagnose der Ertragsbildung von Kartoffelpflanzen unter besonderer Berücksichtigung der photoperiodischen Reaktion

Von H. KRUG

Die Ertragseigenschaften der Kartoffelpflanze sind polyfaktoriell bedingt (RUDORF und BAERECKE 1958). Sie stehen in Abhängigkeit von Genen, die mehr oder weniger unmittelbar die ertragsbildenden Eigenschaften bestimmen, und von solchen, die die Reaktion auf spezifische Klimafaktoren auslösen und somit indirekt — in Abhängigkeit von den Umweltbedingungen — zur Wirkung kommen.

Bei einer Auslese auf Ertrag unter den natürlichen Wachstumsbedingungen des Züchtungsgebietes werden alle in Betracht kommenden Gene — zum Teil unbewußt — berücksichtigt. Bei einer Frühdiagnose müssen sie jedoch getrennt beachtet werden: Den unmittelbar wirkenden Genen kann eine in allen Anbaugebieten weitgehend gleiche Wirkung zugesprochen werden. Die indirekt wirkenden sind dagegen in Abhängigkeit von den Klimabedingungen unterschiedlich zu beurteilen.

Zur frühzeitigen Erkennung der Erbanlagen, die — zumindest teilweise — von dem örtlichen Klima unabhängig sind, liegen verschiedene Hinweise vor. Sie erstrecken sich vorwiegend auf die Reifezeit:

SKIBNEVSKAJA (1952) fand sowohl bei Kartoffelsämlingen als auch bei den folgenden, aus Knollen gezogenen Generationen eine Korrelation zwischen Frühreife und a) einer frühzeitigen Differenzierung der Blätter, b) einer Anlage der Blätter mit maximaler Differenzierung an tieferen Nodien (die Differenzierung oder Ausgliederung der Blätter nimmt bis zu einer bestimmten Nodienzahl zu und wird an höheren Nodien wieder schwächer), c) einer geringeren Zahl monopodialer Internodien (der Sproß verzweige sich bis zur Ausdifferenzierung der ersten Infloreszenz monopodial, in der Folge sympodial).

GEORGIEWA (1958) ermittelte eine Korrelation zwischen Frühreife und „frühgefiederten" Blättern sowie einem frühen Knollenansatz; zwischen Spätreife und langen sowie starken Stolonen, groben Knollen und starker Wüchsigkeit.

ENGEL und MÖLLER (1959) erhielten eine positive Korrelation zwischen Frühreife und der Stolonenlänge von Kartoffelsämlingen zum Zeitpunkt des Topfens (Aussaat 10. März, pikiert, getopft bei 5—6 cm Länge der Pflanzen Anfang Mai).

Nach MEINL und RAEUBER (1960) sind die Vegetationsdauer, die Zahl der Spaltöffnungen und die Eindringgeschwindigkeit von Xylol in das Blatt bei Kulturkaroffeln eng miteinander korreliert. Frühsorten haben wenige, aber große, Spätsorten mehr, aber kleine Spaltöffnungen. Auf Grund der Spaltöffnungszahlen wurde von MEINL und MÖLLER (1961) bei Kartoffelsämlingen der Anteil früh- und spätreifer Typen bestimmt. Es ergab sich eine gute Übereinstimmung mit den späteren Reifebonituren.

Von den indirekt gesteuerten Ertragseigenschaften kommt der photoperiodischen Reaktion der Kartoffelpflanze eine besondere Bedeutung zu. Bevor auf die Möglichkeiten ihrer frühzeitigen Erkennung eingegangen wird, sollen die genetischen und entwicklungsphysiologischen Grundlagen sowie die Zielsetzung bei ihrer praktischen Anwendung erörtert werden.

Die genetischen Grundlagen der photoperiodischen Reaktion bedürfen noch einer eingehenden Klärung. Nach SCHICK (1934) wird das photoperiodische Verhalten von einer großen Anzahl dominanter und intermediärer Gene bestimmt. HACKBARTH (1935) ist der Ansicht, daß im allgemeinen der Kurztagtyp über den Langtagtyp[1] dominiert und dafür wahrscheinlich eine größere Anzahl von Genen verantwortlich gemacht werden muß. Allem Anschein nach gäbe es aber auch rezessive Gene für die Kurztagreaktion. In den Untersuchungen von RUDORF (1958a) verhielt sich die F_1 von Wildarten (*S. demissum*, *S. acaule*, *S. stoloniferum*) × *S. tuberosum* im Blühen und im Knollengewicht sehr ähnlich den Wildarten. In der F_2 und nach Rückkreuzung mit *S. tuberosum* (F_2^*) traten bereits deutliche Aufspaltungen ein, und es konnten *S. tuberosum*-ähnliche Formen selektiert werden.

Im Gegensatz hierzu ist die Tageslängenreaktion bei verschiedenen anderen Pflanzenarten (Salat, Tabak u. a.) auf ein Allel-Paar zurückgeführt worden.

[1] Langtagtyp bedeutet hier, daß im Langtag ein höherer Knollenertrag gebildet wird.

In die gleiche Richtung weist das — wahrscheinlich auf einer Mutation beruhende — Auftreten der „Schosser" bei Kartoffelpflanzen.

Von entscheidender Bedeutung ist in diesem Zusammenhang, daß sowohl bei Kreuzungs- als auch bei Selbstungsnachkommen von Kultursorten, bei ersteren besonders nach Einkreuzung von Wildformen, eine Aufspaltung auch hinsichtlich des photoperiodischen Verhaltens auftritt (u. a. MILLER und McGOLDRICK 1941, KOPETZ und STEINECK 1954, STEINECK 1956b, 1958). Die Selektion geeigneter Reaktionstypen muß infolgedessen ständig von neuem durchgeführt werden.

Die Tageslängenreaktion der Kartoffelpflanze wird nach STEINECK (1955, 1956a, 1956b) von ihrer „kritischen Tageslänge" bestimmt, die qualitativ die geförderte Knollenbildung im Kurztag (Tageslichtdauer kürzer als die „kritische Tageslänge") von der gehemmten Knollenbildung bei gefördertem Krautwachstum und Blütenbildung im Langtag trenne.

In Untersuchungen von BODLAENDER (1958) und KRUG (1959) zeigten aus Knollen gezogene Pflanzen hinsichtlich der Knollenbildung lediglich eine quantitative photoperiodische Reaktion, d. h. eine im Kurztag beschleunigte Knollenbildung, die aber mit Verzögerung auch im Langtag einsetzte. Darüber hinaus deuteten sich in unseren Versuchen (KRUG 1959) in bezug auf die Knollenbildung Unterschiede im Ausmaß der photoperiodischen Abhängigkeit an.

Das photoperiodische Verhalten der Sorten wird dementsprechend von STEINECK auf Unterschiede in der Höhe der „kritischen Tageslänge" zurückgeführt (STEINECK 1955, 1956a, 1956b, 1958). Sie sei nicht an die Reifegruppe gebunden und Kriterium einer mehr oder weniger guten Anpassung. Nach DRIVER (1943) steht die Tageslängenreaktion in enger Beziehung zur Reifezeit. Für die Sorten ‚Erstling' und ‚Ackersegen' konnte letzteres von KRUG (1959) bestätigt werden. Auch RUDORF (1958a) nimmt an, daß jede Sorte ihre optimale Photoperiode hat, gleichzeitig sei eine Beziehung zur Reifezeit gegeben.

Entsprechend der unterschiedlichen Einschätzung der physiologischen Reaktion gehen auch die Auffassungen über die optimale photoperiodische Reaktionsnorm und damit die Zuchtrichtung auseinander. Zuchtziel in photoperiodischer Sicht sind nach STEINECK (1956c, 1957, 1958) Kartoffelsorten mit einer „hohen kritischen Tageslänge", die jedoch unter dem Tageslängenhöchstwert liegen soll, um durch eine günstige Kombination von ungehemmter Knollenbildung (vor dem Überschreiten der „kritischen Tageslänge"), verstärktem Krautwachstum (nach dem Überschreiten der „kritischen Tageslänge") und im Herbst wiederum geförderter Knollenbildung (nach dem Unterschreiten der „kritischen Tageslänge") den höchsten Ertrag zu erzielen.

Nach KRUG (1959) sind für Spätsorten, von denen u. a. höchste Erträge erwartet werden, Kurztagbedingungen während der Anfangsentwicklung nicht erforderlich. Ein Kurztag von 12 Stunden wirkte sich sogar negativ im Endertrag aus. Spätsorten entfalten ihre höchste Leistungsfähigkeit dementsprechend unter anfänglichen Langtagbedingungen* und müssen eine niedrige „kritische Tageslänge" (12 bis 14 Std.) besitzen. Bei Frühsorten ist eine schnelle Knollenentwicklung von besonderer Bedeutung. Es ist folglich eine höhere „kritische Tageslänge", evtl. in Verbindung mit einer hinsichtlich der Knollenbildung weniger ausgeprägten photoperiodischen Abhängigkeit zu fordern.

Ob die Züchtung tagneutraler Sorten möglich und erstrebenswert ist, d. h. ob solche die gleiche Leistungsfähigkeit wie photoperiodisch optimal angepaßte erreichen können, kann auf Grund der vorliegenden Untersuchungen noch nicht entschieden werden. Die Antwort ist u. a. davon abhängig, wie weit sich die durch photoperiodische Einwirkung beeinflußbaren Eigenschaften unmittelbar genetisch verankern lassen. Der Vorteil tagneutraler Sorten wäre eine größere ökologische Streubreite.

Eine Möglichkeit, die photoperiodische Reaktionsweise von Kartoffelsämlingen in einem frühen Entwicklungsstadium zu erfassen, sehen KOPETZ und STEINECK (1954) sowie STEINECK (1956c, 1957, 1958) in der Beurteilung der Wuchsrichtung der aus den Achseln der Keimblätter und nächstgelegenen Laubblätter wachsenden Stolonen. Dieses Kriterium hat den Vorteil, daß es bei einer Aussaat Mitte Mai (unter Glas) und anschließendem Eintopfen bereits 5 Wochen nach dem Aufgang eine Vorselektion ermöglicht. Für das Verfahren hat STEINECK (1958) den Begriff „photoperiodische Reduktionsauslese" geprägt.

Er unterscheidet drei Reaktionstypen:

1. Sämlinge, deren Stolonen abwärts gerichtet in den Boden wachsen. Sie besitzen eine höhere „kritische Tageslänge" und sind nach seiner Ansicht für die Züchtung am besten geeignet.

2. Sämlinge, deren Stolonen eine heliotrope Wuchsrichtung zeigen. Dies ist ein Zeichen einer gehemmten Knollenbildung und läßt auf eine niedrige „kritische Tageslänge" schließen.

3. Sämlinge, deren Stolonen z. T. in den Boden, z. T. jedoch horizontal oder aufwärts wachsen. Es handelt sich hier um einen Zwischentyp der Gruppen 1 und 2, der nach den obigen Definitionen eine mittlere „kritische Tageslänge" besitzt. Auch diese Sämlinge könnten durch eine vorübergehende Förderung des Krautwachstums eine hohe Ertragsfähigkeit haben und werden, soweit die Mehrzahl der Stolonen nach unten wächst, weiter kultiviert.

Nach weiteren 4 Wochen (9 Wochen ab Aufgang) wurde von STEINECK die Ernte durchgeführt und erneut der Anteil der einzelnen Gruppen bestimmt. Bei Kreuzungsnachkommen der Sorten ‚Saskia' × ‚Flava' hatte sich im Normaltag die Zahl der der Gruppe 2 zugeordneten Sämlinge kaum geändert (ca. 20%). Dagegen war der Anteil der Gruppe 3 auf Kosten der Gruppe 1 von 19 auf 48% gestiegen. Zu diesem Zeitpunkt sei somit eine schärfere Selektion möglich. Die Knollenbildung und die Wuchsrichtung der Stolonen liefen in ihrer photoperiodischen Reaktion den Ergebnissen, die aus dem

---
* Untersuchungen, ob sich eine Tageslichtdauer in der Nähe oder dicht über der „kritischen Tageslänge" darüber hinaus auf den Endertrag günstig auswirkt, sind noch nicht abgeschlossen.

Stolonenwachstum gefolgert wurden, parallel. Das Sämlingsmaterial konnte nach dieser Methode bei der ersten Auslese (6—8 Wochen nach Aufgang) auf 50%, bei der Ernte auf 20% eingeengt werden (STEINECK 1957).

Eine erfolgreiche Selektion der photoperiodischen Reaktionsgruppen nach der beschriebenen Methode ist nach STEINECK (1956b, 1958) nur unter Tageslängen möglich, die der maximalen Tageslichtdauer des Anbaugebietes nahekommen (in Wien ca. 16½ Std.). Bei einer Anzucht der Sämlinge in kürzeren Tageslängen muß daher ein Langtag mittels einer Zusatzbelichtung hergestellt werden. Diese sollte nach unseren Untersuchungen an Kultursorten mindestens 100 Lux betragen. Zweckmäßig hat sich eine Installation von 60 oder 100 Watt Glühlampen in einem Abstand von 1,20 × 1,20 m erwiesen. Bei einer Montage in Kellerfassungen mit kleinen Reflektoren kann diese Anlage auch im Freiland erstellt werden. Dem Temperaturfaktor kommt bei der „photoperiodischen Reduktionsauslese" nach STEINECK (1958) nur eine untergeordnete Bedeutung zu.

Zur Ermittlung des photoperiodischen Verhaltens der generativen Nachkommen von Kultursorten haben wir in den Jahren 1959 und 1960 — in ähnlicher Versuchsanstellung wie STEINECK — Sämlinge der Sorte ‚Merkur' (freie Abblüte) unter einer Tageslichtdauer von 9, 12, 15 und 18 Std. angezogen. Die Aussaat erfolgte Anfang Januar. Die erste Ernte nach 9 und eine 2. nach 14 (1959) bzw. 12 (1960) Wochen.

In allen Tageslängen zeigten die Sämlinge mit überwiegend aufwärts wachsenden Stolonen die stärkste Wüchsigkeit (Längenwachstum der Hauptachse und der Stolonen, Blattzahl, Sproß-Frischgewicht). Sie bildeten bereits an tieferen Nodien gefiederte Blätter. Sämlinge mit überwiegend abwärts wachsenden Stolonen standen diesen in den gleichen Merkmalen nach. Sämlinge, deren Stolonen teils aufwärts und teils abwärts bzw. horizontal wuchsen, zeigten ein zwischen den beiden vorerwähnten Gruppen liegendes Verhalten. Am stärksten blieben in diesen Wuchsmerkmalen Sämlinge mit sehr kurzen Stolonen zurück.

Die Frage der Ermittlung der Tageslängenreaktion von Selbstungsnachkommen der Kultursorten an Hand der Wuchsrichtung der Stolonen kann auf Grund des uns vorliegenden Materials noch nicht endgültig beantwortet werden. Nach bisherigen Ergebnissen ist ein Einfluß der Tageslichtdauer auf die Wuchsrichtung der Stolonen vorhanden, aber lediglich als Teilfaktor für das unterschiedliche Stolonenwachstum der Sämlinge anzusehen. Zwischen der Ausbildung sowie der Wuchsrichtung der Stolonen und weiteren entwicklungsphysiologischen Eigenschaften deuten sich darüber hinaus Korrelationen an, die im Zusammenhang mit den Ergebnissen von SKIBNEVSKAJA (1952), GEORGIEWA (1958) sowie ENGEL und MÖLLER (1959) wertvolle Anhaltspunkte für eine Frühdiagnose ergeben können. Die Untersuchungen werden fortgesetzt.

Ohne spezielle Untersuchungen läßt sich an Kultursorten nach unseren Erfahrungen (FISCHNICH 1954, KRUG 1959) das photoperiodische Verhalten 10 bis 20 Tage nach dem Aufgang im Längenwachstum erkennen. Die Blattausbildung und der Wuchstyp sind nach ca. 20 bis 30 Tagen deutlich zu unterscheiden. Weitere Anhaltspunkte ergeben sich zur Zeit der Blütenbildung. Diese Kriterien können jedoch nur bei einem Vergleich zwischen verschiedenen Tageslängen sichere Hinweise geben. Eindeutiger läßt sich die photoperiodische Abhängigkeit an der Stolonen- und Knollenbildung und an dem Verhältnis Knollen-: Krautgewicht beurteilen.

Ein Verfahren zur Bestimmung der „kritischen Tageslänge" wurde von STEINECK und CZEIKA (1957) auf anatomischer und zytologischer Grundlage an Hand der Länge der Wachstumszone und der Zone der diploiden Teilungen bearbeitet. Für das erstgenannte Merkmal wurden die Untersuchungen von WEINDLMAYR (1958) fortgesetzt. Da dieser Methode jedoch schon aus arbeitstechnischen Gründen für eine photoperiodische Frühdiagnose an Kartoffelsämlingen große Schwierigkeiten im Wege stehen, soll auf eine Diskussion verzichtet werden.

SCHEUMANN und v. GUTTENBERG (1959) beobachteten an Sämlingen von *Solanum demissum*, daß die nyktinastischen Blattbewegungen im Kurztag nur in den ersten Tagen der Entwicklung (ca. 45 Tage), im Langtag dagegen in einem längeren Entwicklungsabschnitt wahrnehmbar sind. Sie halten es für wahrscheinlich, daß die unterschiedlichen Blattbewegungen der verschiedenen Kartoffelsorten wertvolle Hinweise für die Ermittlung der „Anforderungen an die kritische Tageslänge" geben könnten.

Auf Grund des gleichen Kriteriums wurde von ZUBELDIA (1960) eine Frühdiagnose der Reifezeit vorgenommen. Sämlinge, deren Blattspitzen ca. 2 Monate nach der Aussaat — etwa 1 Monat nach dem Topfen — aufwärts zeigen, seien späte Formen, solche mit hängenden Blättern frühe Formen. Unter den Witterungsbedingungen in Spanien sollte die Selektion an kühlen und trüben Tagen erfolgen. Diese Beobachtungen ließen sich mit denen von SCHEUMANN und v. GUTTENBERG erklären. Danach würden unter den Klimabedingungen in Spanien die frühen Formen eine Kurztag-, die späten Formen eine Langtagreaktion zeigen.

Bei einer Betrachtung der photoperiodischen Reaktion der Kartoffelpflanze darf nicht außer acht gelassen werden, daß es sich hier um sehr komplexe physiologische Vorgänge handelt. So konnte in verschiedenen Arbeiten ein wesentlicher Einfluß der Temperatur festgestellt werden (BEAUMONT und WEAVER 1931, ROBERTS und STRUCKMEYER 1938, STELZNER und TORKA 1940, GREGORY 1954, CHAPMAN 1958, KRUG 1959). Es bleibt zu prüfen, ob die Sorten hinsichtlich ihrer photoperiodischen Reaktionsnorm die gleiche Temperaturabhängigkeit besitzen. Auf einen Zusammenhang zwischen der photoperiodischen Reaktion und der Stickstoffversorgung weisen WERNER (1935, 1940) und SCHULZE (1958) hin.

Weiterhin ist zu beachten, daß das photoperiodische Verhalten der Sämlinge nur eine der den Ertrag mitbestimmenden Eigenschaften darstellt. Bei einer frühzeitigen, einseitigen Selektion können andere wertvolle Erbanlagen ausgemerzt werden, die bei weiterer Bearbeitung von Nutzen sein würden. Es müssen deshalb klare Vorstellungen über die Rangordnung der Zuchtziele bestehen. Frühtestversuche für weitere Merkmale wären von besonderem Vorteil.

Abschließend kann festgestellt werden, daß erfreuliche Ansätze für eine Frühdiagnose von ertragsbildenden Eigenschaften der Kartoffelpflanze zu verzeichnen sind. Vor einer endgültigen Stellungnahme und praktischen Empfehlungen sind jedoch weitere Untersuchungen, vor allem ein Vergleich der verschiedenen Teste, notwendig. Dabei wäre eine Klärung der Frage, welche Merkmale direkt und welche indirekt — über z. B. photoperiodische bzw. thermische Reaktionen — korreliert sind, von großem Wert. Solange hierüber keine eindeutigen Ergebnisse vorliegen, ist es am sichersten, unter den natürlichen Klimabedingungen zu selektieren, wie es auch RUDORF (1958b) fordert. Zur Bearbeitung eines größeren Materials, für einen beschleunigten Züchtungsgang und eine gezielte Selektion wäre eine baldige Klärung dieser Fragen dringend erforderlich.

Summary

For an early diagnosis of the yielding properties of the potato plant one must recognize that many genes are involved. Some gene action is more or less independent of climatic conditions. Early diagnosis of this „direct gene action" is applicable to varied environments. For „direct-acting" genes correlations are established between maturity and leaf formation or stolon growth in early stages of plant development.

Other genes control the yielding properties of the potato plant more or less indirectly by determining the reaction to specific environmental factors. Their value can only be estimated by consideration of the climatic conditions and the knowledge of the physiological response of the plant to these conditions. Therefore, the genetical and physiological basis of the photoperiodic behaviour of the potato plant as well as the desirable breeding aims for Middle Europe are discussed.

Various studies were performed to provide an early diagnosis of the photoperiodic reaction of potato seedlings. STEINECK's experiments concerning the direction of stolon growth as being dependent on the seedlings critical daylength should be mentioned especially. His conclusions are discussed in connection with our own results. Instructions for the recognition of the photoperiodic behaviour of clones grown in short and long days are given.

When selecting for single yielding properties, one must always consider that yield arises from a complex of physiological reactions. Furthermore, clearcut conceptions about the order of importance of the breeding aims have to exist.

For an early diagnosis of the yielding properties of the potato plant valuable suggestions are given, but further investigations are necessary. Until more detailed information becomes available, it is more reliable to select for yielding ability under natural growing conditions.

Literatur

1. BEAUMONT, J. H., and J. G. WEAVER: Effects of light and temperature on the growth and tuberization of potato seedlings. Proc. Amer. Soc. horticult. Sci. 28, 285—290 (1931). — 2. BODLAENDER, K. B. A.: De invloed van verschillende daglengten op de ontwikkeling van de aardappel. Jb. IBS. 1958, 45—57. — 3. CHAPMAN, H. W.: Tuberization in the potato plant. Physiol. Plantarum 11, 215—224 (1958). — 4. DRIVER, C. M.: In DRIVER, C. M., and J. G. HAWKES: Photoperiodism in the potato. Imp. Bur. Plant Breed. Genetics, Cambridge 1943. — 5. ENGEL, K. H., und K. H. MÖLLER: Frühdiagnose auf Reifezeit an Kartoffelsämlingen. Der Züchter 29, 218—220 (1959). — 6. FISCHNICH, O.: Bericht über die Tätigkeit des Institutes für Pflanzenbau und Saatguterzeugung der Forschungsanstalt für Landwirtschaft Braunschweig-Völkenrode im Jahre 1954. — 7. GEORGIEWA, R.: (Unterscheidungsmerkmale von Kartoffelhybriden in frühen Entwicklungsphasen für die Selektion). Izv. Inst. Rastenievodctvo 5, 23—40 (1958). Bulg. — 8. GREGORY, L. E.: Some factors controlling tuber formation in the potato plant. Thesis Los Angeles 1954. — 9. HACKBARTH, J.: Versuche über Photoperiodismus bei südamerikanischen Kartoffelklonen. Der Züchter 7, 95—104 (1935). — 10. KOPETZ, L. M., und O. STEINECK: Photoperiodische Untersuchungen an Kartoffelsämlingen. Der Züchter 24, 69—77 (1954). — 11. KRUG, H.: Zum photoperiodischen Verhalten einiger Kartoffelsorten. Diss. Hannover 1959. 12. MEINL, G., und K. H. MÖLLER: Die Ermittlung des Anteils von Sämlingen verschiedener Reifezeit in Kreuzungspopulationen durch Spaltöffnungszählungen. Der Züchter 31, 1—2 (1961). — 13. MEINL, G., und A. RAEUBER: Über die Spaltöffnungsverhältnisse von Kartoffelsorten verschiedener Reifegruppen. Der Züchter 30, 121 bis 124 (1960). — 14. MILLER, J. C., and F. McGOLDRICK: Effect of day length upon the vegetative growth, maturity and tuber characters of the Irish potato. Amer. Potato J. 18, 261—265 (1941). — 15. ROBERTS, R. H., and B. E. STRUCKMEYER: The effects of temperature and other environmental factors upon the photoperiodic responses of some of the higher plants. J. agric. Res. 56, 633—677 (1938). — 16. RUDORF, W.: Kartoffel. Entwicklungsphysiologische Grundlagen. In: Handb. d. Pflanzenzüchtung. Hrsg. v. H. KAPPERT u. W. RUDORF, 2. Aufl. Berlin u. Hamburg 1958a, Bd. 3, 59—71. — 17. RUDORF, W.: Kartoffel. Zuchtmethoden. In: Handb. d. Pflanzenzüchtung. Hrsg. v. H. KAPPERT u. W. RUDORF, 2. Aufl. Berlin u. Hamburg 1958b, Bd. 3, 156—195. — 18. RUDORF, W., und M. L. BAERECKE: Kartoffel. Variabilität der Wertmerkmale und ihre züchterische Nutzung. 1. Ertrag und Reifezeit. In: Handb. d. Pflanzenzüchtung. Hrsg. v. H. KAPPERT, u. W. RUDORF, 2. Aufl. Berlin u. Hamburg 1958, Bd. 3, 138—140. — 19. SCHEUMANN, W., und H. v. GUTTENBERG: Studien zur Physiologie der Knollenbildung bei *Solanum demissum* Lindl. Z. Pflanzenzücht. 41, 157—166 (1959). — 20. SCHICK, R.: Untersuchungen über den Wert des *Solanum andigenum* für die Kartoffelzüchtung. Der Züchter 6, 273—280 (1934). — 21. SCHULZE, E.: Zusammenwirken von Tageslänge und Höhe der Stickstoffgabe bei Kulturkartoffeln. Z. Acker- u. Pflanzenbau 105, 258—270 (1958). — 22. SKIBNEVSKAJA, N. N.: (Eine neue Methode zur Bestimmung der Frühreife von Kartoffelsorten und -sämlingen). Selekc. i Semenov. 19, 55—60 (1952). Russ. — 23. STEINECK, O.: Untersuchungen über die photoperiodische Reaktion einiger Kartoffelsorten. Bodenkultur 8, 254—262 (1955). — 24. STEINECK, O.: Tageslänge und Knollenbildung bei Kultursorten der Kartoffel. Z. Pflanzenzücht. 36, 197—213 (1956a). — 25. STEINECK, O.: Der Einfluß der Tageslänge auf die Knollenbildung der Kartoffel. Förderungsdienst 4, 13—16 (1956b). — 26. STEINECK, O.: Die Jugendentwicklung einjähriger Kartoffelsämlinge unter verschiedenen Tageslängen bei Topfkultur. Bodenkultur 8, 374—381 (1956c). — 27. STEINECK, O.: Photoperiodismus und Kartoffelzüchtung. Bodenkultur 9, 263—274 (1957). — 28. STEINECK, O.: Die Grundlagen der photoperiodischen Reduktionsauslese bei einjährigen Kartoffelsämlingen. Z. Pflanzenzücht. 39, 403—418 (1958). — 29. STEINECK, O., und G. CZEIKA: Anatomische und zytologische Untersuchungen über tageslängenbedingte Wachstumsänderungen im Sproßmark der Kartoffel. Der Züchter 27, 272—278 (1957). — 30. STELZNER, G., und M. TORKA: Tageslänge, Temperatur und andere Umwelteinflüsse in ihrem Einfluß auf die Knollenbildung der Kartoffel. Der Züchter 12, 233—237 (1940). — 31. WEINDLMAYR, J.: Wachstumszonen im Sproßmark verschiedener Kartoffelsorten in Abhängigkeit von der Tageslänge. Diss. Wien 1958. — 32. WERNER, H. O.: The effect of temperature, photoperiod and nitrogen level upon tuberization in the potato. Amer. Potato J. 12, 274—280 (1935). — 33. WERNER, H. O.: Response of two clonal strains of Triumph potatoes to various controlled environments. J. agric. Res. 61, 761—790 (1940). — 34. ZUBELDIA, A.: Selección para precocidad en plantulas de patata. An. Inst. nac. Invest. agron. 9, 359—383 (1960).

Aus der Nordsaat Saatzuchtgesellschaft mbH. Waterneverstorf
und dem Institut für Angewandte Genetik, Hannover

Zur Frage der Bestimmung der Backfähigkeit bei Weizen

Von KLAUS VON ROSENSTIEL und HANS RUNDFELDT

(an die Redaktion eingesandt im September 1960)

Mit 8 Abbildungen

Sobald ein Land sich dem Zustand der Selbstversorgung mit Weizen nähert oder auf Grund handelspolitischer Verpflichtungen große Mengen schwach backfähigen Weizens einzuführen gezwungen ist, pflegt sich, im Interesse einer Versorgung der Bevölkerung mit einwandfreiem Brot, der Ruf nach einer Verbesserung der einheimischen Weizenqualitäten zu erheben. Während es in den ersten zehn Nachkriegsjahren darum ging, die Bevölkerung überhaupt satt zu bekommen und zur Ergänzung der völlig unzureichenden Eigenproduktion große Mengen qualitativ erstklassiger Weizen aus USA und Kanada eingeführt werden konnten, so daß genügend Aufmischqualitäten zur Verfügung standen, hat sich die Situation in den letzten Jahren grundlegend geändert. Durch die Verpflichtung, jährlich große Mengen an Füllweizen aus Frankreich einzuführen, wird die Bedarfslücke, die durch Überseequalitätsweizen ausgefüllt werden kann, immer kleiner. Außerdem sind die Anforderungen an die Backfähigkeit der Inlandsweizen seither in ständigem Ansteigen begriffen. Dadurch kompliziert sich die Situation für den Züchter, da er nunmehr dem Komplex der bisher anzustrebenden Werteigenschaften noch die einer hohen Backfähigkeit hinzufügen soll.

Ein Zuchtziel kann nur mit Aussicht auf Erfolg angestrebt werden, wenn es klar definiert ist. Es sei unterstellt, daß die Definition der Backfähigkeit durch das Ergebnis des Backversuches jedenfalls für die große Mehrzahl der Verwendungszwecke in zulänglichem Maße gegeben werden kann. Hierfür muß jedoch zunächst ein Mehl von bestimmter Ausmahlung hergestellt und dann der Backversuch selbst durchgeführt werden. Hierzu sind beträchtliche Mengen an Kornmaterial notwendig; das Verfahren ist, abgesehen von erheblichen apparativen Aufwendungen, umständlich und teuer; seine Leistungsfähigkeit, was die Anzahl der je Tag zu verarbeitenden Proben angeht, recht begrenzt.

Aus diesem Grunde läßt sich der Backversuch erst in vorgeschrittenen Stadien der Züchtung durchführen, wenn sowohl die Anzahl der zu prüfenden Stämme reduziert als auch die zur Verarbeitung nötigen, relativ großen Mengen an Kornmaterial vorhanden sind. Bestrebungen, durch Bestimmung von Teileigenschaften am Korn, Schrot oder Mehl zu leistungsfähigeren Qualitätsbestimmungsmethoden (bezüglich der je Tag zu verarbeitenden Stämme) mit geringem Materialbedarf zu gelangen, sind daher alt.

Die von der Bundesforschungsanstalt für Getreideverarbeitung für Züchter durchgeführten Serienbestimmungen benützen Feststellungen über den Gehalt an Feuchtkleber in % ($=K$), die Quellzahl nach BERLINER ($=Q_0$) und die Testzahl nach PELSHENKE ($=P$), um hieraus eine „Gütezahl" ($=G$) nach der Formel

$$G = 25 K + 100 Q_0 + 50 P$$

zu errechnen. Man addiert also mit bestimmten Gewichten versehene Bestimmungen von Einzelfaktoren. Ohne daß je die Berechtigung zu einem solchen Vorgehen nachgewiesen wurde, ist es bei der Bestimmung der Testzahl üblich, die Untersuchungen nach 60 Min. abzubrechen, so daß P nur bis zur Höhe von 3000 in der Gütezahl berücksichtigt wird. Die Weizen werden dann nach folgendem Schlüssel in verschiedene Qualitätsstufen aufgeteilt:

Gütezahl über 4050 = A-Qualität
Gütezahl 3000—4050 = B-Qualität
Gütezahl unter 3000 = C-Qualität.

Die genannte Einstufung der Weizensorten in bestimmte Qualitätsklassen war zunächst als Selektionsindex für die Hand des Züchters gedacht. Sie ist inzwischen in die offizielle Sphäre eingedrungen, denn sie wird bei der Bemessung von Qualitätszuschlägen zum Weizenpreis als auch bei der Erteilung des Sortenschutzes durch das Bundessortenamt neben anderen als Qualitätsmerkmal in Betracht gezogen[1]. Auf diese Weise ist erreicht worden, daß die sogenannten A-Weizen 1959 bereits ca. 50% der Winterweizen- und 60% der Sommerweizen-Anbaufläche einnahmen (HOESER 1958).

Von einer so wichtig gewordenen Zahl sollte man daher wie HOESER (1958) annehmen, daß sie einen guten Maßstab für die Backqualität gibt. A-Weizen müßten demzufolge stets gute Gebäcke ergeben, wenn sie für sich allein verbacken werden. Wenn HOESER eine als „Aufmischweizen" bezeichnete Spitzengruppe noch vor die A-Weizen stellt, so kann man das fast schon als Kritik an der Gütezahl auffassen.

Es hat aber in den letzten Jahren nicht an weiteren kritischen Stimmen gefehlt. Beispielsweise schränkt SCHÄFER (zit. nach LEIN 1956) die Beurteilung von Sorten in A-Qualität ein mit den Worten „allerdings ausschließlich aufgrund von Kleberuntersuchungen". LEIN fordert ein einfaches und dennoch zuverlässiges System der Attestierung. Auch moniert er bereits, daß die Klebermenge bei der Errechnung der Gütezahl sehr gering bewertet wird. Er gibt nach SCHÄFER (1955) folgende Mindestgrenzzahlen als Kennzeichen guter Backqualitäten an:

K (Feuchtkleber %) über 25
Q (Quellzahl) über 16
P (Testzahl) über 50,

woraus sich eine Mindestgütezahl von 4725 errechnen würde. Er läßt eine teilweise Kompensation dieser Werte untereinander zu (ohne jedoch auf die wirklichen Beziehungen zum Backversuch einzugehen), indem er bei $K = 30\%$ mit $Q = 14$ und $P = 40$ auskommt.

---

[1] L. PIELEN 1959, Schreiben des Bundessortenamtes an die Arbeitsgemeinschaft der Landw. Pflanzenzüchter-Verbände-B II 115-59 vom 6. 1. 59.

LEIN (1956, 1957) hat in zwei Vorträgen ein Verfahren bekanntgegeben, durch eine gegenüber der Gütezahl veränderte Verteilung der Gewichte und durch Transformation in Logarithmen einen „Kleberindex" zu berechnen, welcher zu einer besseren Einstufung als die Gütezahl führen soll. Er stellte folgende Formel auf:

$$KI = (\tfrac{1}{2} \log Q + \log P + 2 \log K) \times 100.$$

Die Kombinationen

$K = 30 \quad Q = 13 \quad P = 40$, daraus $G = 4050$
$25 16 50$, daraus $G = 4725$
$20 20 70$, daraus $G = 6000$

sieht er als gleichwertig an, da alle drei einen Kleberindex von 510 ergeben. Er betont als Vorteil des Kleberindex, daß ihn Umwelteinflüsse kaum modifizieren, ohne jedoch die Beziehung des KI zum Backversuch näher zu untersuchen.

Ein weiterer Hinweis auf die Unzulänglichkeit der Gütezahl zur Qualitätsbeurteilung ergibt sich auch daraus, daß das Bundessortenamt (BRÜCKNER 1958, PELSHENKE 1959) neuerdings den „Aufmischwert" von Weizensorten bei der Erteilung des Sortenschutzes berücksichtigt und diesen Aufmischwert durch Backversuche bestimmen läßt, weil es angeblich nicht möglich sei, aus der Gütezahl Rückschlüsse auf den Aufmischwert zu ziehen. Als amtlicher Maßstab des Aufmischwertes dient daher heute die Wertzahl nach DALLMANN.

Wenn wir im Folgenden vorwiegend die Backzahl nach NEUMANN als Maß der Backfähigkeit heranziehen, so nur deswegen, weil uns für sie mehr Bestimmungen als für die Wertzahl nach DALLMANN vorlagen. Wo vorhanden, wird gleichzeitig letztere an sich vorzuziehende Wertzahl angeführt.

Die schärfste Kritik gegen den Wert der Gütezahl als Selektionsindex kommt eigentlich von PELSHENKE (1959), denn er schreibt, daß trotz der Zunahme des Anbaues von A-Weizen die Kleberqualität (der Begriff wird hier mit der Backfähigkeit gleichgesetzt) auf dem gleichen, und zwar unzulänglichen Niveau geblieben sei und (S. 10) „die Anhebung des Qualitätsniveaus durch züchterische Maßnahmen sich also praktisch nicht auswirkt...". Es lohnt sich, den Ursachen für diese offenkundige Diskrepanz nachzugehen, da es für die Arbeit des Züchters von ausschlaggebender Bedeutung ist, daß der von ihm benützte Selektionsindex auch zum gewünschten Erfolg führt. PELSHENKE glaubt die genannten Widersprüche durch Hinweis auf zunehmende Verwendung des Mähdrusches, schlechtes Erntewetter und Trocknungsschwierigkeiten hinlänglich erklären zu können. Uns scheint die Ursache jedoch tiefer zu liegen, wobei wir uns auf Untersuchungen, die z. T. bereits 20 Jahre zurückliegen, und auf Auswertungen von Material, welches uns neuerlich zugänglich wurde, stützen. Durch v. ROSENSTIEL bereits Ende der dreißiger und Anfang der vierziger Jahre in Müncheberg zu diesem Problem durchgeführte umfangreiche Untersuchungen und Berechnungen, die an breitem und repräsentativem Material gewonnen wurden, sind leider bei Kriegsende restlos verloren gegangen. Ihre Ergebnisse ließen bereits ernste Zweifel daran aufkommen, ob die Gütezahl oder auch isolierte Einzelwerte die in sie gesetzten Erwartungen erfüllen könnten.

Merkwürdigerweise ist die „Gütezahl" in den dreißiger Jahren rein empirisch aufgestellt worden, ohne daß damals geprüft wurde, in welcher Weise sie oder ihre Ausgangskomponenten mit dem Ergebnis des Backversuches, ausgedrückt als Brotvolumen, Backzahl nach NEUMANN oder Wertzahl nach DALLMANN, korreliert sind. Sofern die Gütezahl als brauchbarer Selektionsindex anerkannt werden soll, müßte sie generell eine straffe Korrelation zum Backversuch aufweisen, unabhängig z. B. von der Herkunft, also den Aufwuchsbedingungen der Sorte, aber auch unabhängig davon, ob ein bestimmtes Material untersucht wurde, wie es vom Standpunkt der Statistik an sich wünschenswert ist.

Mangels eigener Laboratorien haben die Verfasser an 3 Versuchsserien (in folgendem als Versuch 1—3 bezeichnet), die ihnen freundlicherweise von der Mühlen- bzw. Backhilfsmittelindustrie zugänglich gemacht wurden — wir danken den nachstehend aufgeführten Firmen für die freundliche Überlassung von Analysenmaterial für unsere Berechnungen:

Versuch 1: Mühlenchemie GmbH., Frankfurt/Main, Ernte 1959
Versuch 2: Isar-Mühlenwerk Franz Beck, Landshut, Ernte 1958
Versuch 3: Flensburger Walzenmühle, Flensburg, Ernte 1958 —

sowie an zwei luxemburgischen Untersuchungsserien (Versuch 4+5) nachgeprüft, wie eng die Korrelationen der in die Gütezahl eingehenden Einzelfaktoren sowie dieser selbst und weiterer Meßwerte zum Ergebnis des Backversuches sind. Dabei wurde auch der von LEIN kürzlich (1956, 1957) vorgeschlagene „Kleberindex" berücksichtigt. Außerdem wurden die Beziehungen zwischen Feuchtkleber, Quellzahl, Testzahl und Gütezahl bei allen Sorten und Stämmen errechnet, die von der Bundesforschungsanstalt für Getreideverarbeitung in den Jahren 1958 und 1959 für die Nordsaat Saatzuchtgesellschaft untersucht wurden. Alle möglichen einfachen Korrelationen der jeweils zur Verfügung stehenden Werte wurden errechnet, ein Verfahren, das nur durch Benützung einer elektronischen Rechenanlage technisch möglich wurde.

VETTEL (1960) hat kürzlich zur Frage der Bestimmung der Brauqualität von Gerste ganz analoge kanadische Untersuchungen referiert.

Es soll freimütig bekannt werden, daß das uns zur Verfügung stehende Analysenmaterial keineswegs für eine abschließende Beurteilung des Sachverhaltes ausreicht, vor allem, weil die Zahl der untersuchten Mehlproben zu gering ist und diese nur bestimmte Qualitätsbereiche umfassen. So kann der Fall eintreten, daß Korrelationen von praktisch bedeutsamem Wert statistisch nicht signifikant sind. Die Interpretation der Ergebnisse wird dadurch erschwert und die Schlußfolgerungen können bei weiteren Versuchen ev. beträchtlich anders ausfallen. Wenn wir diese Verrechnungen trotzdem veröffentlichen, so nur, weil das Problem brennend ist und weil wir hoffen, damit zu weiteren, methodisch ähnlichen aber größeren, systematisch geplanten und orthogonal durchgeführten Untersuchungen anzuregen. Auch soll an Besitzer derartigen Materials die dringende Bitte herangetragen werden, dieses den

II. Spezieller Teil: Beispiele der praktischen Anwendung

Tabelle 1. *Korrelationen zwischen verschiedenen Qualitäts-*

		Asche mg/100 gr x_1	Feucht-kleber % x_2	Trocken-kleber % x_3	Protein % x_4	Q_0 x_5	Q_{30} x_6	Testzahl x_7	Gütezahl x_8	Diastat. Kraft i. Tr. % x_9	Maltose i. Vollschrot % x_{10}	Teigenergie ubh. x_{11}	Teigenergie beh. x_{12}	Dehn- ubh. x_{13}
Vers. 1 (n = 33)	$\bar{x}$	487.0	21.8	–	10.3	21.8	15.0	–	–	1.42	–	–	–	–
Vers. 2 (n = 19)	$\bar{x}$	765.6	26.6	8.78	–	20.3	16.2	72.4	55.73	–	2.03	83.4	87.5	284.0
Vers. 3 (n = 67)	$\bar{x}$	601.5	27.8	–	–	22.5	17.8	–	–	–	2.15	111.7	–	387.3
x_1 Asche mg/100 gr.	1		.02	–	.06	–.05	.22	–	–	.51 xx	–	–	–	–
	2		.00	–.05	–	–.26	–.24	–.30	–.30	–	.16	–.38	–.37	–.42
	3		–.05	–	–	–.14	–.43 xx	–	–	–	.56 xx	–.57 xx	–	–.45 xx
x_2 Feuchtkleber %	1			–	.86 xxx	–.16	–.22	–	–	.03	–	–	–	–
	2			.97 xxx	–	–.01	.08	.33	.37	–	.04	.52 x	.63 xx	.20
	3			–	–	–.01	–.02	–	–	–	.19	.25 x	–	–.20
x_3 Trockenkleber %	1				–	–	–	–	–	–	–	–	–	–
	2				–	.07	.13	.36	.43	–	.08	.60 xx	.69 xxx	.30
	3				–	–	–	–	–	–	–	–	–	–
x_4 Protein	1					–.07	–.10	–	–	.06	–	–	–	–
	2					–	–	–	–	–	–	–	–	–
	3					–	–	–	–	–	–	–	–	–
x_5 Q_0	1						.86 xxx	–	–	.01	–	–	–	–
	2						.89 xxx	.74 xxx	.88 xxx	–	–.10	.59 xx	.55 x	.75 xxx
	3						.72 xxx	–	–	–	.05	.48 xx	–	.49 xx
x_6 Q_{30}	1							–	–	.04	–	–	–	–
	2							.68 xx	.74 xxx	–	–.03	.73 xxx	.69 xx	.84 xxx
	3							–	–	–	.13	.68 xxx	–	.71 xxx
x_7 Testzahl	1								–	–	–	–	–	–
	2								.90 xxx	–	.01	.60 xx	.63 xx	.62 xx
	3								–	–	–	–	–	–
x_8 Gütezahl	1									–	–	–	–	–
	2									–	–.08	.66 xx	.66 xx	.69 xxx
	3									–	–	–	–	–
x_9 Diastat. Kraft in Tr. %	1										–	–	–	–
	2										–	–	–	–
	3										–	–	–	–
x_{10} Maltose im Vollschrot %	1											–	–	–
	2											–.05	–.05	–.17
	3											–.24 x	–	–.29 x
x_{11} Teigenergie ubh.	1												–	–
	2												.98 xxx	.88 xxx
	3												–	.73 xxx
x_{12} Teigenergie beh.	1													–
	2													.82 xxx
	3													–
x_{13} Dehnwiderstand ubh.	1													
	2													
	3													
x_{14} Dehnwiderstand beh.	1 2 3													
x_{15} Dehnbarkeit ubh.	1 2 3													
x_{16} Dehnbarkeit beh.	1 2 3													
x_{17} Teigausbeute ubh.	1 2 3													
x_{18} Teigausbeute + 20 g M	1 2 3													
x_{19} Teigausbeute + 15 g M + 50 g Alph.	1 2 3													
x_{20} Brotvolumen ubh.	1 2 3													
x_{21} Brotvolumen + 20 g M	1 2 3													
x_{22} Brotvolumen + 15 g M + 50 g Alph.	1 2 3													
x_{23} Backzahl Neumann ubh.	1 2 3													
x_{24} Backzahl Neumann + 20 g M	1 2 3													
x_{25} Backzahl Neumann + 15 g M + 50 g Alph.	1 2 3													
x_{26} Wertzahl Dallmann ubh.	1 2 3													
x_{27} Wertzahl Dallmann + 20 g M	1 2 3													

x   = P zwischen 5% und 1%
xx   = P zwischen 1% und 0,1%
xxx = P < 0,1%

merkmalen bei Weizen (Daten aus der Industrie).

Widerstand beh. x_{14}	Dehnbarkeit ubh. x_{15}	Dehnbarkeit beh. x_{16}	Teigausbeute ubh. x_{17}	Teigausbeute +20 g M x_{18}	Teigausbeute +15 g M +50 g Alph. x_{19}	Brotvolumen ubh. x_{20}	Brotvolumen +20 g M x_{21}	Brotvolumen +15 g M +50 g Alph. x_{22}	Backzahl (Neumann) ubh. x_{23}	Backzahl +20 g M x_{24}	Backzahl +15 g M +50 g Alph. x_{25}	Wertzahl (Dallmann) ubh. x_{26}	Wertzahl +20 g M x_{27}	Wertzahl +15 g M +50 g Alph. x_{28}
452.6	155.5	126.0	160.4	162.1	162.3	394.9	468.5	487.5	70.3	118.9	126.2	78.9	144.1	156.0
–	162.0	–	164.5	164.5	–	490.1	525.7	–	120.2	148.8	–	123.3	157.1	–
–	–	–	161.5	–	–	362.3	–	–	–	–	–	82.5	–	–
–	–	–	.12	–.10	.00	–.07	–.20	–.26	.01	–.16	–.32	.01	–.16	–.26
–.37	.12	.01	.17	.28	–	–.42	.25	–	–.24	–.22	–	–.11	–.24	–
–	.17	–	.47 xx	–	–	–.44xx	–	–	–	–	–	–.44 xx	–	–
.18	.76 xxx	.61 xx	.48 xx	.39 x	.43 x	.56 xxx	.51 xx	.58 xxx	.56 xxx	.58 xxx	.70 xxx	.44 x	.56 xxx	.75 xxx
–	.54 xx	–	.62 xxx	.57 x	–	.42	.69 xxx	–	.50 x	.73 xxx	–	.58 xx	.62 xx	–
–	–	–	.32 xx	–	–	.14	–	–	–	–	–	.23	–	–
.29	.72 xxx	.54 x	.62 xx	.56 x	–	.47 x	.70 xxx	–	.53 x	.72 xxx	–	.60 xx	.65 xx	–
–	–	–	.67 xxx	.51 xx	.59 xxx	.52 xx	.46 xx	.50 xx	.56 xxx	.57 xxx	.66 xxx	.48 xx	.57 xxx	.70 xxx
–	–	–	.34	.31	.31	.13	.11	.16	.23	.18	.11	.35	.12	.09
.74 xxx	–.27	–.43	–.24	–.38	–	.40	.20	–	.37	.17	–	.33	.43	–
–	–.32 xx	–	–.10	–	–	.25 x	–	–	–	–	–	.28 x	–	–
.86 xxx	–.07	–.38	.35 x	.23	.29	.03	.06	.03	.20	.13	.00	.39 x	.09	–.01
–	–.44 xx	–	–.11	–.24	–	.54 x	.47 x	–	.58 xx	.44	–	.55 x	.62 xx	–
–	–	–	–.25	–	–	.43 xx	–	–	–	–	–	.49 xx	–	–
.62 xx	.06	.08	.04	–.06	–	.40	.37	–	.39	.35	–	.34	.51 x	–
.67 xx	.01	.16	.00	–.13	–	.47 x	.36	–	.44	.35	–	.43	.57 x	–
–	–	–	.18	–.04	.06	–.05	–.25	–.06	–.11	–.22	–.19	–.15	–.29	–.24
–	–	–	–	–	–	–	–	–	–.06	.07	–	.02	–.12	–
–.07	.35	.28	.19	.32	–	–.24	–.03	–	–	–	–	–	–	–
–	.25 x	–	.55 xx	–	–	–.05	–	–	–	–	–	–.57	–	–
.88 xxx	.42	.08	.19	.05	–	.68 xx	.67 xx	–	.71 xxx	.62 xx	–	.67 xx	.71 xx	–
–	–.19	–	–.30 x	–	–	.48 xx	–	–	–	–	–	.50 xx	–	–
.82 xxx	.53 x	.22	.28	.16	–	.71 xxx	.76 xxx	–	.75 xxx	.72 xxx	–	.73 xxx	.74 xxx	–
.94 xxx	.00	.27	–.02	–.17	–	.62 xx	.50 x	–	.63 xx	.42	–	.56 x	.64 xx	–
–	–.77 xxx	–	–.50 xx	–	–	.55 xx	–	–	–	–	–	.55 xx	–	–
	.04	.04	.01	–.14	–	.56 x	.51 x	–	.60 xx	.44	–	.53 x	.65 xx	–
		.81 xxx	.50 x	.56 x	–	.36	.58 xx	–	.47 x	.64 xx	–	.54 x	.37	–
		–	.47 xx	–	–	–.37 xx	–	–	–	–	.30 x	–	–	–
			.27	.38	–	.22	.34	–	.22	.43	–	.26	.02	–
			.72 xxx	.80 xxx	–	.33	.29	.32	.39 x	.43 x	.41 x	.40 x	.42 x	.45 xx
			.96 xxx	–	–	.04	.52 x	–	.21	.48 x	–	.25	.43	–
			–	–	–	–.22	–	–	–	–	–	–.24	–	–
				.74 xxx	–	.28	.37 x	.34	.33	.54 xx	.42 x	.33	.56 xxx	.43 x
				–	–	–.04	.43	–	.12	.42	–	.17	.30	–
					–	.39 x	.24	.34	.40 x	.36	.43 x	.41 x	.34	.48 xx
						.77 xxx	.86 xx	–	.92 xxx	.66 xxx	.79 xxx	.78 xxx	.58 xxx	.71 xxx
						.78 xxx	–	–	.90 xxx	.76 xxx	–	.85 xxx	.72 xxx	–
						–	–	–	–	–	–	.82 xx	–	–
								.82 xxx	.76 xxx	.93 xxx	.75 xxx	.67 xxx	.88 xxx	.66 xxx
								–	.78 xxx	.97 xxx	–	.78 xxx	.82 xxx	–
									.83 xxx	.75 xxx	.92 xxx	.73 xxx	.64 xxx	.80 xxx
									–	–	–	–	–	–
										.72 xxx	.83 xxx	.93 xxx	.66 xxx	.74 xxx
										.78 xxx	–	.97 xxx	.76 xxx	–
											.76 xxx	.68 xxx	.96 xxx	.72 xxx
												.81 xxx	.83 xxx	–
												.74 xxx	.67 xxx	.92 xxx
													.63 xxx	.64 xxx
													.80 xxx	–
														.66 xxx

II. Spezieller Teil: Beispiele der praktischen Anwendung

Tabelle 2. *Korrelationen zwischen verschiedenen Qualitätsmerkmalen,*

		Feuchtkleber % x_1	Q_0 x_2	Q_{30} x_3	Testzahl x_4	Gütezahl x_5	Maltose % x_6
Vers. 4 1958 (n = 29)	$\bar{x}$	22.1	13.3	10.0	65.4	40.31	3.61
Vers. 5 1959 (n = 49)	$\bar{x}$	19.8	14.5	10.9	83.3	44.24	1.54
x_1 Feuchtkleber %	1958	....	-.30	-.39 x	-.28	-.24	.14
	1959	....	-.36 xx	-.41 xx	-.19	-.02	.11
$x_2 Q_0$	1958	....	....	.93 xxx	.80 xxx	.88 xxx	.07
	1959	....	....	.94 xxx	.78 xxx	.92 xxx	-.08
$x_3 Q_{30}$	1958	....	....	....	.75 xxx	.80 xxx	-.06
	1959	....	....	....	.74 xxx	.86 xxx	-.06
x_4 Testzahl	1958	....	....	....	....	.71 xxx	-.02
	1959	....	....	....	....	.84 xxx	.07
x_5 Gütezahl	1958	....	....	....	....	....	-.01
	1959	....	....	....	....	....	-.04
x_6 Maltose %	1958	....	....	....	....	....	....
	1959	....	....	....	....	....	....
x_7 Valorimeterwert	1958						
	1959						
x_8 W (Chopin)	1958						
	1959						
x_9 Wasseraufnahme	1958						
	1959						
x_{10} Brotvolumen	1958						
	1959						
x_{11} Brotgewicht	1958						
	1959						
x_{12} Backzahl Neumann	1958						
	1959						
x_{14} Porung Dallmann	1958						
	1959						

n — 2	P = .05 = x	P = .01 = xx	P = .001 = xxx
27	.375	.479	.581
47	.285	.369	.461

Verfassern für ähnliche Auswertungen zur Verfügung zu stellen.

Die Ergebnisse der Korrelationsrechnungen mit den von der Mühlen- und Backhilfsmittelindustrie zur Verfügung gestellten Daten sind in Tab. 1 zusammengefaßt und lassen sich wie folgt beschreiben:

Der Aschegehalt eines Mehles ist lediglich ein Maß für den Ausmahlungsgrad und hat daher wenig mit dem Backverhalten zu tun. So ist er auch nur mit der diastatischen Kraft und dem Maltosegehalt im Vollschrot enger korreliert, also mit Meßwerten, die ebenfalls nicht als primäre Komponenten der Backfähigkeit aufzufassen sind. Allerdings bestehen bei Versuch 3 gut signifikante Beziehungen zu Teigenergie, Dehnwiderstand, Brotvolumen und Wertzahl sowie eine positive Korrelation zur Teigausbeute.

Die Werte für **Feuchtkleber**, **Trockenkleber** und **Rohprotein** bilden eine funktionell zusammenhängende Gruppe von Eigenschaften und sind daher erwartungsgemäß untereinander straff korreliert. Allerdings ist die Korrelation zwischen Feuchtkleber und Trockenkleber ($r = +0,97$) offensichtlich enger als die zwischen Feuchtkleber und Rohproteingehalt ($r = +0,86$) $t = 5.42$ xxx. Die genannten Meßwerte sind ferner mit der Teigenergie und der Dehnbarkeit, nicht aber mit dem Dehnwiderstand korreliert und weiterhin mit Teigausbeute, Brotvolumen, Backzahl und Wertzahl positiv korrelativ verbunden.

Eine weitere Gruppe entsteht aus den Meßwerten für Quellzahl (Q_0 und Q_{30}) und Testzahl, die als Maße für die Klebergüte zu bezeichnen sind. Demzufolge findet man Beziehungen zur Teigenergie und zum Dehnwiderstand, während zur Dehnbarkeit und Teigausbeute nur bei den Quellzahlen schwache Korrelationen bestehen. Überraschenderweise sind auch die Beziehungen zu Brotvolumen, Backzahl und Wertzahl kaum signifikant. Sie scheinen etwas enger zu sein, wenn ohne Backhilfsmittel gebacken wurde, während die Klebermenge gerade bei Zusatz von Maltose und Ascorbinsäure besser reagiert, wie es an sich auch zu erwarten ist.

Diastatische Kraft und **Maltose** haben, isoliert betrachtet, wie bereits erwähnt, kaum etwas mit dem Backverhalten zu tun. Sie weisen daher keine nennenswerten Korrelationen zu den entsprechenden Meßwerten auf. Lediglich bei Versuch 3 findet man eine Korrelation von $r = +0,55$ zwischen Maltosegehalt und Teigausbeute.

Von den im Extensographen zu ermittelnden Werten, **Teigenergie**, **Dehnwiderstand** und **Dehnbarkeit**, sind nur die ersten beiden straff miteinander korreliert, während die Dehnbarkeit etwas aus dem Rahmen fällt. Berücksichtigt man die bereits erwähnten Beziehungen zum Komplex Klebermenge-Eiweißgehalt einerseits und Quellzahl-Testzahl andererseits, so kann man schließen, daß die Dehnbarkeit ein anderes Maß für die Klebermenge, der Dehn-

Winterweizensortenversuche in Luxemburg 1958 und 1959.

Valorimeterwert x_7	W Chopin x_8	Wasseraufnahme x_9	Brotvolumen x_{10}	Brotgewicht x_{11}	Backzahl Neumann x_{12}	Porung Dallmann x_{13}
29.0	72.0	52.7	246.1	792.2	82.3	6.3
35.8	79.5	52.9	223.4	–	64.6	6.9
.27	–.70 xx	–.38 x	.53 xx	–.45 x	.52 xx	–.14
–.08	–.18	.27	–.16	–	–.26	–.16
.50 xx	.81 xxx	.07	–.12	.33	–.07	.22
.61 xxx	.74 xxx	–.12	–.20	–	–.23	–.09
.46 x	.75 xxx	.00	–.17	.41 x	–.13	.20
.63 xxx	.79 xxx	–.03	–.30 x	–	–.31 x	–.10
.46 x	.71 xxx	.17	–.40 x	.28	–.31	.23
.41 xx	.52 xxx	.27	–.25	–	–.31 x	–.18
.56 xx	.78 xxx	.10	–.27	.39 x	–.15	.28
.52 xx	.66 xxx	–.21	–.20	–	–.22	–.08
–.36	.13	.48 xx	.34	–.27	.11	–.40 x
.20	.10	.37 xx	.06	–	.03	–.10
....	.56 xx	.17	.08	.17	.30	.34
....	.73 xxx	.40 xx	–.06	–	–.13	–.12
....	....	.50 xx	–.13	.28	.04	.28
....	....	.44 xx	–.42 xx	–	–.42 xx	.02
....	....	....	.08	–.06	.29	.19
....	....	....	–.32 x	. –	–.32 x	.09
....	....	....	....	–.49 xx	.80 xxx	–.34
....	....	....	....	–	.92 xxx	–.05
....	....	....	....	....	–.22	.45 x
....	....	....	....	....	..	–
....	....	....	....	....	....	.21
....	....	....	....	....	....	.28
....	....	....	....	....	....	....
....	....	....	....	....	....	....

widerstand ein Maß für die Klebergüte ist, während die Teigenergie durch beide Komponenten beeinflußt wird. Zur Teigausbeute sind eventuell schwache positive Korrelationen vorhanden, hauptsächlich bei der Dehnbarkeit, während der Dehnwiderstand, vor allem aber die Teigenergie straffere Beziehungen zu Brotvolumen, Backzahl und Wertzahl erkennen lassen. Diese Tatsache läßt den kürzlich von HESS (1958) in Zusammenarbeit mit der Firma Brabander entwickelten Mikro-Extensographen besonders interessant erscheinen. In diesem Zusammenhang sollen auch umfangreiche Versuche nicht unerwähnt bleiben, über die neuerdings LINSER (1960) zur Frage der Beeinflußbarkeit von Ertrag und Backqualität durch dreifach geteilte N-Gaben berichtet. Durch diese Maßnahme wurde Feuchtkleber, Energie und Dehnbarkeit sowie die Wasseraufnahme und Konstanz erhöht, wobei gleichzeitig der Backversuch eine Verbesserung der Qualität ergab. Q_0 oder P wurden nicht bestimmt. Analysen ergaben, daß der Gliadin-Anteil im Kleber angestiegen war.

Die verschiedenen Meßwerte für Brotvolumen, Backzahl und Wertzahl sind, wie es auf Grund ihres funktionellen Zusammenhanges zu erwarten ist, untereinander streng positiv korreliert. Die Teigausbeute hingegen weist nur schwache, wenn auch oft signifikante Beziehungen zu diesem Komplex auf. Ihre Bestimmung ist anscheinend von geringem Wert für die Beurteilung der Backfähigkeit.

Besonders interessant sind die korrelativen Beziehungen zwischen Backverhalten und Gütezahl. Als Indexzahl sollten diese eigentlich straffer sein als die Korrelation ihrer Komponenten. Leider sind die entsprechenden Zahlen nur bei Versuch 2, der einen besonders großen Fehler hat, vollständig vorhanden.

Die in Tab. 2 mitgeteilten Werte stellen daher eine gute Ergänzung der Tab. 1 dar, besonders auch deswegen, weil es sich um Untersuchungen an reinen „Inlandsweizen" handelt, d. h. um Weizen mit niedrigem Feuchtkleber% und nur mittlerer Q_0 und Testzahl.

Außerdem wurde an diesem Material W nach Chopin bestimmt, der in Frankreich und Belgien üblichen Standardmethode. Über die Brauchbarkeit dieser Methode haben sich unlängst LAROSE und Mitarbeiter (1959) sehr kritisch geäußert. Tab. 2 und Abb. 1 zeigen, wie berechtigt diese Kritik ist.

Der Feuchtkleber% zeigt 1958 eine schwach signifikant positive Korrelation, 1959 dagegen keine ausgeprägte Beziehung zum Brotvolumen und zur Backzahl, dagegen ist die Korrelation zu „W" z. T. gut signifikant negativ. Q_0, Q_{30} und P sind dagegen wie in Tab. 1 untereinander ziemlich straff korreliert und zeigen keine bis leicht negative Beziehungen zum Brotvolumen und zur Backzahl. Der Maltosegehalt zeigt lediglich signifikante Beziehungen zur Wasseraufnahme.

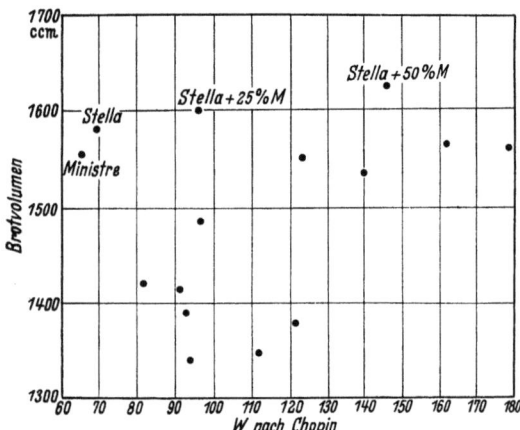

Abb. 1. Beziehungen zwischen W (Chopin) und Brotvolumen.

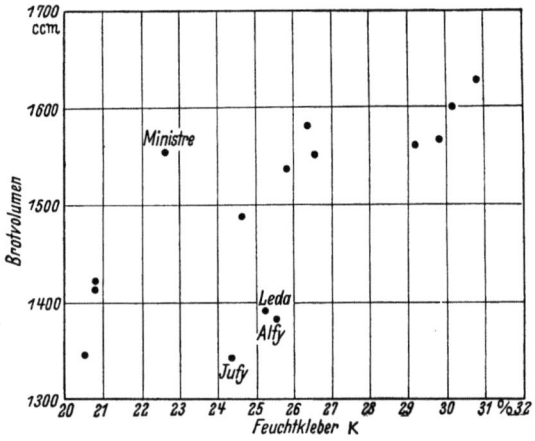

Abb. 2. Beziehungen zwischen Feuchtkleber% und Brotvolumen.

Der nach Chopin bestimmte W-Wert zeigt gut signifikante Korrelationen zur Q_0, Q_{30} und zur Testzahl und damit auch zur Gütezahl. In dieses Verhalten paßt gut die z. T. ausgeprägt negative Beziehung zur Feuchtklebermenge. Der W-Wert ist also augenscheinlich wie jene ein Maß für die Kleberqualität.

Die Beziehungen zwischen Kleberqualität (Q_0, Q_{30} und P) oder Gütezahl zur Backzahl erfahren gegenüber Tab. 1 beträchtliche Modifikationen: die vier Werte sind durchweg negativ, wenn auch nur in zwei Fällen signifikant. Sie stellen also die Brauchbarkeit der Gütezahl als Selektionsindex für die Auslese von Weizensorten mit hoher Backfähigkeit noch stärker in Frage als die niedrigen r-Werte der Tab. 1. Die Korrelationen für die Versuche 2, 4 und 5 lauten wie folgt:

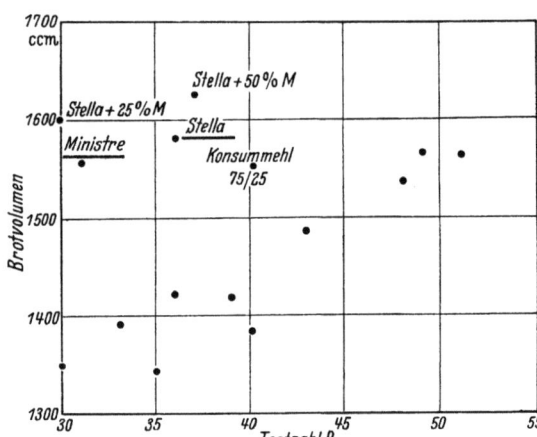

Abb. 3. Beziehungen zwischen Testzahl und Brotvolumen.

r-Werte	Backzahl (unbehandelt) Versuch			Backzahl (mit 20 g Maltose behandelt 2)
	2	4	5	
Feuchtkleber %	0,51*	0,52**	—0,26	0,73***
Q_0	0,37	—0,07	—0,23	0,17
Testzahl	0,39	—0,31	—0,31	0,35
Gütezahl	0,44	—0,15	—0,23	0,35

Die Gütezahl ist also in den vorliegenden Mehlproben keinesfalls enger mit der Backzahl korreliert als der Klebergehalt. Überhaupt sind ihre Beziehungen zum Backversuch so schwach, daß eine Selektion von Weizensorten auf hohe Backfähigkeit kaum erfolgreich sein kann.

Tab. 3 zeigt für die Versuche 2, 4 und 5 neben den bereits besprochenen Korrelationen der drei Teileigenschaften und der Gütezahl zur Backzahl auch die Korrelationskoeffizienten zwischen Kleberindex und Backzahl, wobei deutlich wird, daß nur eine leichte, aber praktisch unerhebliche Verbesserung der korrelativen Beziehungen nachzuweisen ist.

Es ist interessant, eine Rekonstruktion der Kriterien, nach denen die Gütezahl ver-

mutlich aufgestellt wurde, zu versuchen. Hierzu seien zunächst die Ergebnisse der von der Bundesforschungsanstalt für Getreideverarbeitung in den Jahren 1958 und 1959 für die „Nordsaat" durchgeführten Qualitätsuntersuchungen und die hieraus zu errechnenden Korrelationen herangezogen. Es handelt sich um 875 Proben im ersten und 781 im zweiten Jahr, also um ein ungleich größeres Material als es für die in den Tabellen 1 und 2 dargestellten Korrelationsberechnungen zugrunde lag. Zwar wurden in beiden Jahren z. T. verschiedene Stämme untersucht, aber ihre ähnliche

Tabelle 3. *Mittelwerte und Streuungen für Teileigenschaften, Selektionsindices und Backzahl.*

		Feuchtkleber K	Quellzahl Q	Testzahl P	Gütezahl G	Kleberindex KI	Backzahl B
Werte für $\bar{x}$ $n =$							
19	Versuch 2	26.3	20.3	(72.4)	5573	533.2	120.2
29	Versuch 4	22.1	13.3	65.4	4031	517.0	82.3
51	Versuch 5	19.8	14.5	83.3	4424	523.8	64.6
Werte für s $n-1 =$							
18	Versuch 2	4.9	3.3	(13.8)	618	23.6	27.7
28	Versuch 4	2.6	6.2	47.2	1416	34.6	18.4
50	Versuch 5	1.3	6.3	47.4	1367	28.3	20.5
Korrelationen dieser Werte zur Backzahl							
	Backzahl/	K	Q	P	G	KI	
Werte für r $n-2 =$							
17	Versuch 2	.505 x	.367	(.386)	.442	.605 xx	
27	Versuch 4	.515 xx	—.074	—.307	—.150	.019	
49	Versuch 5	—.263	—.232	—.309 x	—.225	.023	

genetische Zusammensetzung erlaubt doch, sie als homogen zu betrachten. Tab. 4 zeigt Mittelwerte, Streuungen und Korrelationen dieser Werte.

Bei der Aufstellung der Gütezahl ging man offenbar davon aus, daß die Backfähigkeit eines Weizenmehles in gleichem Maße vom Klebergehalt und der Güte dieses Klebers abhinge. Quellzahl und Testzahl sind Maße für die Klebergüte, und da bei Q_0, wie Tab. 4 zeigt, Mittelwerte und Streuungen beträchtlich kleiner sind als bei P, schloß man, daß die Quellzahl stärker bewertet werden müsse als die Testzahl. Die ungewöhnlich schwache Wichtung des Feuchtklebers wurde wohl deshalb für richtig angesehen, weil dieser im Labor nicht so exakt bestimmbar ist und außerdem stärker durch die Umwelt modifiziert wird als die beiden anderen Maße. So kam man, gewissermaßen nach den Regeln des gesunden Menschenverstandes, zu der bereits genannten Formel $G = 25 K + 100 Q_0 + 50 P$. Die korrelativen Beziehungen der drei Ausgangswerte bleiben hierbei ebenso unberücksichtigt wie die in den Tab. 1 und 2 angegebenen Korrelationen zum Backversuch, weil sie bei rein visueller Betrachtung nicht ins Auge fallen. Tab. 1, 2 und 4 zeigen aber, daß Feuchtkleber und Quellzahl schwach negativ miteinander korrelieren und daß relativ enge positive Korrelationen zwischen Quellzahl und Testzahl bestehen. Das führt dazu, daß sich zwischen Klebergehalt und dem Selektionsindex Gütezahl für 1958 ein r-Wert von fast 0 und für 1959 sogar eine schwach negative Beziehung ergibt. Für 1959 zeigt sich also, daß die Stämme mit dem geringsten Klebergehalt im Mittel die höchste Gütezahl haben, also als qualitativ hochwertig ausgelesen würden, obwohl Tab. 1 gezeigt hatte, daß anscheinend gerade der Klebergehalt einen Einfluß auf die Backfähigkeit hat, während die Bedeutung der Klebergüte in dem untersuchten Material recht zweifelhaft erscheint. So gibt der Selektionsindex Gütezahl ein ausgezeichnetes Beispiel, wie falsch Indexzahlen werden können, wenn sie ohne sorgfältige Beachtung der statistischen Gesetzmäßigkeiten aufgestellt werden.

Bedauerlicherweise reicht das uns vorliegende Material nicht aus, um einen besseren Selektionsindex zur Frühselektion auf Backfähigkeit zu errechnen. Den Verfassern ist durchaus bewußt, daß ein Beitrag, der nur zeigt, was bisher falsch gemacht wurde, ohne bessere Wege zu weisen, in gewisser Weise unbefriedigend bleibt. Weiter sind sich die Verfasser darüber klar, daß gegen die durchgeführte summarische Bestimmung von Korrelationskoeffizienten Einwände erhoben werden können. Es ist beispielsweise sicher, daß die Testzahl nicht normal verteilt ist, und in dem verlorengegangenen Material v. ROSENSTIELS gab es Hinweise, daß auch die Variation anderer Komponenten nicht einer Normalverteilung folgt. Auch diese Frage sollte daher an größerem Material erneut geprüft werden. Ebenso dürfte eine Prüfung der gefundenen Regressionen auf Linearität unerläßlich sein und Hinweise auf eventuell zweckmäßige Transformationen des Zahlenmaterials geben (LEIN 1956, 1957).

Tabelle 4. *Interkorrelationen zur Gütezahl Winterweizen-Zuchtmaterial der "Nordsaat" GmbH. — Waterneverstorf Ostholstein — Ernte 1958 und 1959.*

	Feuchtkleber %			Quellzahl Q_0			Testzahl P			Gütezahl G		
	$\bar{x}$	s	v	$\bar{x}$	s	v	$\bar{x}$	s	v	$\bar{x}$	s	v
Versuch 6 1958 (n = 875)	23.46	4.30	18.33	9.69	5.39	55.7	42.91	19.18	44.7	3359	1148	32.2
Versuch 7 1959 (n = 781)	22.95	3.57	11.91	9.40	5.67	59.0	39.81	20.41	52.3	3346	1127	33.6
Feuchtkleber % (K)				−0.2581 xxx −0.4573 xxx			+0.0648 −0.1356			+0.0346 −0.2536 xxx		
Quellzahl (Q_0)							+0.7603 xxx +0.7660 xxx			+0.9094 xxx +0.9416 xxx		
Testzahl (P)										+0.9009 xxx +0.8768 xxx		

Nachdem gezeigt wurde, daß weder die Gütezahl noch der Kleberindex es erlauben, mit ausreichender Sicherheit auf hohe Backfähigkeit zu selektieren, bleibt noch die Frage zu prüfen, wieweit ihre Verwendung bzw. die ihrer Teilkomponenten die Gefahr in sich birgt, daß durch das Ausschalten von Zuchtstämmen mit niedrigen Werten für Teileigenschaften bzw. Gütezahl oder Kleberindex ev. auch solche mit guter Backfähigkeit eliminiert werden. Diese Frage läßt sich gut anhand der Abb. 4—8 beurteilen, wobei in die Punktverteilungen sowohl die entsprechenden Regressionsgeraden (die Werte für die Regressionen s. Tab. 5) als auch folgende in Anlehnung an SCHÄFER

Tabelle 5. *Regressionskoeffizienten (b) zur Backzahl.*

		Backzahl/ Feuchtkleber	Backzahl/Q_0	Backzahl/ Testzahl
Vers. 2	N = 19	+2,8758	+3,0924	+0,7723
Vers. 4	N = 29	+3,6047	−0,2206	−0,1196
Vers. 5	N = 51	−4,1318	−0 7562	—0,1338

(nach LEIN 1956) gewählten Grenzwerte für die Einzelkomponenten und die Backzahl eingezeichnet wurden:

K = Feuchtkleber % 25
Q_0 = Quellzahl 14
P = Testzahl 60
G = Gütezahl 4050
KI = Kleberindex 510
B = Backzahl (Neumann) 115

Für die Backzahl ergeben sich gesichert positive Regressionen (Tab. 3 und 5, Abb. 4) auf den Feuchtklebergehalt, sobald dieser Werte von etwa 22% überschreitet; dies gilt besonders für höhere Q_0-

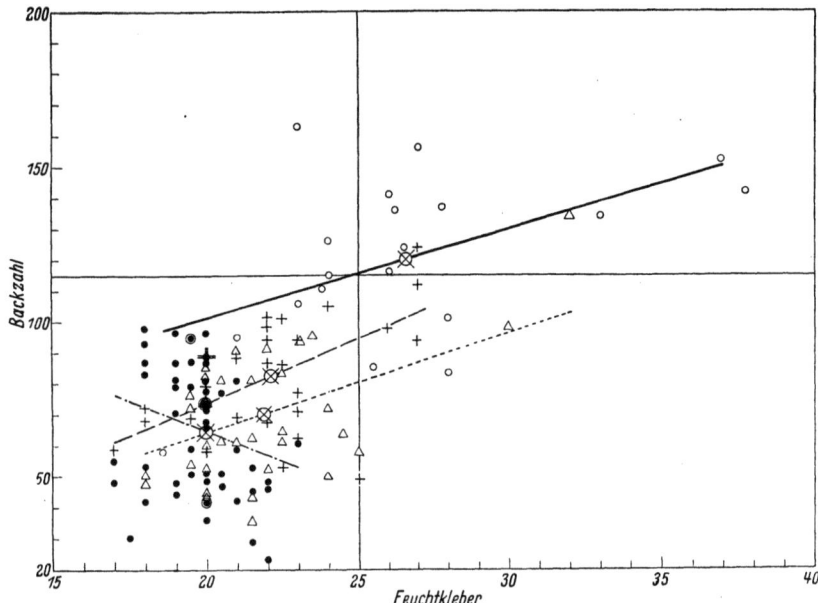

Abb. 4. Beziehungen zwischen Feuchtkleber K Backzahl B.

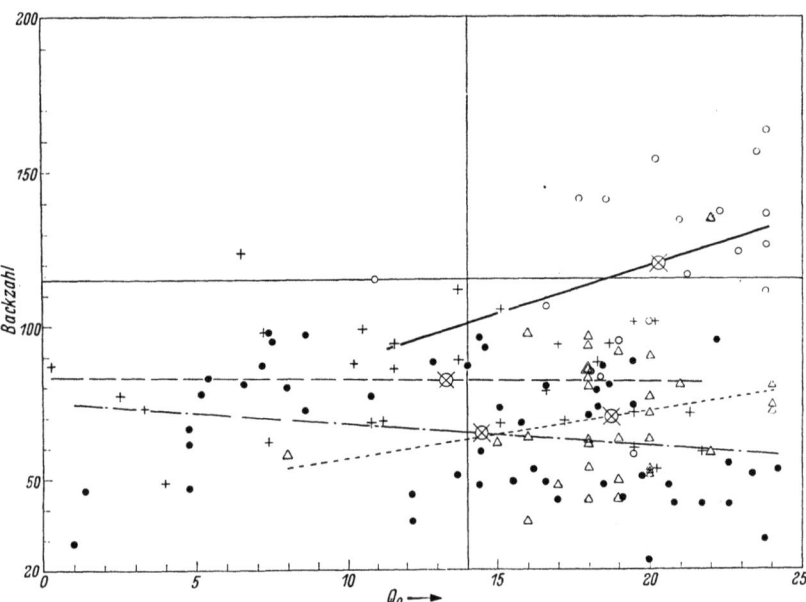

Abb. 5. Beziehungen zwischen Q_0 und Backzahl B.

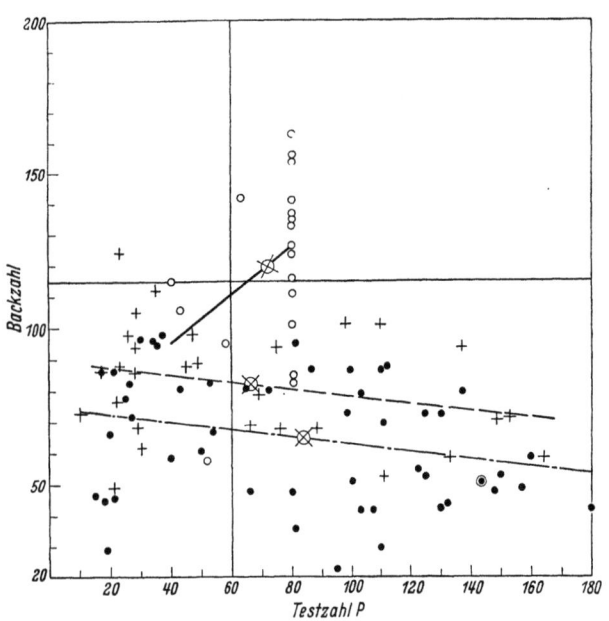

Abb. 6. Beziehungen zwischen Testzahl P und Backzahl B.

Werte. Bei Proben mit wenig Feuchtkleber sind die Regressionen zur Backzahl schwach oder sogar negativ.

Wenn man diese Diagramme als Modell betrachtet und unterstellt, daß die dargestellten Werte Zuchtmaterial repräsentieren, welches auf Backqualität ausgelesen werden soll, so wird anschaulich, welchen Erfolg eine Auslese auf Grund von K-, Q-, P-, G- oder KI-Werten oberhalb der genannten Grenzwerte in bezug auf die wirkliche Backfähigkeit der ausgelesenen Stämme haben würde.

Gesucht würden also alle Stämme mit Backzahl über 115, die in den Quadranten 1 und 2 notiert sind, ausgelesen und weitergeführt jedoch alle rechts des eingezeichneten Grenzwertes für das Auslesekriterium, also die in den Quadranten 1 und 4 gelegenen. Quadrant 1 ist somit der **Erfolgsquadrant**; Quadrant 2 enthält diejenigen gut backfähigen Stämme, die auf Grund des jeweils gewählten Selektionskriteriums falsch eingestuft und verworfen würden, ist also der **Verlustquadrant**; während Quadrant 4 den unnötig mitgeschleppten **Ballast** enthält, Stämme also, die als gut ausgelesen würden, später jedoch im Backversuch enttäuschen. Quadrant 3 umfaßt die zu Recht verworfenen Stämme. Tab. 6 gibt den prozentualen Anteil der Quadranten am untersuchten Material.

Am besten schneidet bei Betrachtung des hier vorgelegten Materials die Auslese auf Feuchtklebergehalt ab, während eine solche auf Grund von Q_0, P oder den beiden Selektionsindices nur als grobe Vorauslese zu werten ist, bei der über 80% Ballast mitgeschleppt werden.

Somit könnte man sagen, daß die Gütezahl in gewissem Umfange die Funktion eines „negativen Selektionsindex" erfüllt. Die Feststellung des Bundessortenamtes (briefliche Mitteilung von Herrn Dr. Roemer vom 6. bzw. 13. 9. 60), daß alle Qualitätsweizen (laut Backversuch) eine Gütezahl von über 3800 haben, läßt sich daher anhand der Diagramme bestätigen. Allerdings zeigt das Verhalten von Sorten wie Stella und Ministre, daß selbst hier Ausnahmen vorkommen, die zur Vorsicht mahnen.

Zur weiteren Klassifizierung der so ausgelesenen Stämme bedarf es nach dem derzeitigen Stande unserer Kenntnisse der Anwendung weiterer Methoden. Neben dem besonders material- und geldaufwendigen Backversuch erscheint der Extensograph besondere Beachtung zu verdienen, zumal das von HESS entwickelte Mikrogerät.

Es ist gut, daß durch die Einführung des Backversuches zur offiziellen Bewertung des Aufmischwertes aus dieser Sachlage die Konsequenzen gezogen worden sind, worauf TIMM (1960) ausdrücklich hinweist. Die Einstufung nach der Gütezahl allein führt nur zu ca. 16% Treffern. Hierdurch erklärt sich zwanglos die bereits oben zitierte Feststellung von PELSHENKE über das Stagnieren der Qualität der deutschen Weizenernte trotz Zunahme des Anteiles der A-Weizen, ohne daß Hypothesen wie Mähdrusch-, Ernte- und Trocknungsschäden herangezogen zu werden brauchen. Damit soll Umfang und Bedeutung derartiger Schäden weder bestritten noch verkleinert werden.

Die Tatsache, daß der Prozentsatz der Sorten mit sog. A-Qualität (sprich Gütezahl über 4050) wesentlich zugenommen hat, sagt also über die Entwicklung der wirklichen Backqualität sehr wenig aus, da nur ca. 16% solcher nach der Gütezahl als A klassifizierte Weizen Backzahlen über 115 ergeben (s. Abb. 4).

Die aus den Diagrammen gezogenen Folgerungen gelten naturgemäß zunächst nur für das untersuchte Material. Es wäre außerordentlich wichtig, wenn die Grenzen ihrer Gültigkeit möglichst bald an einem umfangreichen und repräsentativen Material nachgeprüft und bestätigt bzw. entsprechend modifiziert würden. Auf Grund des hier vorliegenden, wenn auch ziemlich schmalen Materials hat es den Anschein, als ob einseitige Auslese auf hohen Feuchtkleber- bzw. Proteingehalt das geringste Risiko in sich trüge und, am wenigsten Ballast mitschleppend, das rationellste Arbeiten erlaubte.

SEIBEL (1960) befaßt sich eingehend mit der Frage der Standardisierbarkeit und Reproduzierbarkeit des Sedimentationstestes nach Zeleny sowie dessen Relationen zu mehreren Teileigenschaften. Leider wird die zentrale Frage der Beziehungen dieses Testes zum Backversuch nicht erwähnt. Ein Bewertungsschema, welches Proteingehalt, Testzahl und Sedimentationstest kombiniert, wird in Aussicht gestellt. Es wäre zu hoffen, daß der Aufstellung eines solchen Schemas eingehende Studien an orthogonalem und erpräsentativem Material zugrunde gelegt würden und die Wichtung der einzelnen Komponenten der Indexzahl anhand statistischer Berechnungen vorgenommen wird, damit sie eine möglichst enge Korrelation zum Backverhalten aufweist.

Zum Schluß drängt sich noch eine Feststellung auf: Es bleibt unbefriedigend, daß zwar gewisse, jedoch in ihrem Zahlenwert (z. T. sogar im Vorzeichen) schwankende Korrelationen zwischen der Backzahl und den untersuchten sog. Teilkomponenten der Backfähigkeit, nämlich von K, Q_0 und P, sowie den daraus errechneten Selektionsindices G und KI bestehen, diese Korrelationen aber auf Grund ihrer Labilität kaum

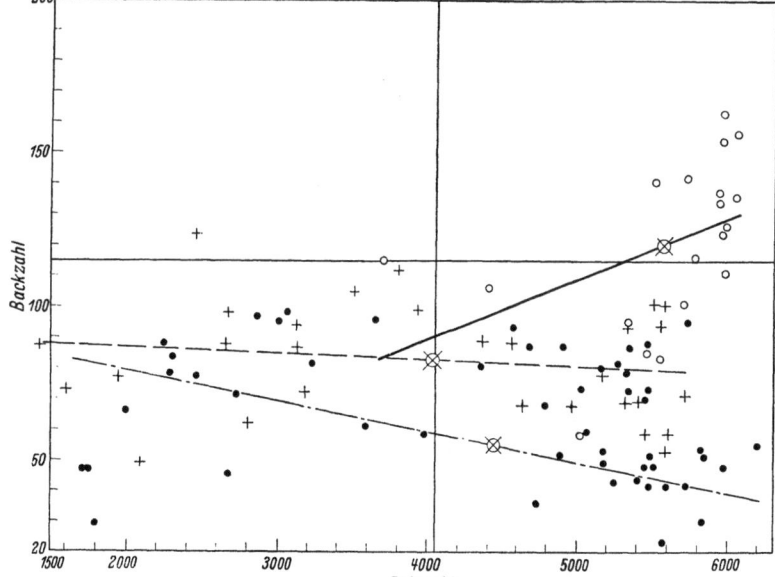

Abb. 7. Beziehungen zwischen Gütezahl G und Backzahl B.

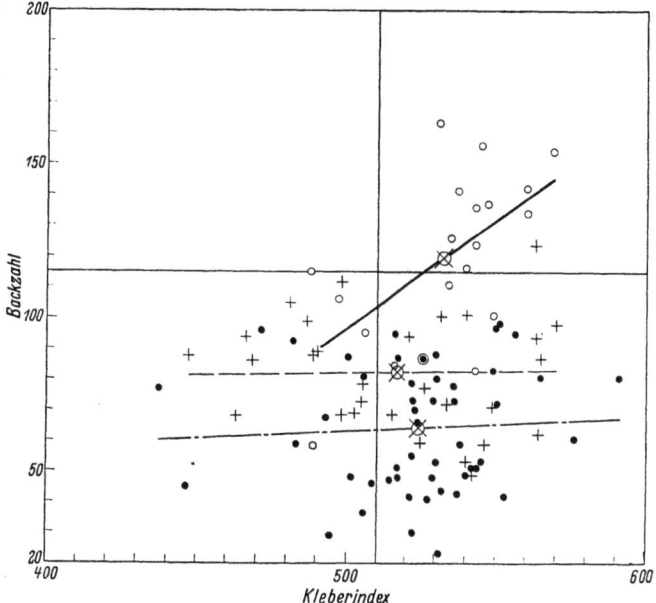

Abb. 8. Beziehungen zwischen Kleberindex KI und Backzahl B.

als Ausdruck kausaler Zusammenhänge aufgefaßt werden dürfen. Über die eigentlichen Ursachen der Unterschiede im Backverhalten wissen wir also nichts Genaues, ein Verdacht, der sich bereits vor 20 Jahren bei der Analyse des Müncheberger Materials nicht abweisen ließ. Gerade auch die neuerlich von ROHRLICH und NERNST an N-Düngungsversuchen (1960) und die von NERNST (1960) und ROTSCH (1960) mitgeteilten Ergebnisse ihrer Untersuchungen an windgesichteten Mehlen, bei denen keinen bzw. relativ geringen Änderungen von Q_0 und K sehr erhebliche der Backzahl und der Wertzahl gegenüberstehen, bestätigt dieses Fehlen eines klaren kausalen Zusammenhanges. Ohne dieses Thema hier näher erörtern zu wollen, soll doch auf die Arbeiten von HESS (1958) (dort nähere Lit.-Angaben) hingewiesen werden, die

Tabelle 6. *Prozentuale Verteilung der Auslesen auf die Quadranten.*
a) Anteil am Gesamtmaterial (%); b) Anteil an den ausgelesenen Plusvarianten (%)

Quadrant	K		Q_0		P		G		KI	
	a	b	a	b	a	b	a	b	a	b
1 Erfolg	8,4	55,0	9,1	12,8	11,1	18,3	11,2	16,4	12,2	17,2
4 Ballast	6,8	45,0	62,1	87,2	49,5	81,7	56,6	83,6	58,7	82,8
2 Verlust	2,3		2,3		2,0		2,0		1,0	
3 zu recht verworfen	82,5		26,6		39,4		30,2		28,1	

Zusammenfassung

1. Der aus Feuchtklebergehalt, Quellzahl und Testzahl nach der Formel $G = 25\,K + 100\,Q_0 + 50\,P$ errechnete Selektionsindex „Gütezahl" ist z. Z. amtliches Kriterium zur Bestimmung der Backqualität des Weizens. In den letzten Jahren wird er vom Bundessortenamt bei der Zulassung neuer Sorten sehr stark berücksichtigt.

2. Mittels einer elektronischen Rechenanlage konnten aus Versuchsserien der Mühlen- bzw. Backhilfsmittelindustrie und aus luxemburgischen Untersuchungen an Winterweizensortenversuchen Korrelationen der unter 1 angeführten Werte und weiterer Meßwerte zum Backversuch errechnet werden.

3. Im untersuchten Material waren die Beziehungen zwischen Klebergehalt und Backversuch enger als die zwischen der durch Quellzahl und Testzahl ausgedrückten Klebergüte und dem Backverhalten. Weiterhin ergab sich, daß Quellzahl und Testzahl positiv, Klebergehalt und Quellzahl negativ miteinander korreliert sind. Dadurch wirken sich Schwankungen im Klebergehalt nicht auf die Gütezahl aus. Sie wird also falsch errechnet und ist daher unbrauchbar.

4. Auch der von LEIN vorgeschlagene Kleberindex stellt anscheinend keine nennenswerte Verbesserung gegenüber der Gütezahl dar.

5. Das vorhandene Material reicht nicht aus, um einen besseren Selektionsindex für die Frühselektion auf hohe Backfähigkeit zu bestimmen.

6. Sowohl die bisher zur Selektion auf Backqualität benutzten drei Teilkomponenten als auch die beiden aus ihnen errechneten Selektionsindices erlauben in gewissem Umfange eine negative Auslese.

7. Der mitgeschleppte Ballast ist bei den einzelnen Methoden sehr verschieden. Nur bei einseitiger Auslese auf hohen Feuchtklebergehalt ist er verhältnismäßig niedrig.

8. Diese Feststellungen gelten zunächst nur für das mitgeteilte recht schmale Material und bedürfen dringend weiterer Nachprüfung an systematischen orthogonal-faktoriell geplanten Versuchen.

Summary

1. The Office for Variety Tests of the Federal German Republic (Bundessortenamt) has accepted the Quality Factor G, following the Formula $G = 25\,K + 100\,Q_0 + 50\,P$, when evaluating the baking quality of a new wheat variety.

  G = Quality Factor
  K = Percentage of wet gluten
  Q_0 = Specific Swelling Factor (Berliner)
  P = Time Value in dough-ball test (Pelshenke).

2. Using data from a series of experiments conducted by several German mills and bakeries and from trial results from Luxemburg, correlation-coefficients have been worked out, using an electronic computor, between the results of standard baking tests and the different characteristics as stated in paragraph (1).

3. The material used for these calculations shows that there is a stronger correlation between the content of gluten and the result of the baking test than between the quality of gluten (expressed by the Specific Swelling Factor and the Time Value) and the result of the baking test.

Whilst the correlation between the Specific Swelling Factor and the Time Value is positive, the correlation between the Gluten Content and the Specific Swelling Factor is negative. This is why fluctuations in Gluten Content do not influence the Quality Factor. The results of calculations based on this Factor would therefore be misleading.

4. The use of the Gluten Index as proposed by LEIN probably does not improve the Quality Factor.

5. The number of tests used in this study is insufficient to warrant the proposition of more suitable indices for the early selection of good baking quality.

6. However, by using the components and their indices as mentioned above, a certain negative selection can be made.

7. The percentage of wet gluten is the factor whereby it can best be determined which strains (or lines) with poor baking quality should be discarded.

A considerable number of strains of poor baking quality still remain in the breeding material if the Specific Swelling Factor, the Time Value and the indices based on these are used.

8. This statement is not fully representative owing to the insufficient number of tests on which it is based. The authors suggest that systematically planned orthogonal-factorial experiments should be conducted to check these conclusions.

Literatur

1. BRÜCKNER, G.: Über die Auswirkung der Verwendung deutscher Aufmischweizen auf die Backqualität der Mehle. Die Mühle 49, 671—672 (1958). — 2. HESS, K.: Über Erfahrungen bei der Verwendung von Mikrogeräten für die mechanische Charakterisierung von Mehlteigen. Die Mühle, Jahrgang 95. Heft 24 (1958) — (dort auch weitere Literaturangaben). — 3. HOESER, K.: Besitzen wir in unserer Weizenproduktion Qualitätsreserven? Deutsche Müllerzeitung 56, Heft 6 (1958). — 4. LAROSE, EM., R. LEGROS et R. BIENFET: Etude critique de certaines méthodes d'appréciation de la valeur technologique des froments. Congrès Mondial de la Recherche Agronomique, Rome 1959. — 5. LEIN, A.: Qualitätsfragen der Weizenzüchtung in Deutschland. Bericht über die Arbeitstagung 1956 der Arbeitsgemeinschaft der Saatzuchtleiter, Gumpenstein 1956. — 6. LEIN, A.: Qualitätsfragen bei der Züchtung von Weizen und Braugerste. Moderne Methoden der Pflanzenzüchtung, Arbeiten der DLG Bd. 44 1957. — 7. LINSER, H.: Einige Arbeiten auf dem Gebiet der Beeinflussung der Weizenqualität durch Düngung. Arbeitsgemeinschaft Getreideforschung, Bericht über die Getreidechemiker-Tagung vom 21.—23. 6. 1960 in Detmold, S. 9. Detmold: Granum-Verlag 1960. — 8. NERNST, CH.: Analytische Befunde über Protein und Stärke an verschiedenen Mehlfraktionen. Jahresbericht 1959/60 der Bundesforschungsanstalt für Getreideverarbeitung in Berlin und Detmold 1960, S. 54. — 9. PELSHENKE, P.: Qualitätszüchtung bei Weizen. Vorträge über Pflanzenzüchtung. Landwirtschaft — angewandte Wissenschaft 1956. — 10. PELSHENKE, P.: Qualitätsfragen bei Getreide und Brot. Arbeiten der DLG, Band 59, 1959. — 11. PELSHENKE, P.: Qualitätsprobleme bei Getreide. siehe Nr. 8, S. 23 (1960). — 12. PIELEN, L.: Erzeugung von Qualitätsweizen. Mitteilungen der DLG, S. 103 (1959). — 13. ROHRLICH, M., und CH. NERNST: Untersuchungen von Weizenproben aus Stickstoffdüngungsversuchen auf Eiweiß, Kleber und Backeigenschaften. siehe Nr. 8, S. 30 (1960). — 14. ROTSCH, A.: Untersuchungen über die Backeigenschaften windgesichteter Mehle. siehe Nr. 8. S. 57 (1960). — 15. SEIBEL, W.: Beurteilung der Weizenqualität mit dem Sedimentationstest nach Zeleny. siehe Nr. 7, S. 125 (1960). — 16. TIMM, E.: Backqualitätsuntersuchungen von Weizenproben Ernte 1959 aus der Wert- bzw. Überwachungsprüfung des Bundessortenamtes (1960). — 17. VETTEL, F. K.: Möglichkeiten der Vorausbestimmung von Malzeigenschaften und ihre Anwendung in der Braugerstenzüchtung. Zeitschrift für Pflanzenzüchtung 43, S. 29—62 (1960).

Wachstumsquotienten als Frühtests

Von Gustav Vincent, Brno, ČSSR

Mit 11 Abbildungen

Eine frühzeitige Voraussage der Wüchsigkeit der einzelnen Holzartentypen auf gegebenen Standorten ist eine unentbehrliche Grundlage der rechtzeitigen Selektions-Eingriffe in die jungen Bestände. Ohne Frühtestung der Wüchsigkeit ist auch die Ertrags-Züchtung der wirtschaftlich wichtigen Holzarten — deren Lebenszyklus lang, d. h. länger als das menschliche Alter ist — praktisch undurchführbar.

Die Voraussage der Wüchsigkeit der einzelnen Typen setzt aber die Kenntnis des Wachstumsganges der Typen voraus. Bei Provenienzversuchen konnte die Entwicklung einzelner Klima-Herkünfte (Populationstypen) jahrzehntelang verfolgt werden. Wir fassen hier

1. einige Ergebnisse von Messungen und Beobachtungen zusammen, die auf den in der ČSSR angelegten Provenienzversuchsflächen gemacht wurden, und versuchen
2. diese Ergebnisse für eine Frühtestung der Wüchsigkeit auszuwerten, indem wir die Korrelationen zwischen Früh- und Spätmerkmalen bestimmen.

1. Kurze Darstellung der Ergebnisse von Provenienzversuchen

Die hier besprochenen Ergebnisse beziehen sich auf

a) drei internationale Versuchsflächen mit Kiefer, die in Südböhmen im Jahre 1940 angelegt wurden,

b) drei internationale Versuchsflächen mit Fichte in den Schlesischen Beskiden aus dem Jahre 1942 und 1943 und auf

c) fünf Versuchsflächen mit Lärche in Mähren aus dem Jahre 1938.

Die internationalen Versuchsflächen gehören zu den Versuchsserien, deren Gründung auf dem Kongresse des Verbandes der forstlichen Forschungsanstalten in Budapest im Jahre 1936 vereinbart wurde[1].

Auf den Kiefernversuchsflächen befinden sich nebeneinander 31 Kieferntypen (Herkünfte), die aus 15 europäischen Staaten stammen, auf den Fichtenversuchsflächen 22 Fichtentypen aus 14 europäischen Staaten.

Die vom Autor in der Nähe von Brno (Brünn) und bei Hranice begründeten Lärchenversuchsflächen sind bedeutend kleiner. Auf ihnen sind 17 Lärchentypen sudetischer, karpatischer und alpiner Herkunft angebaut.

Nach den Messungen auf den internationalen Versuchsflächen besteht eine Korrelation zwischen der geographischen Breite des Herkunftsortes der einzelnen Fichten- und Kieferntypen einerseits und der Stammhöhe sowie dem Brusthöhendurchmesser dieser Typen andererseits.

Diese Korrelation wurde nicht nur bei den 2- bis 12jährigen[2], sondern auch bei den 19- und 20jährigen Fichten- und Kieferntypen festgestellt (s. Tab. 1 u. 2).

Die Provenienzversuche haben auf den unterschiedlichen Fotoperiodismus der aus ungleichen geographischen Breiten stammenden Typen hingewiesen. Man kann voraussetzen, daß in einzelnen geographischen Breiten jene Typen angereichert wurden, deren Tages- und Jahresrhythmus (Fotoperiode) der Tageslänge und der Vegetationsperiode des gegebenen Standorts entspricht, und daß die Fotoperiode der Holzartentypen zu den Erbeigenschaften gehört, die sich bei Übertragung dieser Typen geltend machen.

Wenn wir die Entwicklung der verschiedenen, auf den Versuchsflächen in den Schlesischen Beskiden wachsenden Fichtentypen vergleichen (s. Tab. 1), so kann man sich davon überzeugen, daß der Unterschied zwischen dem Höhenwachstum der mitteleuropäischen Fichten und dem der skandinavischen Fichten in ihrem achten Jahre der größte war. Die mitteleuropäischen Fichten aus 47—50° n. B. waren in diesem Alter mehr als zweimal höher als die skandinavischen Fichten aus 62—65° n. B.

Ähnlich war es bei den Kieferntypen, die auf den Versuchsflächen in Südböhmen wachsen. Der Unterschied zwischen dem Höhenwachstum der mitteleuropäischen Kiefern und dem der skandinavischen Kiefern war hier in ihrem elften Jahre am meisten auffallend (s. Tab. 2). Die mitteleuropäischen Kiefern aus 50—53° n. B. waren in diesem Alter zweieinhalb mal höher als die skandinavischen Kiefern aus 59—62° n. B.

Bei den jüngeren und älteren Fichten oder Kiefern waren die Unterschiede zwischen dem Wachstum der mitteleuropäischen und der skandinavischen Typen kleiner.

Die Unterschiede im Höhenwachstum der einzelnen Typen entsprachen jedoch nicht immer den Unterschieden im Dickenwachstum der gleichen Typen. Die elfjährigen Fichten, aus 47—50° n. B., waren um 78% größer, aber nur um 51% stärker als die Fichten aus 62—65° n. B. Im Stangenholzalter (mit 19—20 Jahren) waren die Unterschiede zwischen den einzelnen Provenienzen kleiner in ihrer Stammhöhe, aber größer in ihrer Stärke. Die zwanzigjährigen Fichten, die aus 47—50° n. B. stammten, waren nur um 29% höher, aber um 48% stärker als die aus 62—65° n. B. stammenden Fichten.

Nach unseren Messungen kann man aber nicht behaupten, daß die Reaktion der einzelnen Typen auf ihre Übertragung von Norden nach Süden oder umgekehrt immer nur ungünstig war. Bis zum Jahre 1957 oder 1958 wuchsen auf den Versuchsflächen die aus Bolewice in Polen stammenden Kiefern (52°21′ n. B., 80—100 m ü. d. M.) besser als die hiesigen Kieferntypen und die aus Neamț in Rumänien (47°21′ n. B., 720 m ü. d. M.) stammenden Fichten besser als die

---

[1] Die Methodik dieser Versuche hat die Kommission für Baumrassen- und Saatgutfragen des genannten Verbandes ausgearbeitet. Der Vorsitzende der Kommission, Herr Prof. Dr. W. Schmidt, hat mit Herrn Doz. Dr. O. Langlet den Austausch der Samenproben bestimmter Herkünfte zwischen den einzelnen Forschungsanstalten organisiert.

[2] S. G. Vincent u. J. Flek (1953) sowie G. Vincent u. M. Polnar (1953).

II. Spezieller Teil: Beispiele der praktischen Anwendung

Tabelle 1. *Mittlere Stammhöhen der aus ungleicher geographischer Breite stammenden Fichten, die auf den Versuchsflächen in den Schlesischen Beskiden angebaut wurden.*

Geographische Breite des Mutterbestandes	Jahr der Messung														
	1945			1946			1948			1949			1958		
	Alter der Fichten														
	7-J			8-J			10-J			11-J			20-J		
	V	Q_1	Q_2	V	Q_1	Q_2	V	Q_1	Q_2	V	Q_1	Q_2	V	Q_1	Q_2
41—44°	51	170	82	77	175	82	124	137	73	155	135	76	526	101	78
44—47°	52	173	83	82	186	87	142	158	85	174	151	85	575	110	86
47—50°	62	207	100	94	214	100	168	186	100	205	178	100	671	129	100
50—53°	60	200	96	86	195	91	152	168	90	184	160	90	586	113	87
53—56°	47	156	76	67	152	71	138	153	82	173	150	84	596	115	89
56—59°	46	153	74	68	154	72	124	137	74	151	131	74	541	104	81
59—62°	43	143	69	65	147	69	115	127	68	139	120	68	520	100	77
62—65°	30	100	48	44	100	47	90	100	54	115	100	56	562	108	84

V = mittlere Stammhöhe in cm.
Q_1 = Quotient der einzelnen mittleren Höhen, der in Prozenten der kleinsten mittleren Höhe ausgedrückt wurde.
Q_2 = Quotient der einzelnen mittleren Höhen, der in Prozenten der größten mittleren Höhe ausgedrückt wurde.

Tabelle 2. *Mittlere Stammhöhen der aus ungleicher geographischer Breite stammenden Kiefern, die auf den Versuchsflächen in Süd-Böhmen angebaut wurden.*

Geographische Breite des Mutterbestandes	Jahr der Messung																				
	1940			1941			1946			1947			1949			1950			1957		
	Alter der Kiefern																				
	2-J			3-J			8-J			9-J			11-J			12-J			19-J		
	V	Q_1	Q_2	V	Q_1	Q_2	V	Q_1	Q_2	V	Q_1	Q_2	V	Q_1	Q_2	V	Q_1	Q_2	V	Q_1	Q_2
41—44°	14	116	87	22	137	91	134	123	73	158	114	74	206	129	51	237	112	73	490	113	80
44—47°	14	116	87	16	100	66	127	116	69	157	113	74	159	100	40	226	107	69	431	100	71
47—50°	14	116	87	20	125	83	128	117	70	156	112	73	265	167	67	259	122	80	517	120	85
50—53°	16	133	100	24	150	100	182	167	100	213	153	100	397	249	100	325	154	100	609	141	100
53—56°	12	100	75	18	112	75	145	133	80	177	127	83	239	150	60	277	131	85	582	135	95
56—59°	14	116	87	18	112	75	127	116	70	160	115	75	218	137	55	254	120	78	493	114	81
59—62°	12	100	75	18	112	75	109	100	60	139	100	65	181	113	28	211	100	65	432	100	71

V = mittlere Stammhöhe in cm.
Q_1 = Quotient der einzelnen mittleren Höhen, der in Prozenten der kleinsten mittleren Höhe ausgedrückt wurde.
Q_2 = Quotient der einzelnen mittleren Höhen, der in Prozenten der größten mittleren Höhe ausgedrückt wurde.

autochthonen Fichten. Jedoch sind Typen, welche aus Lagen stammten, deren geographische Breite mehr als 2° n. B. nach Norden oder Süden von der Versuchsfläche entfernt war, im Wachstum stark hinter den hiesigen Typen zurückgeblieben.

Diese Ergebnisse stehen im Einklang mit den Beobachtungen O. LANGLETS (1938).

Deutliche Unterschiede im Jahresrhythmus wurden bei jenen Typen der gleichen Holzart festgestellt, die aus ungleichen Seehöhenstufen innerhalb der gleichen geographischen Breite, d. h. aus dem kalten Gebirgsklima (aus den Gebirgsmassiven mit einer Vegetationsperiode kürzer als 130 Tage), aus dem milden Gebirgsklima (aus den wenig zusammenhängenden Gebirgszügen mit einer Vegetationsperiode von 130 bis 165 Tagen) und aus dem milden Ebenenklima (aus dem Hügelland und aus den Ebenen mit einer Vegetationsperiode länger als 165 Tage) der mitteleuropäischen Lagen stammten.

Die Korrelation zwischen der Seehöhe des Herkunftortes einzelner Typen einerseits und ihrer Stammhöhe sowie ihrem Brusthöhendurchmesser andererseits wurde auf den Versuchsflächen nicht nur bei den 12- und 15jährigen Lärchen[3], sondern auch bei den 20jährigen Fichten und 19- sowie 27jährigen Kiefern bestimmt.

Es ist deshalb anzunehmen, daß nicht nur in einzelnen geographischen Breiten, sondern auch in einzelnen Klimaten der Seehöhenstufen solche Typen entstanden, deren Jahresrhythmus der Vegetationsperiode dieser Lagen entspricht.

[3] s. G. VINCENT, 1954.

Eine Übertragung der Kiefern-, Fichten- und Lärchentypen vom Standorte ihres Mutterbestandes auf Standorte, die nicht höher oder tiefer als 200 m liegen (bei gleicher geographischer Breite), wirkte sich nicht ungünstig im Wachstum dieser Typen aus. Dagegen übte eine vertikale Übertragung um mehr als 200 m tiefer oder höher schon einen ungünstigen Einfluß auf das Wachstum der einzelnen Typen aus. Man kann deshalb behaupten, daß die auf den Versuchsflächen angebauten Typen weitaus empfindlicher auf vertikale als auf horizontale Übertragung reagiert haben.

Jedoch reagierten die Nachkommenschaften von einigen Typen aus annähernd gleichen Standortsverhältnissen auf die Übertragung in Lagen der angelegten Versuchsflächen manchmal sehr unterschiedlich. So z. B. gehört die polnische Kiefer aus Bolewice (52°21′ n. B. u. einer Seehöhe von 80—100 m) auf den Standorten in Südböhmen zur Spitzengruppe, dagegen die Litauer Kiefer aus Supraśl (53°16′ n. B. und einer Seehöhe von 150—170 m) nur zur Mittelgruppe. Die Differenzierung zeigte sich auch bei den holländischen Kiefern: die aus Breda (51°34′ n. B. und einer Seehöhe von 10 m) stammende Kiefer wuchs schneller als die Kiefer aus Diever (52°50′ n. B. u. einer Seehöhe von 10 m).

Es wird daher im praktischen Interesse liegen, im allgemeinen die Übertragungsmöglichkeit der Holzartentypen nach den Standortsverhältnissen des Mutterbestandes und des Anbauortes (nach ihrer Tageslänge und ihrer Vegetationsperiode) einzuschätzen, aber im einzelnen solche Typen herauszufinden, die schnelleres Wachstum auf gegebenem Standort aufweisen.

2. Die Frühtestung auf Wüchsigkeit

Da aus den absoluten Angaben des Höhenwachstums der einzelnen Holzartentypen eine Voraussage ihrer Wüchsigkeit im späteren Alter nicht möglich ist (s. Abb. 1), haben W. SCHMIDT und K. STERN (1955) empfohlen, die Entwicklung der Typen durch sog. Wachstumsquotienten zu charakterisieren. Die Wachstums- bzw. Zuwachswerte der Sorte a werden prozentual auf die Wachstums- bzw. Zuwachswerte der Sorte b bezogen, und die so berechneten Quotienten bieten einen nützlichen Behelf zur Abschätzung der Entwicklung der Sorte a gegenüber der Sorte b in den nächsten Jahren, wenn man sie fortlaufend verfolgt.

Wir haben uns auf die Höhenwachstumsvergleiche beschränkt. Die durchschnittlichen Stammhöhen der auf den einzelnen Versuchsflächen wachsenden Fichtentypen haben wir mit der durchschnittlichen Stammhöhe der Fichten aus Tyldalen (Norwegen)

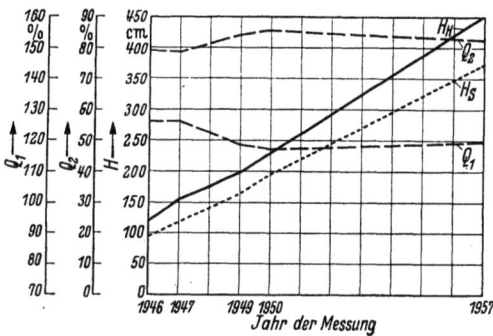

Abb. 1. Graphische Darstellung a) des Höhenwachstums der norwegischen Kiefern aus Hamar H_H (60°30′ n. B., 230 m ü. d. M.) und aus Svanöy H_S (61°29′ n. B., 50 m ü. d. M.) auf den Versuchsflächen in Südböhmen; b) der Wachstumsquotienten beider Kiefern, d. h. der Quotienten Q_1 der Stammhöhen der Kiefer aus Hamar und der der Kiefer aus Svanöy, sowie der Quotienten Q_2 der Stammhöhen der Kiefer aus Svanöy und der der Kiefer aus Hamar.

Der Wachstumsquotient beider Kiefernherkünfte ist sehr ähnlich. Die Quotienten Q_1 erreichten nur 126%, die Quotienten Q_2 sanken nicht unter 79%. Beide Kiefern gehören zu den Typen der Spätentwickler.

verglichen, d. h. die Quotienten Q_1 der Durchschnittsstammhöhe eines jeden Typus und der der Fichten aus Tyldalen berechnet.

In ähnlicher Weise haben wir die Kieferntypen verglichen. Es wurden die Quotienten Q_1 der Durchschnittsstammhöhe der einzelnen Kieferntypen und der Durchschnittsstammhöhe der Kiefer aus Svanöy (Norwegen) bestimmt.

Zwecks Ergänzung dieses Vergleiches haben wir auch die Quotienten Q_2 der Durchschnittsstammhöhe der norwegischen Fichten aus Tyldalen oder Kiefern aus Svanöy und der Durchschnittsstammhöhen der anderen einzelnen Typen gleicher Holzart festgestellt.

Die nordischen Kiefern haben sich voneinander in ihrem Wachstumsgang nur recht wenig unterschieden. Der Quotient Q_1 der 7- und 8jährigen Kiefer aus Hamar (60°30′ n. B., 230 m ü. d. M.) und der aus Svanöy (61°29′ n. B., 50 m ü. d. M.) war 126%, der 12jährigen gleichen Kiefer 117%. Die Quotienten Q_2 betrugen 79—85% (s. Abb. 1).

Ähnlich war es bei den nordischen Fichten. Die Quotienten Q_1 der Fichten aus Nes (60°30′ n. B., 200—400 m ü. d. M.) und der Fichten aus Tyldalen

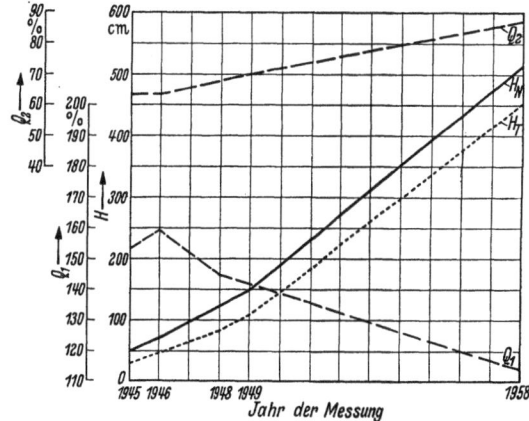

Abb. 2. Graphische Darstellung a) des Höhenwachstums der norwegischen Fichten aus Nes H_N (60°30′ n. B., 200—400 m ü. d. M.) und aus Tyldalen H_T (62°10′ n. B., 550 m ü. d. M.) auf den Versuchsflächen in den Schlesischen Beskiden; b) der Wachstumsquotienten beider Fichten, d. h. der Quotienten Q_1 der Stammhöhen der Fichten aus Nes und der der Fichten aus Tyldalen, sowie der Quotienten Q_2 der Stammhöhen der Fichten aus Tyldalen und der der Fichten aus Nes.

Beide Herkünfte haben sich ähnlich entwickelt. Die Quotienten Q_1 waren kleiner als 160% und die Quotienten Q_2 sanken nicht unter 60%. Beide Fichten gehören zu den Typen der Spätentwickler.

(62°10′ n. B., 550 m ü. d. M.) wurden auf 114—153%, die Quotienten Q_2 auf 63—88% bestimmt (s. Abb. 2).

Die nordischen Kiefern- und Fichtentypen haben sich in ihrer Jugend langsam entwickelt. Diese Typen werden deshalb als Spätentwickler bezeichnet.

Demgegenüber wuchsen die aus den Schlesischen Beskiden stammenden Fichten bedeutend schneller als die nordischen Fichten. Der Quotient Q_1 betrug bei den 8jährigen Fichten aus den Beskiden 220% und den 20jährigen Fichten gleicher Herkunft 154%. Die Quotienten Q_1 der Kiefer aus Kuří vody (Böhmen) erreichten 191%. Die Quotienten Q_2 sanken bei den Fichten bis zu 45%, bei den Kiefern zu 52% (s. Abb. 3).

Zu den Spitzengruppen der angebauten Typen gehören die Fichten aus Neamt (Rumänien, 47°21′ n. B., 720 m ü. d. M.) und die Kiefern aus Bolewice (Polen, 52°21′ n. B., 80—100 m ü. d. M.). Maximaler Wert für Q_1 dieser Fichten wurde auf 215%, dieser Kiefern auf 293% festgestellt. Minimaler Wert für Q_2 betrug bei den Fichten aus Neamt 46%, bei den Kiefern aus Bolewice 34% (s. Abb. 4 u. 5).

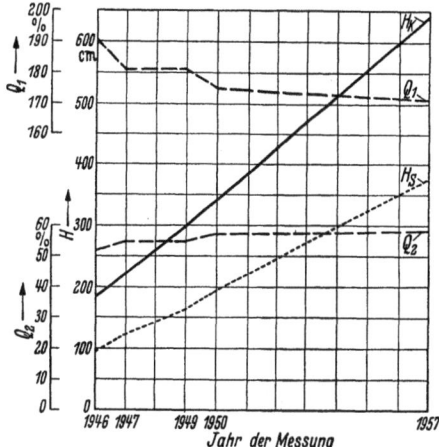

Abb. 3. Graphische Darstellung a) des Höhenwachstums der norwegischen Kiefer aus Svanöy (61°29′ n. B., 50 m ü. d. M.) und der Kiefer böhmischer Herkunft aus Kuří vody H_K (50°35′ n. B., 300 m ü. d. M.) auf den Versuchsflächen in Südböhmen; b) der Wachstumsquotienten beider Kiefern, d. h. der Quotienten Q_1 der Stammhöhen der Kiefer aus Kuří vody und der der Kiefer aus Svanöy, sowie der Quotienten Q_2 der Stammhöhen der Kiefer aus Svanöy und der der Kiefer aus Kuří vody.

Der Wachstumsgang beider Kiefern ist recht unterschiedlich. Die Quotienten Q_1 erreichten 191%, die Quotienten Q_2 sanken auf 52%. Die böhmische Kiefer gehört zu den Frühentwicklern, die nordische zu den Spätentwicklern.

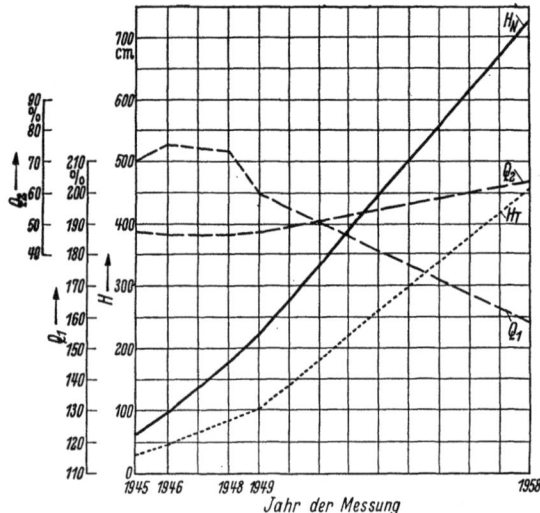

Abb. 4. Graphische Darstellung a) des Höhenwachstums der rumänischen Fichten aus Neamt H_N (47°21′ b. B., 720 m ü. d. M.) und der norwegischen Fichten aus Tyldalen H_T (62°10′ n. B., 550 m ü. d. M.) auf den Versuchsflächen in den Schlesischen Beskiden; b) der Wachstumsquotienten beider Fichten, d. h. der Quotienten Q_1 der Stammhöhen der Fichten aus Neamt und der der Fichten aus Tyldalen, sowie der Quotienten Q_2 der Stammhöhen der Fichten aus Tyldalen und der der Fichten aus Neamt.

Beide Herkünfte haben sich recht unterschiedlich entwickelt. Die Quotienten Q_1 erreichten 215%, die Quotienten Q_2 sanken auf 46%. Die rumänische Fichte gehört zu den Typen der Frühentwickler, die norwegische zu den Spätentwicklern.

Die Quotienten Q_1 der Alpen-Fichten aus einer Seehöhe von 800—1000 m erreichten 180% (die Quotienten Q_2 sanken auf 55%), die Quotienten Q_1 der Alpen-Fichten aus einer Seehöhe von 1800 m betrugen jedoch nur 141% (die Quotienten Q_2 sanken nur auf 71%). Der maximale Wert des Quotienten Q_1 der Kiefer aus der Hohen Tatra, aus einer Seehöhe von 600—700 m, betrug 128%, der minimale Wert des Quotienten Q_2 78% (s. Abb. 6 u. 7).

Dies belehrt uns, daß der Wachstumsgang der Gebirgstypen sich dem Wachstumsgange der nordischen Typen nähert und daß besonders die Typen aus dem kalten Gebirgsklima (mit einer Vegetationsperiode kürzer als 130 Tage) sich langsamer als die Typen aus dem milden Gebirgsklima entwickelt haben. Die Typen aus dem kalten Gebirgsklima gehören zu den Spätentwicklern.

Eine interessante Ausnahme:

Man hat auf den internationalen Versuchsflächen im ganzen den Wachstumsgang von 22 Fichten- und 31 Kieferntypen verfolgt. Unter diesen Typen haben

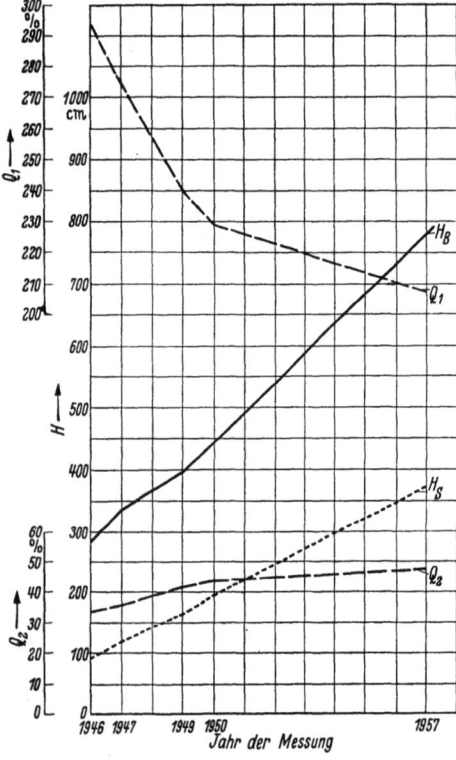

Abb. 5. Graphische Darstellung a) des Wachstums der polnischen Kiefer aus Bolewice H_B (52°21′ n. B., 80—100 m ü. d. M.) und der norwegischen Kiefer aus Svanöy H_S (61°29′ n. B., 50 m ü. d. M.) auf den Versuchsflächen in Südböhmen, b) der Wachstumsquotienten beider Kiefern, d. h. der Quotienten Q_1 der Stammhöhen der Kiefer aus Bolewice und der der Kiefer aus Svanöy, sowie der Quotient Q_2 der Stammhöhen der Kiefer aus Svanöy und der der Kiefer aus Bolewice.

Beide Herkünfte haben sich recht unterschiedlich entwickelt. Die Quotienten Q_1 erreichten 293%, die Quotienten Q_2 sanken auf 34%. Die polnische Kiefer gehört zu den Typen, die als Frühentwickler bezeichnet werden können, die nordische Kiefer zu den Typen der Spätentwickler.

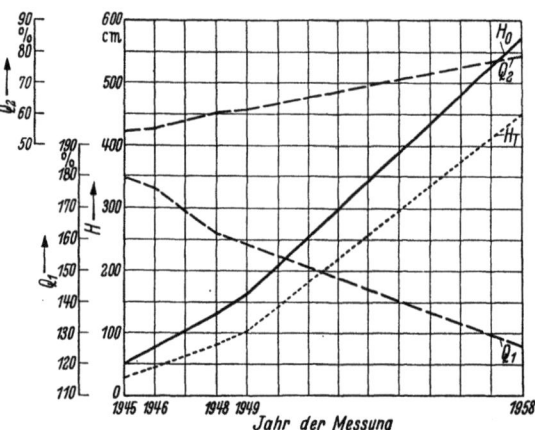

Abb. 6. Graphische Darstellung a) des Höhenwachstums der österreichischen Fichten aus Obervellach H_O (46°55′ n. B., 800—1000 m ü. d. M.) und der norwegischen Fichten aus Tyldalen H_T (62°10′ n. B., 550 m ü. d. M.) auf den Versuchsflächen in den Schlesischen Beskiden; b) der Wachstumsquotienten beider Fichten d. h. der Quotienten Q_1 der Stammhöhen der Fichten aus Obervellach und der der Fichten aus Tyldalen, sowie der Quotienten Q_2 der Stammhöhen der Fichten aus Tyldalen und der der Fichten aus Obervellach.

Beide Fichtenherkünfte haben sich unterschiedlich entwickelt. Die Quotienten Q_1 erreichten 180%, die Quotienten Q_2 sanken nicht unter 55%. Die österreichischen Fichten haben sich schneller entwickelt.

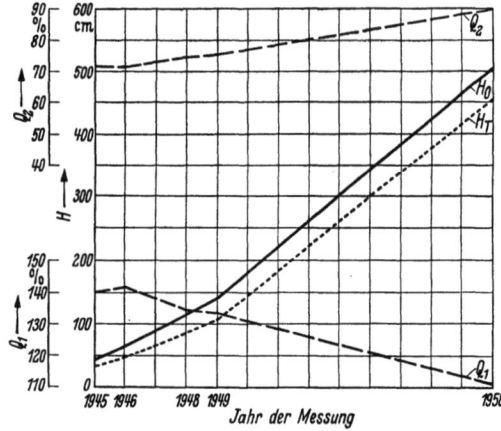

Abb. 7. Graphische Darstellung a) des Höhenwachstums der österreichischen Fichten aus Obervellach H_O (46°55′ n. B., 1800 m ü. d. M.) und der norwegischen Fichten aus Tyldalen H_T (62°10′ n. B., 550 m ü. d. M.) auf den Versuchsflächen in den Schlesischen Beskiden; b) der Wachstumsquotienten beider Fichten, d. h. der Quotienten Q_1 der Stammhöhe der Fichten aus Obervellach und der der Fichten aus Tyldalen, sowie der Quotienten Q_2 der Stammhöhen der Fichten aus Tyldalen und der der Fichten aus Obervellach.

Beide Fichtenherkünfte haben sich ähnlich entwickelt. Die Quotienten Q_1 sind nicht größer als 141%, die Quotienten Q_2 nicht kleiner als 71%. Der Wachstumsgang der Fichten aus den Hochlagen nähert sich dem Wachstumsgange der nordischen Fichten. Beide Fichten gehören zu den Typen der Spätentwickler.

Die aus dem milden Klima stammenden Typen haben sich in ihrer Jugend bedeutend schneller als die nordischen Typen entwickelt. Die ersten Typen reihen wir deshalb unter die Frühentwickler ein.

Wir haben auch den Wachstumsgang der Typen aus den Gebirgsmassiven mit dem Wachstumsgange der nordischen Typen verglichen.

sich die Litauer-Kiefer aus Mustejki (54°8′ n. B., 120—140 m ü. d. M.) und die polnische Kiefer aus Cruttinen (53° n. B., 10 m ü. d. M.) ganz anders entwickelt, als man es nach der erwähnten Regel für die von den betreffenden Breitengraden übertragenen Typen annehmen würde. Diese zwei Typen kann man — nach ihrem Wachstumsgange — nicht unter die Spätentwickler einreihen. Beide Typen haben ihren Jugendvorsprung bis zum Stangenholzalter behalten, ja sogar noch gesteigert. Und diese Ausnahmen können dadurch erklärt werden, daß es sich um zwei Typen handelt, die der bekannten, schnellwachsenden und gutgeformten baltischen, oder Ostpreußen-Kiefer sehr nahe stehen. Diese Kiefern wurden oft als „type noble" bezeichnet und schon seit der Napoleonischen Zeit in Belgien und Frankreich eingeführt. Es zeigt sich, daß ihr Wachstumsgang eine Besonderheit aufweist.

Versuchen wir nun auf Grund der Wachstumsquotienten die Wüchsigkeit einzelner Typen in gewissen Zeitabschnitten ihrer Entwicklung abzuschätzen!

Diese Quotienten können als Frühtest-Werte für die Wüchsigkeit nur dann benützt werden, wenn die Korrelation zwischen den in der Jugend und den im späteren Alter festgestellten Wachstumsquotienten bestätigt ist. Und da wir uns von dieser Korrelation überzeugen wollten, haben wir in die Tab. 3 die Quotienten Q_1 für die Fichten-Herkünfte eingetragen und die auf den Provenienzversuchsflächen mit Kiefern bestimmten Quotienten Q_1 in die Tab. 4. Die bei den Fichten im Jahre 1948 festgestellten Quotienten werden als Werte x und die im Jahre 1958 bestimmten Quotienten als Werte y genommen. Die Korrelation beider Wertreihen wurde berechnet.

Auch bei den Kiefern haben wir die Korrelation ihrer Wachstumsquotienten im verschiedenen Alter verfolgt. Als Werte x werden die Quotienten Q_1 aus

Tabelle 3.

Internationale Bezeichnung der Samenherkunft	x-Werte Q_1 aus dem Jahre 1948	y-Werte Q_1 aus dem Jahre 1958	Produkte $x \cdot y$	x^2	y^2
S	218	154	33 572	47 524	23 716
20	213	159	33 867	45 369	25 281
15	209	155	32 395	43 681	24 025
21	202	139	28 078	40 804	19 321
16	201	139	27 939	40 401	19 321
10	199	151	30 049	39 601	22 801
13	190	130	24 700	36 100	16 900
14	187	131	24 497	34 969	17 161
8	185	129	23 865	34 225	16 641
40	175	119	20 825	30 625	14 161
12	176	135	23 760	30 976	18 225
9	168	131	22 008	28 224	17 161
18	162	126	20 412	26 244	15 876
7	159	123	19 557	25 281	15 129
22	153	110	16 830	23 409	12 100
19	148	121	17 908	21 904	14 641
4	145	114	16 530	21 025	12 996
6	142	117	16 614	20 164	13 689
2	135	116	15 660	18 225	13 456
17	134	111	14 874	17 956	12 321
5	121	122	14 762	14 641	14 884
Summen	3622	2732	478 702	641 348	359 806
Mittelwert $\bar{x}$	172,5	$\bar{y}$ 130,1			

$$r = \frac{S(xy) - \frac{Sx \cdot Sy}{n}}{\sqrt{\left(Sx^2 - \frac{(Sx)^2}{n}\right)\left(Sy^2 - \frac{(Sy)^2}{n}\right)}}$$

$$r = \frac{478\,702 - \frac{3622 \cdot 2732}{21}}{\sqrt{(641\,348 - 624\,709)(359\,806 - 355\,420)}}$$

$r = 0{,}8776$

Auf allen drei Fichtenversuchsflächen, die in den Beskiden im Jahre 1942 und 1943 gegründet waren, hat man von jeder Herkunft im ganzen 600 Fichtenpflanzen ausgesetzt. Von diesen Pflanzen sind bis zum Jahre 1948 im Durchschnitt 19% und bis zum Jahre 1958 22% eingegangen, so daß die für jede Herkunft bestimmten Quotientenwerte auf Grund der Messungen von durchschnittlich 486 Individuen im Jahre 1948 und von durchschnittlich 474 Individuen im Jahre 1958 berechnet wurden.

Tabelle 4.

Internationale Bezeichnung der Samenherkunft	x-Werte Q_1 aus dem Jahre 1949	y-Werte Q_1 aus dem Jahre 1957	Produkte $x \cdot y$	x^2	y^2
39	240	208	49 920	57 600	43 264
20	204	176	35 904	41 616	30 976
33	194	173	33 562	37 636	29 929
43	193	170	32 810	37 249	28 900
18	190	167	31 730	36 100	27 889
42	181	171	30 951	32 761	29 241
30	172	139	23 908	29 584	19 321
12	171	160	27 360	29 241	25 600
S_2	169	164	27 716	28 561	26 896
21	165	160	26 400	27 225	25 600
22	145	168	24 360	21 025	28 224
17	136	128	17 408	18 496	16 384
S_1	137	139	19 043	18 769	19 321
19	131	104	13 624	17 161	10 816
11	131	139	18 209	17 161	19 321
24	131	145	18 995	17 161	21 025
37	126	127	16 002	15 876	16 129
23	126	137	17 262	15 876	18 769
48	126	126	15 876	15 876	15 876
45	125	128	16 000	15 625	16 384
28	125	131	16 375	15 625	17 161
27	124	139	17 236	15 376	19 321
6	119	120	14 280	14 161	14 400
55	108	127	13 716	11 664	16 129
53	117	171	20 007	13 689	29 241
14	108	90	9 720	11 664	8 100
34	94	106	9 964	8 836	11 236
29	93	84	7 812	8 649	7 056
49	93	84	7 812	8 649	7 056
8	79	95	7 505	6 241	9 025
Summen	4253	4176	621 467	645 153	608 590
Mittelwert $\bar{x}$	141,8	$\bar{y}$ 139,2			

$$r = \frac{S(xy) - \frac{Sx \cdot Sy}{n}}{\sqrt{\left(Sx^2 - \frac{(Sx)^2}{n}\right)\left(Sy^2 - \frac{(Sy)^2}{n}\right)}}$$

$$r = \frac{621\,467 - \frac{4253 \cdot 4176}{30}}{\sqrt{\left(645\,153 - \frac{(4253)^2}{30}\right)\left(608\,590 - \frac{(4176)^2}{30}\right)}}$$

$r = 0{,}8676$

Auf den drei Kiefernversuchsflächen, die in Süd-Böhmen im Jahre 1940 gegründet waren, hat man von jeder Herkunft im ganzen 600 Kiefernpflanzen ausgesetzt. Von diesen Pflanzen sind bis zum Jahre 1949 im Durchschnitt 31% und bis zum Jahre 1957 36% eingegangen, so daß die für jede Herkunft bestimmten Quotientenwerte auf Grund der Messungen von durchschnittlich 414 Individuen im Jahre 1949 und von durchschnittlich 384 Individuen im Jahre 1957 berechnet wurden.

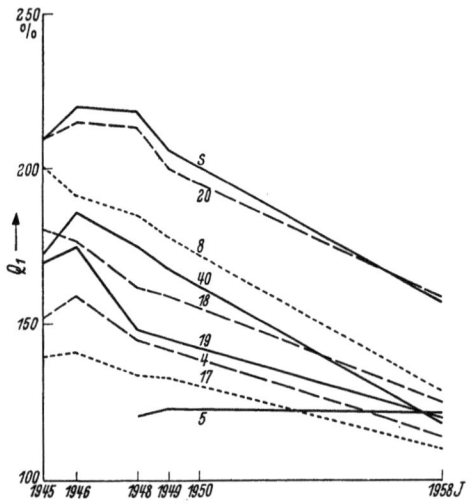

Abb. 8. Graphische Darstellung der in einzelnen Jahren festgestellten Wachstumsquotienten Q_1 bei einigen Fichtenherkünften, die auf den internationalen Provenienzversuchsflächen in den Beskiden angebaut wurden.

Die Abszisse eines beliebigen Punktes jeder Linie entspricht dem Alter der angebauten Herkunft, die Koordinate dem Quotienten Q_1 gleicher Herkunft.

Die Zahlen bei den einzelnen Linien entsprechen der internationalen Bezeichnung der betreffenden Herkunft.

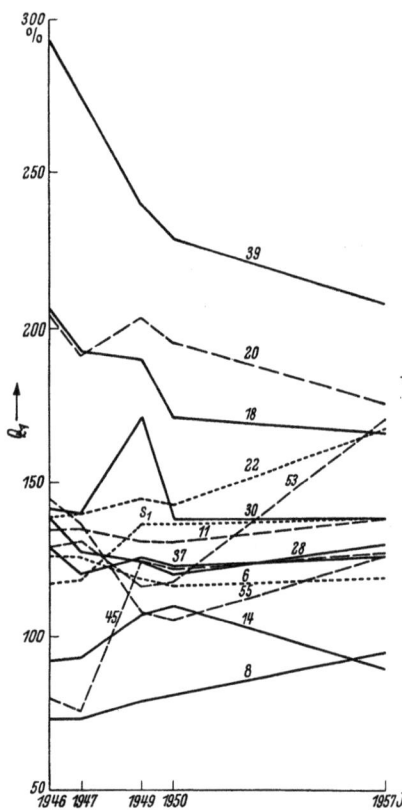

Abb. 9. Graphische Darstellung der in einzelnen Jahren festgestellten Wachstumsquotienten Q_1 bei einigen Kiefernherkünften, die auf den internationalen Provenienzversuchsflächen in Südböhmen angebaut wurden.

Die Abszisse eines beliebigen Punktes jeder Linie entspricht dem Alter der angebauten Herkunft, die Koordinate dem Quotienten Q_1 gleicher Herkunft.

Die Zahlen bei den einzelnen Linien entsprechen der internationalen Bezeichnung der betreffenden Herkunft.

dem Jahre 1949 und als Werte y die Quotienten Q_1 aus dem Jahre 1957 gewählt.

Die den Tab. 3 und 4 beigefügte Korrelationsberechnung beweist, daß zwischen den Werten x und den Werten y enger Zusammenhang besteht. Der Korrelationskoeffizient wurde bei den Fichten auf 0,878 und bei den Kiefern auf 0,868 bestimmt.

Dabei wurden in die Tab. 3 und 4 die Angaben von allen auf den Versuchsflächen angebauten Typen eingereiht. Wir haben nicht einmal jene Typen ausgeschieden, die durch ihren Wachstumsgang zu den Ausnahmen gerechnet werden müssen und die man eigentlich abgesondert testen sollte. Ohne die zu diesen Typen gehörenden Wertpaare würden wir für die Korrelationskoeffizienten noch höhere Werte erhalten (vgl. Kiefer Mustejki und Cruttinnen).

Es sind dies die beiden Versuchsnummern 53 und 22 der Tabelle 4. Vergleiche die Abweichung der Nummern 22 und 53 in Abb. 9 und 11.

Hierdurch wird bestätigt, daß die Wachstumsquotienten einen nützlichen Behelf zur Voraussage des Wachstumsganges einzelner Typen bieten können. Nach den Messungen, die auf den in der ČSSR angelegten Versuchsflächen unternommen wurden, kann man aus den Wachstumsquotienten im 10jährigen Alter mit hoher Wahrscheinlichkeit auf die Entwicklung der einzelnen Typen in ihrem 20jährigen Alter schließen.

Aus den Wachstumsquotienten im 10jährigen Alter kann man natürlich nicht den Wachstumsgang der einzelnen Typen bis zum 70jährigem Alter voraussagen. Jedoch auch die Voraussage für einen Zeitabschnitt von 10 Jahren halten wir für die züchterische Bearbeitung der Holzarten sehr wichtig, abgesehen davon, daß schon Wuchsvorsprünge der Holzartentypen in den ersten Jahrzehnten positiv zu bewerten sind, da sie Zeitgewinn in der Produktion bedeuten, und bereits Vor-Erträge (Durchforstungserträge) liefern, während die in der Jugend langsamwüchsigen Typen noch weit zurück sind.

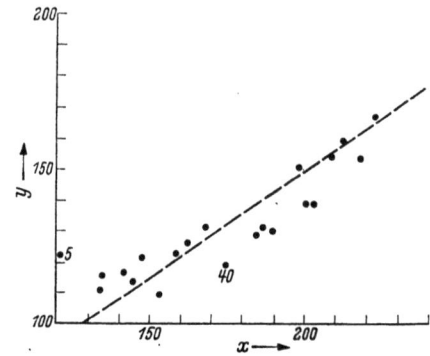

Abb. 10. Graphische Darstellung der Korrelation zwischen der Baumhöhe im Jahre 1948 und der Baumhöhe im Jahre 1958 der einzelnen Fichtenherkünfte.

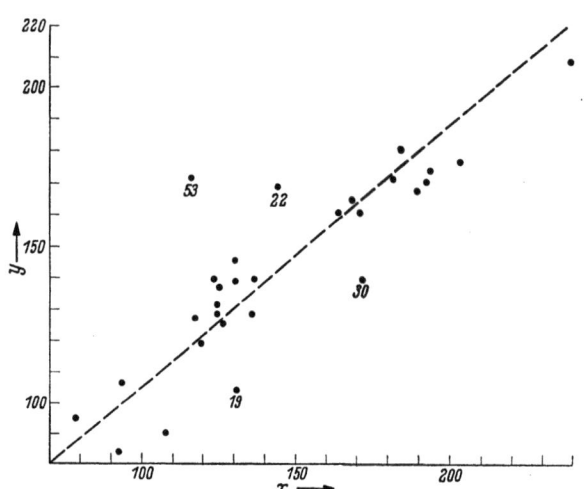

Abb. 11. Graphische Darstellung der Korrelation zwischen der Baumhöhe im Jahre 1949 und der Baumhöhe im Jahre 1957 der einzelnen Kiefernherkünfte.

Bemerkung für Züchter an landwirtschaftlichen Kulturpflanzen

In der Züchtung an einsömmerigen, landwirtschaftlichen Kulturpflanzen wäre ein unterschiedlicher Wachstumsgang unter Umständen ohne größeres Interesse. Erreichen zwei landwirtschaftliche Sorten A und B, nach Abschluß der Vegetationsperiode im Herbst des Prüfjahres, den gleichen Enderfrag, so bedeutet es züchterisch meist keinen Vorteil, wenn Sorte A in der Jugendwüchsigkeit überlegen ist, aber bis zum Erntetermin von Sorte B eingeholt wird. Die Ernte findet ja auf jeden Fall gleichzeitig im Herbst (Reifetermin) statt.

Völlig anders liegen die Dinge jedoch bei Auslesen an langlebigen Gewächsen. Bei Waldbaumtypen, wie wir sie hier an einem großen repräsentativen Material klimatischer Populationen (Herkünfte) aus Gebirge und Ebene sowie von unterschiedlichen Breitengraden untersucht haben, ist es durchaus nicht gleichgültig, ob die Nachkommen jugendwüchsig sind oder nicht. Denn es finden ja bereits Nutzungen in den ersten Jahrzehnten statt, Vorgriffe auf die Enderträge. Wir nennen sie Durchforstungserträge. Wie gezeigt, unterscheiden sich auch einzelne Mutterbestände innerhalb der gleichen Breitengradrassengebiete sehr wesentlich in der Jugendwüchsigkeit der Nachkommenschaften. Für die forstliche Auslese von Mutterbeständen, deren Saatguteigenschaften beurteilt werden sollen, kommt es entscheidend darauf an, welcher Wachstumsgang vererbt wird. Sogar wenn ein anfangs raschwüchsiger, überlegener Typus A von einem anfangs langsamwüchsigen Typus B später eingeholt wird, bietet der jugendwüchsige Typ A den bedeutsamen Vorteil, daß er bis zur Hiebsreife (Endnutzung) im Alter von 70 oder 90 Jahren bereits namhafte Vorerträge geliefert hat. Der langsam wüchsige Typus B hat bis dahin nur minimale Vorerträge geleistet und mag nun im Alter von 70 oder 90 pro Fläche vielleicht nahezu den Ertrag des Typs A (im verbleibenden Bestand) erreichen. Aber es kommt bei der forstlichen Ernte ja nicht, wie bei der landwirtschaftlichen, allein auf den Flächenertrag an, sondern vielmehr auch darauf, ob die Einzelstämme ausreichende Dimensionen erreicht haben, die marktgängig sind und einen Preis erreichen, der nur für stärkere Einzelstämme gilt, nicht für dichtstehende langsamwüchsige Bäume des Populationstyps B. Auf diesen Unterschied sei hier kurz hingewiesen. Er liegt in den unterschiedlichen Ernteverfahren. Bei landwirtschaftlichen Kulturen wird alles auf einmal und nur flächenweise geerntet. Bei Forstkulturen verteilen sich die Ernten auf viele Jahrzehnte hintereinander, und es kommt nicht nur auf die Flächenleistung pro ha an, sondern auch darauf, ob die Einzeldimensionen rasch oder erst später die marktgängigen Größen erreichen.

Summary

Comparing the absolute values of growth determined in varieties or types (ecotypes) of different species of forest trees the growth of these varieties or types cannot be evaluated for the following years. W. SCHMIDT and K. STERN (1955) recommended to characterize the development of different populations by the so called growth quotients (quotients of growth).

The value characterizing the growth of the sort "a" may be expressed in percent corresponding to the values of the sort "b" and the calculated quotients are advantageous auxiliaries for the evaluation of the development of the sort "a" against the sort "b" in the coming years.

We studied only the growth in height of spruce and pine growing on international experimental plots laid out in 1942 and 1943. The average height of stems of the different types of spruce were compared with the average height of spruce from Tyldalen (Norway), i. e. we calculated the quotients Q_1 of the average height of other provenances and of the average height of spruce from Tyldalen. We computed too the proportion of the average height of the different other provenances of pine and of the average height of pine from Svanöy (Norway).

The values of the growth quotients showed that pines and spruces of northern origin developed on the experimental plots in Bohemia and Moravia much slower than spruces and pines of Central-European origin. The former are characterized to be ecotypes developing later, whereas the latter are ecotypes developing earlier. Similarly the spruce from mountain massives or pine from less coherent mountains are developing much slower than spruce from less coherent mountains or pines from hills and from plains.

We at the same times studied the correlation between the growth quotients of certain types when young and the growth quotients of the same types at later years. We have arranged in table 3 the quotients Q_1 calculated from the data obtained on experimental plots with spruce and in table 4 the quotients calculated from the data obtained on the experimental plots with pine. Quotients, calculated from the data obtained in the year 1948 (or 1949) are considered as values "x" and quotients from measurement made on the same plots in the year 1958 (or 1957) as values "y".

The calculations accompanying table 3 and 4 prove that between the values "x" and "y" there is a close relation. The correlation coefficient for the spruces was fixed on 0,878 and for the pines on 0,868.

The data of all types planted on experimental plots were comprised into table 3 and 4. Even those types which with respect to their development belong to exceptions have not been excluded (Lithuan and Polish pine). By eliminating the data of these types we should get for the correlation coefficient a still higher date.

This proves that the growth quotients are a favorable auxiliary for the evaluation of different ecotypes. We believe that we can predict the later development of these ecotypes (during the second decade) and therefore are enabled to early test the future growth rhythm by profiting of the growth quotients obtained in the last ten years. Considering the satisfying degrees of r-values this may be done with a great probability and with a relatively small range of standard error of the estimate.

The evaluation for the next decade may be considered to be of great importance for selection purposes because a rapid development of different ecotypes in the youth has to be positively appreciated.

Literatur

1. GUSTAFSSON, A.: Mutationsforschung und Züchtung. Der Züchter **14**, 57—64 (1942). — 2. GUSTAFSSON, A., und M. ŠIMAK: Röntgenfotografering av Skogsträdfrö. Medd. fran Statens Skogsforskningsinstitut 5 (1953). — 3. LANGLET, O.: Provenienzversuche mit verschiedenen Holzarten. Skogsvardsföreningens Tidskrift (1938). — 4. LANGLET, O.: Photoperiodismus und Provenienz bei der gemeinen Kiefer. Medd. fran Stat. Skogsförsöksanstalt 33 (1944). — 5. SCHMIDT, W.: Wärmeklima und Oekotypus. Ber. d. Deutsch. bot. Ges., 101—112 (1953). — 6. SCHMIDT, W., und K. STERN: Methodik und Ergebnis eines Wachstumsvergleichs an vier zwanzigjährigen Kiefernversuchsflächen. Zeitschrift f. Forstgenetik u. Forstpflanzenzüchtung, 38—58 (1955). — 7. SCHMIDT, W.: Die Sicherung von Frühdiagnosen bei langlebigen Gewächsen. Der Züchter, 4. Sonderheft, 39—69 (1957). — 8. SCHMIDT, W.: Einführung in statistische Verfahren, Forstarchiv **29/30**, (1958/1959). — 9. SCHRÖCK, O., und K. STERN: Untersuchungen zur Frühbeurteilung der Wuchsleistung unserer Waldbäume. Der Züchter **22**, 134—143 (1952). — 10. SCHRÖCK, O.: Problematik bei der Anwendung von Frühtesten in der Forstpflanzenzüchtung. Der Züchter **26**, 270—276 (1956). — 11. VINCENT, G.: Die Bedeutung des Photoperiodismus der Holzarten für die Holzproduktion. Práce Moravskoslezské akademie věd přírodních, Bd. XXV, Fasc. 8, Sign. F 286, 257—280 (1953). — 12. VINCENT, G., and J. FLEK: Experimental provenance plots of spruce. Práce výzkumných ústavů lesnických v ČSR **3**, 207—236 (1953). — 13. VINCENT, G., and M. POLNAR: Experimental provenance plots of pine. Práce výzkumných ústavů lesnických v ČSR **3**, 239—278 (1953). — 14. VINCENT, G.: Experimental provenance plots for larch. Práce výzkumných ústavů lesnických v ČSR **4**, 93—136 (1954). — 15. VINCENT, G.: Einige Unterscheidungsmerkmale der Fichten- und Kieferntypen in ihrer frühen Jugend. Der Züchter, 4. Sonderheft, 88—93 (1957).

Aus dem Institut für Vererbungs- und Züchtungsforschung der Humboldt-Universität zu Berlin

Frühtestmethoden bei ein- und mehrjährigen Kulturarten, insbesondere perennierenden Futterpflanzen

Von K. F. ZIMMERMANN

Einleitung

Methoden zur Erkennung von Eigenschaften baumartiger Gewächse bereits im Jugendstadium kommen in der Forst- und Obstzüchtung in steigendem Maße zur Anwendung. Zahlreiche Beispiele sind im Sonderheft 4 von „Der Züchter" und an anderen Orten zusammengetragen worden.

Frühtest bedeutet in diesem Zusammenhang, daß Korrelationen zwischen bestimmten Eigenschaften der Jungpflanzen und solchen der erwachsenen Bäume existieren, so daß die Selektion schon zeitig erfolgen kann. Da die Entwicklung von Bäumen mehrere Jahrzehnte in Anspruch nimmt, ist der Züchter derartiger Gewächse darauf angewiesen, jede Möglichkeit zur Zeiteinsparung auszunutzen.

Dieser Gesichtspunkt fällt bei der züchterischen Bearbeitung von kurzlebigen Arten nicht ins Gewicht, denn es kann in der Regel das Ende einer oder weniger Vegetationsperioden bis zum Vorliegen des Ergebnisses einer Selektion abgewartet werden. Dennoch ist zu überlegen, ob es nicht möglich ist, durch Frühtests Einsparungen an Zeit, Arbeit und Versuchsfläche zu machen. Die Begriffe „Frühdiagnose" und „Frühtest" müssen unter diesem Blickwinkel anders verstanden werden als bei der Forstzüchtung und der Züchtung von Obstbäumen. Während diese im wesentlichen das Individuum betrachten, das während seines Lebens keine Veränderung seines Genotyps aufweist, muß der Züchter kurzlebiger Gewächse, besonders wenn er sich mit Fremdbefruchtern beschäftigt, mit einer ständigen Veränderung des Genotyps rechnen, wie einige Beispiele zeigen mögen. In einem Zuchtmaterial von Futterrüben ist einmal eine einzelne Rübe aufgetreten, welche die in nächster Nähe stehenden in ihrer Blatt- und Rübenleistung um mehr als das Doppelte überragte (5). Eine standortmäßige Begünstigung konnte nicht festgestellt werden. Die Nachkommen zeichneten sich in keiner Weise vor denjenigen von Normalrüben aus. Ähnliches wurde vor Jahren an einer einzelnen Pflanze von Glatthafer (*Arrhenaterum elatius* L.) beobachtet, die durch eine ungewöhnlich große vegetative Masse auffiel. Ihre Samennachkommen entsprachen dem Durchschnitt des Zuchtmaterials. In beiden und ähnlichen Fällen handelt es sich um einmalige, sehr seltene Genkombinationen, die in folgenden Generationen nicht wieder auftreten. Voraussagen über die Leistungsfähigkeit der Nachkommen extrem gut entwickelter Einzelpflanzen sind nicht möglich. Die genetische Analyse derartiger Typen stößt wegen der Heterozygotie auf erhebliche Schwierigkeiten.

„Frühdiagnose" kann in Abänderung der Verwendung des Begriffs bei der Züchtung langlebiger Gewächse, wo Veränderungen innerhalb der Generation vorausgesagt werden sollen, bei mehrjährigen Futterpflanzen und ähnlichen Kulturen als Mittel verstanden werden, um Voraussagen zu machen über mehrere Generationen. In diesem Falle kommt zu der modifikativen Variabilität die genetische Variabilität, besonders bei den fremdbefruchtenden Kulturarten. Die Züchtung einjähriger Arten nimmt eine beträchtliche Zahl von Jahren in Anspruch. Eine Getreidesorte verlangt bis zu ihrer Fertigstellung 12—15—18 Jahre. Zwei- und mehrjährige Arten erfordern noch mehr Zeit. In allen Fällen muß der Züchter bereits zu Beginn die zu benutzende Methode festlegen. Häufig weiß er nicht, ob die gewählte Methode mit Erfolg auf ein bestimmtes Objekt angewendet werden kann. Endgültig kann diese Entscheidung erst am Ende des Zuchtganges, also nach vielen Jahren, gefällt werden. Der Züchter sollte aus ökonomischen Gründen danach trachten, auf Grund der ersten Ergebnisse einer Auslese eine Prognose über den zu erwartenden Erfolg aufzustellen. Ein weiter unten beschriebenes Beispiel aus der Luzernezüchtung mag diesen Gedanken illustrieren.

Bei einer anderen Form des Frühtests kann das Ziel in einer Einsparung von Arbeit, Raum etc. bestehen. Wenn eine einigermaßen enge Korrelation zwischen Leistung der Jungpflanzen und derjenigen der Altpflanzen einerseits und der Leistung von Mutterpflanzen und ihrer generativen Nachkommen besteht, kann, wie an einem Beispiel mit Weißklee gezeigt wird, die Selektion auf leistungsfähigere Einzelpflanzen sehr früh einsetzen. Das Ausgangsmaterial für die Züchtung kann schon zu einer Zeit stark reduziert werden, wo die einzelne Pflanze nur wenig Raum einnimmt.

Ist die Korrelation zwischen Leistung der Mutterpflanze bzw. dem aus ihr gebildeten Klon und der generativen Nachkommenschaft nicht vorhanden, dann ist eine Prognose bezüglich der Leistung der direkten oder späteren Nachkommenschaften nicht möglich. Ein solcher Fall lag vor bei Gräsern. Ein Ausschnitt aus einer umfangreichen Versuchsserie mit Gräsern wird unten geschildert.

Schließlich kann die frühzeitig mögliche Feststellung von Ertragskomponenten als Frühtest gewertet werden. Auch hierzu werden schon in einer früheren Veröffentlichung (4) beschriebene Versuche nochmals besprochen und ergänzt. Es handelt sich um Probleme der Roggenzüchtung.

Letzten Endes ist alle Züchtungsarbeit darauf abgestellt, möglichst frühzeitig eine Voraussage bezüglich der Leistung späterer Generationen zu machen. Die in großem Maße von Sortenämtern durchgeführten Sortenversuche verfolgen ausschließlich den Zweck einer Vorwegbestimmung des Ertrages der betreffenden Sorten in der Praxis. Sowohl bei der Pflanzenzüchtung als auch beim Versuchswesen ist die Prognose, gleichgültig, ob sie früher oder später aufgestellt wird, nur dann zuverlässig, wenn die richtigen Testmethoden angewendet werden. Die Richtigkeit eines Tests ist am sichersten mit mathematischen Verfahren zu prüfen. Die Forderung nach stärkerer mathematischer Durchdringung der züchterischen Arbeit gewinnt gerade im Lichte der in diesem Sonderheft zu behandelnden Probleme mehr und mehr an Gewicht.

Experimente

1. Frühselektion bei Weißklee (*Trifolium repens* L.)

Ein Beispiel dafür, daß Frühtestmethoden, wie sie in der Forst- und Obstbaumzüchtung gebräuchlich sind, auch bei kurzlebigen Gewächsen Anwendung finden können, sei im folgenden Versuch zur Züchtung von Weißklee geschildert (6). Der Vorteil dieses Verfahrens besteht nicht so sehr in der Einsparung von Zeit, sondern mehr in der Einschränkung der erforderlichen Kapazität an Gewächshausraum, Versuchsfläche und Arbeitskräften. Im Februar 1952 wurde eine in der Umgebung Münchebergs gesammelte Population von Wildformen oder mindestens stark verwilderten Kulturformen in folgender Weise im Haus ausgesät: Je 500 Samen wurden in einer Saatschale in Sand zur Aussaat gebracht. In 100 Schalen wurden 50000 Samen untergebracht. Aus jeder Schale wurden die 120 zuerst aufgegangenen (das sind ca. 25%), also vitalsten und aus nichthartschaligen Samen hervorgegangenen Keimlinge in je 1 Handkasten pikiert. Dies war der erste Selektionsschritt. Die insgesamt 12000 Jungpflanzen wurden im 3—4-Blattstadium einer zweiten Selektion unterworfen, indem aus jedem Kasten die 80 bestentwickelten, großblättrigsten Pflanzen mit einem Pflanzabstand von 0,5 × 0,5 m ins Freiland gepflanzt wurden. Die 8000 Pflanzen nahmen eine Fläche von 0,2 ha ein. Ohne die Frühselektion wären bei einem Aufgang von 80% ca. 40000 Pflanzen auf einer Fläche von 1 ha auszupflanzen gewesen. $^4/_5$ dieser Fläche und der aufzuwendenden Arbeit wurden eingespart.

Zur Prüfung der Wirkung der Frühselektion wurden bei einem Teil der Aussaat alle Keimlinge pikiert und alle Jungpflanzen ausgepflanzt. Neben den 8000 ausgelesenen standen 1000 nicht ausgelesene Pflanzen.

Der Unterschied zwischen den beiden Teilen des Versuchsfeldes war augenscheinlich. Während bei den ausgelesenen Pflanzen die wüchsigen, großblättrigen, langstieligen Formen vorherrschten, fanden sich unter den nicht ausgelesenen Pflanzen viele kleinblättrige, schwachwüchsige Typen. Ein zahlenmäßiger Beleg für die Wirkung der Frühselektion war weder bei der Auslese im Pikierkasten noch im Freiland zu erlangen. Die eventuell mögliche Messung der Blattgröße als wesentlichen Ertragsfaktor war zu aufwendig. Die Feststellung einer Differenz der Mittelwerte der im Freiland stehenden Populationen etwa durch Bestimmung der Grünmasse hätte zu ungenaue Werte ergeben, die wegen der fehlenden Wiederholungen nicht statistisch beurteilt werden konnten. Die Beurteilung der Pflanzen erfolgte deswegen durch Schätzung.

Die Selektion wurde im gleichen Jahre durch Auslese von 552 besten Pflanzen und Verklonung derselben fortgesetzt.

Die überwinterten Klone wurden 1953 scharf bonitiert und nur die 24 besten zur Blüte zugelassen.

1954 wurde mit dem Samen der Klone und der Sorte Probstheidaer Weißklee (Nr. 1) eine exakte Prüfung unter folgenden Bedingungen angelegt:

Boden: anlehmiger Sand
Versuchsanlage: 5 × 4-Gitterquadrat
Teilstückzahl: 6 (doppelte Verwendung des Grundplanes)
Parzellengröße: 5 m²
Saatstärke: 15 kg/ha
Reihenabstand: 0,2 m
Ernte: 2 Grünmasseschnitte 1954

Die Ergebnisse des Versuchs sind in Tab. 1 wiedergegeben.

Alle Stämme wiesen im Vergleich mit Probstheidaer Weißklee (Nr. 1) einen beträchtlichen, hoch signifikanten Mehrertrag auf. Ein Vergleich mit dem

Tabelle 1. *Prüfung von Weißklee-Zuchtstämmen 1954*.

Nr.	dt/ha	rel. L.	Sich.	Nr.	dt/ha	rel. L.	Sich.
1	222	100	—	15	286	129	+++
2	309	139	+++	16	273	123	+++
3	291	131	+++	17	306	138	+++
4	270	122	+++	18	300	135	+++
5	292	132	+++	19	303	136	+++
6	298	134	+++	20	315	142	+++
7	295	133	+++	21	276	124	+++
8	306	138	+++	22	263	118	+++
9	305	137	+++	23	303	136	+++
10	290	131	+++	24	291	131	+++
11	269	121	+++	25	310	140	+++
12	276	124	+++	GD$_{5,0\%}$	19,9	9,0	—
13	286	129	+++	GD$_{1,0\%}$	26,5	11,9	—
14	299	135	+++	GD$_{0,1\%}$	34,3	15,4	—

Ausgangsmaterial, der an sich zur Feststellung eines Selektionserfolges notwendig gewesen wäre, war wegen Saatgutmangels nicht möglich. Andere Versuche mit in- und ausländischen Weißkleesorten haben ergeben, daß zwischen Sorten im allgemeinen keine nennenswerten Differenzen im Ertragspotential vorhanden sind. Es ist sehr unwahrscheinlich, daß die Wildpopulation eine wesentlich bessere Leistung hatte als die Sorten, so daß der Vergleich mit einer einzelnen Sorte den Schluß erlaubt, daß durch die Frühselektion ein bedeutender Erfolg erzielt worden ist. Es muß allerdings auch auf die Möglichkeit eines Heterosiseffekts hingewiesen werden, da Weißklee in starkem Maße Fremdbefruchter ist. Die Heterogenität des Ausgangsmaterials kann das Zustandekommen hoher Heterosiseffekte begünstigen, doch müßten dann auch Nachkommenschaften mit geringerer, sogar negativer Leistung auftreten. Die Gleichmäßigkeit der Mehrleistung ist logischer als Ausleseeffekt zu deuten.

Mit dem Material sind weitere, hier nicht interessierende Versuche unternommen worden. Zum Beispiel wurde ein Polycrossfeld mit 60 Klonen angelegt. Unter den Nachkommen derselben waren solche mit 70 und 80% Mehrleistung gegenüber dem Mittel mehrerer bekannter Sorten. Die Streuung zwischen den Polycrossnachkommen war beträchtlich größer als zwischen den Auslesenachkommen.

2. Luzernezüchtung auf höheren Samenertrag

1948 wurde eine Versuchsserie mit dem Ziel begonnen, die schlechte Samenleistung der Luzerne (*Medicago varia* Martyn) durch Züchtung zu verbessern (1, 2, 7). Als Methode wurde die Auslesezüchtung mit gelenkter Bestäubung gewählt, ohne zunächst zu wissen, ob damit ein Erfolg zu erzielen ist. 4200 Einzelpflanzen unbekannter Herkunft, die 1947 im Abstand von 0,5 × 0,5 m ausgepflanzt waren und eine repräsentative Population der Art *Medicago varia* darstellten, wurden kurz vor der Blüte einer eingehenden Auslese unterworfen. Beurteilt wurden Wüchsigkeit, Blattreichtum, Blattgröße, Internodienlänge und andere Teileigenschaften einer guten Grünmasseleistung. Diese Vorauslese auf Grünmasseleistungsfaktoren war notwendig, um einseitige Züchtung auf Samenleistung zu vermeiden. 643 Pflanzen = 15,3% des Bestandes genügten den Ansprüchen an Wüchsigkeit etc. und kamen ausschließlich zur Blüte, nachdem die übrigen 3557 zurückgeschnitten waren. Nach der Samenernte dieser Pflanzen ergab sich ein mittlerer Samenertrag von 11,2 g je Einzelpflanze, was einem Samenertrag von 4,48 dt/ha entspricht.

Die Variationsbreite des Samenertrages je Einzelpflanze betrug 0 bis 53,6 g.

Auf Grund der Samenerträge wurden aus den beernteten 643 Pflanzen 58, d. s. 1,4% des Ausgangsmaterials, mit sehr guter Bonitierung und mindestens 10 g Samen ausgelesen. Die Auslese kann als scharf bezeichnet werden.

1949 wurden Nachkommenschaften dieser 58 Pflanzen angezogen und im Abstand von 0,5 × 0,5 m mit 40 Pflanzen je Nachkommenschaft, insgesamt also 2320 Pflanzen, aufgepflanzt. Alle Pflanzen kamen im gleichen Jahr zur Blüte und von allen wurde

Samen geerntet. Die Einzelpflanzenerträge variierten zwischen 0 und 36,4 g, Mittel: 5,3 g, was einem Hektarertrag von 1,48 dt/ha entspricht. Die Differenz zwischen den absoluten Erträgen 1948 und 1949 kommt dadurch zustande, daß 1948 zweijährige, 1949 einjährige Pflanzen beerntet wurden.

Mittels Korrelationsrechnung wurde die Abhängigkeit der mittleren Samenleistung der einzelnen Nachkommenschaften und der Samenleistung der zugehörigen Mutterpflanzen untersucht. Der Korrelationskoeffizient beträgt

$$r = + 0{,}24 \; [r_{max} \text{ (für } p = 5\%) = 0{,}25] .$$

Die Abhängigkeit der Wertereihen voneinander kann unter Berücksichtigung dessen, daß die Streuung der Einzelwerte 1948 und 1949 durch nicht eliminierbare Boden- und mikroklimatische Einflüsse mitbestimmt wurde, als real betrachtet werden.

Die Auslese war also wirksam, und die Arbeit wurde daraufhin fortgesetzt. Die weiteren Einzelheiten sind in diesem Zusammenhang von untergeordneter Bedeutung. Mehrmals wiederholte Auslese nach dem gleichen Prinzip und Prüfung von Nachkommenschaften in exakten Feldversuchen führten zu einer Reihe von Zuchtstämmen, mit denen 1957 eine Prüfung angelegt wurde (7):

Boden: anlehmiger Sand
Versuchsanlage: Blockversuch
Parzellengröße: 20 m²
Teilstücke: 6
Pflanzenabstände: 0,4 × 0,4 m
Samenernten: 1958 und 1959 vom 2. Aufwuchs
Grünmasseernte: 1959 vom 1. Aufwuchs

Die Ergebnisse sind in Tab. 2 enthalten.

Tabelle 2. *Prüfung von Luzernezuchtstämmen auf Grünmasse- und Samenertrag. Aussaatjahr 1957.*

Nr.	Samen 1958			Grünmasse 1959			Samen 1959
	dt/ha	rel. L.	Sich.	dt/ha	rel. L.	Sich.	dt/ha
1	2,20	119	+++	143	104	—	—
2	2,46	133	+++	137	100	—	—
3	3,40	184	+++	157	114	—	7,56
4	2,84	154	+++	140	102	—	—
5	3,15	170	+++	147	107	—	—
6	2,91	157	+++	141	103	—	—
7	3,72	201	+++	150	150	—	7,24
8	3,62	196	+++	154	112	—	7,58
9	3,67	198	+++	160	116	—	7,39
10	2,58	139	+++	128	94	—	—
11	2,89	156	+++	148	108	—	—
12	3,24	175	+++	160	117	—	—
13	3,06	165	+++	148	108	—	—
14	2,24	121	+++	170	124	+	6,70
15	3,53	191	+++	169	123	+	—
16	2,65	143	+++	144	105	—	—
17	2,88	156	+++	148	108	—	—
18	1,85	100	—	137	100	—	—
GD 5,0%	0,14	7,6	—	27	20,0	—	—
GD 1,0%	0,19	10,3	—	36	26,6	—	—
GD 0,1%	0,25	13,5	—	47	34,4	—	—

Die 17 geprüften Stämme wurden mit Bendelebener Luzerne (Nr. 18) verglichen. Es zeigt sich, daß die Samenleistung der Stämme durchweg wesentlich höher ist als bei der Vergleichssorte. Zwar wäre auch hier zur Feststellung eines Züchtungsfortschritts der Vergleich mit dem Ausgangsmaterial notwendig gewesen, doch ließ sich dieser nicht durchführen, da 1957 kein Samenmaterial der Urpopulation vorhanden war. Die Berechtigung zu dem Schluß, daß ein beträchtlicher Fortschritt erzielt worden ist, ergibt sich daraus, daß die Bendelebener Luzerne eine relativ hohe Leistung aufweist und mir trotz zahlreicher Versuche keine Herkunft oder Sorte bekannt ist, die so hohe Samenerträge bringt wie die besten Stämme in Tab. 2. Bemerkt werden muß noch, daß 1958 im Bezirk Frankfurt/Oder infolge ungünstiger Witterung praktisch kein Luzernesamen geerntet wurde.

1959 wurden von den besten Stämmen nach Rückschnitt der übrigen (Nr. 14 und 15 sind verwechselt worden) erneut Samen geerntet und die ungewöhnlichen Erträge von über 700 kg/ha erzielt.

Die Spalte „Grünmasse 1959" weist aus, daß die Grünmasseleistung der Stämme eine deutliche Tendenz zur Mehrleistung gegenüber Bendelebener Luzerne aufweist. Zwischen Grünmasseleistung und Samenproduktion besteht übrigens entgegen vielfacher Vermutung keine Korrelation, auch keine negative. Der Korrelationskoeffizient nach der vorliegenden Tabelle ist $r = +0,420$ bei einem r_{max} für $p = 5\%$ von $0,497$.

Die Quintessenz aus den Luzerneversuchen ist folgende: Auf Grund der nachweisbaren Korrelation zwischen den Samenerträgen von selektionierten Einzelpflanzen 1948 und deren Nachkommenschaften 1949 wurde die Prognose aufgestellt, daß bei fortgesetzter Anwendung des gleichen Ausleseverfahrens eine Steigerung der Samenertragsfähigkeit der Luzerne wahrscheinlich ist. 1958 lag der Beweis für die Richtigkeit der Annahme vor. Hätte sich die Korrelation als nicht existent erwiesen, wäre die Arbeit 1949 beendet worden. Es hätte dann versucht werden müssen, durch andere Mittel das Ziel zu erreichen.

3. Züchtung von Futtergräsern

In der praktischen Gräserzüchtung wird meistens noch mit sehr einfachen Methoden gearbeitet. Vorwiegend wird die in der Getreidezüchtung gebräuchliche Auslesezüchtung benutzt. Dabei geht der Züchter davon aus, daß eine gute, also wüchsige, blattreiche Einzelpflanze eine gute Nachkommenschaft ergäbe. Die Voraussetzung trifft bei Selbstbefruchtern zu, da wegen der Homozygotie der einzelnen Pflanze keine Veränderung des Genotyps von Generation zu Generation vorkommt. Bei den fremdbefruchtenden Futtergräsern stimmt diese Prognose nicht, wie sich aus noch laufenden, sehr umfangreichen Versuchen zur Züchtung zahlreicher Arten von mehrjährigen Gräsern ergibt. Ein Ausschnitt aus diesen Versuchen soll im folgenden geschildert werden.

1954 und 1955 wurde eine große Sammlung von Wildmaterial durchgeführt (3), deren Ergebnis in einigen Tausend Proben aus vielen Ländern bestand. Einige Hundert der brauchbaren Proben wurden zur Erzeugung von ca. 300 000 Einzelpflanzen von 16 Arten benutzt. Die Bestände waren auf 5 Orte verteilt.

In den Jahren 1955 und 1956 wurden unter diesen Pflanzen scharfe Auslesen vorgenommen und durchschnittlich 7%, insgesamt 21 000 Pflanzen, verklont. Nach nochmaliger Auslese unter den Klonen blieben 7200 Klone aus 13 Arten, das sind ca. 2,5% der 300 000 Ausgangspflanzen, die sich durch alle für die Futtererzeugung wichtigen Eigenschaften auszeichneten. Mit diesen Klonen wurden 1957 und 1958 72 Polycrossfelder mit je 100 Klonen in 20 Wiederholungen angelegt. Die Anlage der Polycrossfelder entspricht einem Blockversuch, was die Möglichkeit schafft, eine zuverlässige Aussage über die Grünmasseleistung der Klone zu machen. 1959 wurden an einem wesentlichen Teil der vorhandenen Polycrossfelder ein Grünmasseschnitt einzelpflanzenweise vorgenommen und die Ergebnisse statistisch ausgewertet. Die Streuung zwischen den Klonen ist durch ein $s\%$ von 11,8 bis 49,6, im Mittel ca. 22, gekennzeichnet. Die Präzision der Versuche war ausreichend, da sich eine durchschnittliche GD für $p = 5\%$ von ca. 12%, bezogen auf das Versuchsmittel, ergab.

Die Samenernte 1958 der gleichen Polycrossfelder wurde 1959 zu Leistungsprüfungen verwendet. Je ein Polycrossfeld ergab einen Versuch mit 100 Versuchsgliedern. Anstelle ausgefallener Klone wurden je Versuch mehrere zugelassene Sorten derselben Art eingefügt, deren mittlere Leistung als Bezugsgröße für die Leistung der Polycrossnachkommen benutzt wurde. Daß mit dem Polycrossverfahren nach den ersten Ernteergebnissen ein beträchtlicher Fortschritt erzielt worden ist, sei hier nur nebenbei erwähnt, zumal diese Befunde durch weitere Versuche erhärtet werden müssen. Wichtiger ist, daß mit dem vorhandenen umfangreichen Zahlenmaterial erstmalig der Zusammenhang zwischen der Leistung von Klonen und deren generativen Nachkommen geprüft werden kann. Tab. 3 gibt darüber Auskunft.

Tabelle 3. *Korrelation zwischen der Grünmasseleistung von Klonen in Polycrossfeldern und deren generativen Nachkommen bei Futtergräsern.*

Nr.	Art	n	r	$r_{max}5\%$	Sich.
1	Dactylis glomerata	96	0,296	0,196	+
2	Dactylis glomerata	93	0,048	0,207	—
3	Dactylis glomerata	96	0,067	0,196	—
4	Dactylis glomerata	84	0,053	0,220	—
5	Dactylis glomerata	78	0,220	0,220	+
6	Dactylis glomerata	55	0,165	0,254	—
7	Phleum pratense	93	0,007	0,207	—
8	Phleum pratense	93	0,139	0,207	—
9	Phleum pratense	93	0,052	0,207	—
10	Phleum pratense	93	0,075	0,207	—
11	Festuca pratensis	96	0,079	0,196	—
12	Festuca pratensis	75	0,090	0,235	—
13	Festuca pratensis	96	0,096	0,196	—
14	Festuca pratensis	83	0,005	0,220	—
15	Bromus inermis	95	0,306	0,196	++
16	Festuca rubra	86	0,206	0,207	—
17	Alopecurus pratensis	79	0,005	0,220	—
18	Lolium perenne	97	0,070	0,196	—

In der Regel ist zwischen den beiden Wertreihen keine Korrelation vorhanden, wenn von den wenigen Ausnahmen abgesehen wird. Das bedeutet, daß die intensive Auslese wirkungslos geblieben ist. Gute Einzelpflanzen und Klone können eine gute, mittlere oder schlechte Nachkommenschaft haben, was ebenso für schlechte Einzelpflanzen und deren Klone gilt. Maßgebend für die Leistung einer Nachkommenschaft ist nicht der Phänotyp der Mutterpflanze, sondern ihre Kombinationseignung. Bei der Maiszüchtung hat sich die große Bedeutung der Kombinationseignung erwiesen, doch haben diese Erkenntnisse bei der Futterpflanzenzüchtung noch keine allgemeine Anwendung gefunden.

Die Wirkungslosigkeit der Auslese hat sich bei der gleichen Forschungsarbeit auch aus weiteren Versuchen ergeben. Ein Teil der oben erwähnten Polycrossfelder wurde mit ausgelesenen Klonen angelegt, d. h. aus den Einzelpflanzenbeständen wurden bei 4 Arten ohne Rücksicht auf die Herkunft, rein zufallsmäßig, 100 Einzelpflanzen je Art entnommen, verklont und für 4 Polycrossfelder verwendet. Das $s\%$ der Grünmasseleistung der Klone war nur wenig höher als bei den Polycrossfeldern mit ausgelesenen Klonen. Auch bei diesen Versuchen war keine Korrelation zwischen Klon- und Nachkommenschaftsleistung vorhanden. Es handelt sich um die Nrn. 6, 9 und 12 in Tab. 3. Wäre die Auslese so wirksam, wie der Züchter allgemein annimmt, dann müßte diese Gruppe von Korrelationskoeffizienten ($\bar{r} = +0{,}102$) sich deutlich von den übrigen ($\bar{r} = +0{,}111$) abheben.

Es muß nochmals betont werden, daß diese Schlüsse vorläufigen Charakter haben, da die zugrundeliegenden Zahlenwerte möglicherweise durch die extreme Witterung des Jahres 1959 beeinflußt sein können, wie es überhaupt nach Vorliegen weiterer Versuchsdaten notwendig ist, eine eingehende Diskussion dieser für die gesamte Fremdbefruchterzüchtung entscheidenden Feststellungen einzuleiten.

4. Ertragskomponenten bei Roggen

In einer früheren Veröffentlichung habe ich Versuche beschrieben, bei denen an Getreide die Beziehungen zwischen dem Ertrag einerseits und der Halmzahl je Einzelpflanze, dem TKG und der Kornzahl je Einzelpflanze untersucht wurden. Bei Hirse, Roggen und Gerste ergab sich, daß Halmzahl und Tausendkorngewicht die wesentlichsten Komponenten des Ertrages sind.

Die Versuche wurden in folgenden Jahren fortgesetzt, mußten aber später abgebrochen werden, da andere Aufgaben die vorhandene Arbeitskapazität in Anspruch nahmen.

Aus dem gleichen Grunde war die statistische Auswertung von ca. 100 000 Werten, die Meßergebnisse an 20 000 Roggeneinzelpflanzen darstellen, bisher nicht möglich und wird eventuell für eine spätere Publikation vorgenommen.

5. Ertragskomponenten bei Futtergräsern und Luzerne

Noch laufende Versuche meines Mitarbeiters JOACHIM HELD basieren auf folgendem Grundgedanken: Die Grünmasseleistung einer Einzelpflanze, eines Klons oder einer Population wird durch mehrere Komponenten bestimmt. Diese können sein: die Wuchshöhe, die Stengelzahl, der Blattanteil (der weniger den Ertrag als die Qualität bestimmt), die Blattbreite und andere. Sicher haben einige Komponenten einen größeren Einfluß als andere. Zwischen der Ertragsleistung eines Klons und den Komponenten des Ertrages müssen mehr oder minder starke Korrelationen vorhanden sein. Der Nachweis dieser Korrelation schafft die Möglichkeit, die unsichere Schätzung der Leistung eines Klons durch Messung der wichtigsten Ertragskomponenten, vielleicht der Wuchshöhe oder der Stengelzahl, zu ersetzen. Die Auslesearbeit erhält dadurch eine exaktere Grundlage.

Die Versuche werden mit mehreren Arten in der Form durchgeführt, daß an Einzelpflanzen zahlreiche Messungen vorgenommen, die Pflanzen danach verklont werden und mit den Klonen aus jeweils mehreren Hundert Teilen exakte Prüfungen angelegt werden. Die Korrelationskoeffizienten zwischen dem Ertrag der Klone und den Messungen an den zugehörigen Einzelpflanzen lassen voraussichtlich eine Analyse der Ertragskomponenten zu. Über die Ergebnisse wird zu gegebener Zeit berichtet.

Auf ähnlicher gedanklicher Basis beruhen Versuche meiner Mitarbeiterin HELENE RAUSCH, die sich mit den Komponenten des Samenertrages bei Luzerne beschäftigt. An mehr als 1000 Einzelpflanzen einer repräsentativen Population werden zahlreiche Messungen wie Zahl der Fruchtstände, Zahl der Hülsen je Fruchtstand, Zahl der Samen je Hülse etc. vorgenommen und die Beziehungen zum Samenertrag je Einzelpflanze gesucht. Da diese Untersuchungen gleichzeitig der Frage nach den Ursachen der Infertilität der Luzerne dienen, erstrecken sich die Messungen auch auf die Zahl der Samenanlagen vor und nach der Befruchtung, die Pollenfertilität und den Grad der Meiosestörungen. Die Züchtung auf erhöhten Samenertrag kann durch sinnvolle Verwendung der zu erwartenden, in absehbarer Zeit zu publizierenden Ergebnisse eine bessere Grundlage erhalten.

Diskussion

Die im vorstehenden geschilderten Versuche und ihre Ergebnisse zeigen, daß Begriffe wie „Frühtest" und „Frühdiagnose" nicht nur für die Züchtung langlebiger Gewächse Anwendung finden, sondern auch für die Züchtung einjähriger und perennierender Pflanzenarten Bedeutung haben können. Eine Voraussage betr. die Leistung späterer Generationen ist allerdings nur bei selbstbefruchtenden, also weitgehend homozygoten Arten möglich. Diese sind Ausnahmen. Die weitaus meisten Kulturarten sind obligate oder fakultative, häufig selbststerile Fremdbefruchter. Überlegungen zu Fragen der Züchtungsmethodik sollten sich also hauptsächlich mit diesen befassen.

Bei zusammenfassender Betrachtung obiger aus umfangreichen Versuchsprotokollen herausgegriffener Beispiele ergeben sich Widersprüche. Eine Synthese scheint notwendig. Warum war bei Weißklee und Luzerne die Auslese von bestimmten Phänotypen hoch wirksam, bei Gräsern nicht? Eine eindeutige Beantwortung dieser Frage ist auf Grund der bei mir und an anderen Orten vorliegenden Befunde nicht möglich.

Der frappante Ausleseerfolg bei Weißklee kann z. T. auf einem Heterosiseffekt beruhen. Da Weißklee fast obligater Fremdbefruchter ist, stellt jede Klon-Nachkommenschaft eine Kreuzungspopulation dar. Es läge dann der nicht zu erwartende Fall vor, daß zwischen Heterosiseffekt und Phänotyp eine Abhängigkeit existiert. Abgesehen davon, daß bei Mais schon ähnliche Beobachtungen gemacht sein sollen, ist dies nicht die Regel. Die hier geschilderten und weitere Versuche mit Futtergräsern sprechen dagegen. Grundsätzlich kann aus der Leistung von Klonen oder I-Linien nichts über die Leistung der Nachkommenschaften entnommen werden. Im Zusammenhang mit dem vorliegenden Problem heißt das, daß eine Prognose des Erfolges einer Züchtungsarbeit an ihrem Anfang, nämlich mittels der Auslese geeigneter Phänotypen, nicht möglich ist.

Wenn schon zwischen Leistung der Einzelpflanzen und ihren generativen Nachkommen keine Beziehung besteht, könnte zwischen anderen Eigenschaften der Ausgangspflanzen und der Leistung der Nachkommenschaften eine Korrelation zu finden sein. Wenn sich auch bisher keine Anhaltspunkte ergeben haben, wäre es doch denkbar, daß es quasi Signalfaktoren für Kombinationseignung gibt. Dies können morphologische Eigenschaften sein, die mit Leistungsfaktoren gekoppelt sind, es können aber auch Komponenten der Leistung selbst sein. Die Versuche mit Roggen und die laufenden Versuche meiner Mitarbeiter mit Gräsern und Luzerne zeigen, daß es mehr oder minder wichtige Ertragskomponenten gibt. Selektion auf bestimmte, wichtige Leistungskomponenten und sinnvolle Kombination derselben kann dazu führen, daß relativ leistungsschwache Klone nach Kreuzung eine leistungsstarke Nachkommenschaft ergeben. Der Heterosiseffekt ließe sich auf dieser Basis erklären, doch wissen wir zur Zeit noch zu wenig über die ertragsbedingenden inneren Faktoren der Pflanzen.

Zur Klärung der Frage, ob es möglich ist, an Hand der Einzelpflanze, des Klons oder der I-Linie ohne die Anwendung des umständlichen Topcross oder Polycross die Leistung der Nachkommenschaft zu prognostizieren, wäre ein größerer Aufwand gerechtfertigt.

Wenn bei Weißklee ein Heterosiseffekt zur Erklärung des Selektionserfolges mit herangezogen werden kann, dann fällt diese Erklärungsmöglichkeit bei der Auslese samenertragreicher Luzernestämme weg, denn die Samenleistung ist durch mehrere Generationen nicht nur erhalten geblieben, sondern sogar angestiegen, was einer Fixierung und Verstärkung des Heterosiseffekts gleichkäme.

Der beträchtliche Ausleseeffekt bei Weißklee und Luzerne ist wahrscheinlich nicht auf Heterosiswirkung zurückzuführen, sondern dadurch entstanden, daß bestimmte leistungsbedingende Eigenschaften auf die Nachkommen übertragen wurden. Die Auslese leistungsfähiger Einzelpflanzen ist bei diesen Arten sinnvoll und eine Voraussage bezüglich der Leistung der Nachkommenschaften möglich.

Bei Futtergräsern liegen entgegengesetzte Ergebnisse vor. Die Leistung von Einzelpflanzen bzw. Klonen spiegelt sich nicht in den Nachkommenschaften wider, weswegen eine Auslese von guten Einzelpflanzen sinnlos erscheint. Erstes Auslesemoment muß bei diesen Arten die Kombinationseignung sein. Eine Voraussage bezüglich der Leistung der Nachkommenschaften kann erst in einem relativ späten Stadium der Züchtungsarbeit gemacht werden, weswegen hier nicht mehr vom Frühtest gesprochen werden kann.

Die Situation ändert sich allerdings völlig, wenn es gelingt, auch bei Gräsern eine Veränderung des Genotyps zu verhindern. Selbstverständlich ist dies nicht durch Homozygotie (etwa durch Inzucht) zu erreichen, da durch die Inzuchtdepression ein untragbarer Leistungsabfall entsteht. Vielmehr sollte stärker die Möglichkeit der vegetativen Vermehrung von perennierenden Gräserarten ins Auge gefaßt werden. Der heutige Stand der Landtechnik erlaubt es nicht, große Flächen zur Futternutzung zu pflanzen anstatt sie zu besäen, doch ist es denkbar, daß diese Schwierigkeit in 10 oder 20 Jahren überwunden ist. Die Gräserzüchtung kann sich dann der Methoden der Züchtung von Kartoffeln bedienen, bei der die relative Unveränderlichkeit des Genotyps durch vegetative Vermehrung bereits benutzt wird. Oben wurde bereits erwähnt, daß in umfangreichen Versuchen die Grünmasseleistungsfähigkeit von Gräserklonen zahlreicher Arten ermittelt wurde. Bei Bezugnahme auf das Mittel von je 100 Klonen wurden relative Leistungen von ca. 50 bis 200% festgestellt, wobei das Mittel der Klongruppen etwa der Leistungsfähigkeit der zugelassenen Sorten entspricht. Eine Steigerung des Ertragspotentials um 50 oder gar 100% ist so beträchtlich, daß es lohnend erscheint, Wege zur Überwindung der heutigen technischen Schwierigkeiten zu suchen. Die Leistung der Bestände kann dann aus der Leistung der Einzelpflanze prognostiziert werden. Entsprechende Versuche sind angelaufen.

Auf der gleichen Ebene liegen Versuche mit Luzerne (7). Die Samenertragsfähigkeit derselben ist eine so kompliziert zusammengesetzte Eigenschaft, daß der Komplex der Anlagen nur selten als Ganzes vererbt wird. Ein Erfolg einer Auslese ist nur dann gegeben, wenn sie in großem Umfang erfolgt und häufig wiederholt wird, wie oben gezeigt wurde. Eine bestimmte Grenze der Leistungsfähigkeit wird bei diesem Verfahren wahrscheinlich nicht überschritten. Auch bei diesem Objekt dürfte es möglich sein, durch Auslese extrem fertiler Typen und Verklonung derselben Samenerträge von einer bisher unbekannten Höhe zu erzielen.

Zusammengefaßt kann gesagt werden, daß Prognosen bezüglich der Leistung späterer Generationen bei einjährigen und perennierenden Pflanzenarten bei dem heutigen Stande der Methodik der Züchtung dieser Arten nur bedingt möglich sind, daß aber Frühtests anwendbar werden, wenn stärker als bisher, insbesondere in der Futterpflanzenzüchtung, die Möglichkeit der vegetativen Vermehrung ohne Veränderung des Genotyps ausgenutzt wird.

Zusammenfassung

Die Begriffe „Frühtest" und „Frühdiagnose" werden in ihrer besonderen Bedeutung für die Züchtung kurzlebiger Gewächse erläutert. Frühtest wird in dem Sinne verstanden, daß bereits am Anfang einer Züchtungsarbeit Voraussagen auf die Leistung der als Ergebnis anfallenden Stämme oder Sorten gemacht werden.

Eine Reihe von Beispielen zeigt, daß solche Prognosen in einigen Fällen möglich waren, in anderen nicht. Bei Weißklee (*Trifolium repens* L.) war die bereits im Jungpflanzenstadium vorgenommene Frühselektion auch nach Anzucht der folgenden Generationen wirksam. Das gleiche gilt für die Samenertragsfähigkeit der Luzerne (*Medicago varia* Martyn), bei der Korrelationen zwischen den Ergebnissen der einzelnen Auslesestufen festgestellt werden konnten. Anders ist die Lage bei Gräsern, bei denen zwischen der Leistung der Einzelpflanzen und ihrer generativen Nachkommen keine Beziehung zu bestehen scheint.

In der Diskussion zu den Beispielen wird der Gedanke ventiliert, ob durch stärkere Verwendung der vegetativen Vermehrung und damit verbundene grundlegende Veränderung der Züchtungsmethodik und des Anbaus in der Praxis Erfolge in der Leistung der Futterpflanzen zu erwarten sind. Die sorgfältige Selektion von Einzelpflanzen würde bei diesem Verfahren voll wirksam werden und eine Voraussage auf die Leistung der Bestände zulassen.

Summary

The conceptions of „early testing" and „early diagnosis" with regard to their meaning for the breeding of short-living plants are explained. Early testing means that already at the beginning of breeding work a prediction can be made on the yield of the coming varieties or strains.

A series of examples shows that in some cases it was possible to make such a prediction but not in each one. In white clover (*Trifolium repens* L.) the early selection carried out in the young plant stage was also effective in the following generations. It is the same for the ability of seed production of alfalfa where correlations between the results of the single stages of selection could be stated. On the contrary in grasses there is probably no relation between the yield of single plants and their generative progenies.

In the discussion the question is treated whether by more use of the vegetative propagation and a fundamental change of the breeding method and cultivation in practice successes in the yield of forage crops could be expected. The careful selection of single plants would be effective by this method and a prediction with regard to the yield would be possible.

Literatur

1. ZIMMERMANN, K. F.: Luzernesamenbau auf neuen Wegen. Die Deutsche Landwirtschaft **2**, 175—178 (1951). — 2. ZIMMERMANN, K. F.: 4 Jahre Arbeiten an Luzerne in Müncheberg 1948—1952. Der Züchter **22**, 106—118 (1952). — 3. ZIMMERMANN, K. F.: Moderne Methoden in der Gräserzüchtung. Der Züchter **24**, 33—39 (1954). — 4. ZIMMERMANN, K. F.: Feldversuchswesen, Probleme und Versuche. Der Züchter **24**, 116—127 (1954). — 5. ZIMMERMANN, K. F.: Methodisches zur Züchtung von Futterrüben. Der Züchter **25**, 169—176 (1955). — 6. ZIMMERMANN, K. F.: Beitrag zur Züchtungsmethodik bei Weißklee. Der Züchter **28**, 17—25 (1958). — 7. ZIMMERMANN, K. F.: Die Versorgung mit Luzernesaatgut ist durch Züchtungs- und Anbaumaßnahmen möglich. Die Deutsche Landwirtschaft **10**, 527—530 (1959).

Aus dem Staatlichen Weinbauinstitut, Freiburg i./Br.

Zur Frühauslese in der Rebenzüchtung

Von J. ZIMMERMANN

Mit 6 Abbildungen

Die Deutsche Rebenzüchtung hat folgende Aufgaben zu erfüllen:

1. Verbesserung des Keltertraubensortimentes in der Höhe von Ertrag und Qualität, Ertragssicherheit, Vitalität und Frosthärte

a) durch Auslese spontaner Mutanten innerhalb der zum Anbau zugelassenen Sorten (Klonenzüchtung),

b) durch Kombinationszüchtung der *vinifera*-Sorten.

2. Verbesserung des Unterlagensortimentes in der Bodenadaption und Affinität, mit Feld- oder Totalresistenz gegen pflanzliche und tierische Schädlinge

a) durch Auslese aus den vorhandenen Kombinationen amerikanischer *Vitis*-Arten,

b) durch Kombinationszüchtung von Wildarten untereinander und mit *vinifera*-Sorten.

3. Züchtung neuer Keltertraubensorten mit Resistenz gegen tierische und pilzliche Schädlinge, Qualitätseigenschaften der *vinifera* und ökologisch optimaler Anpassung.

Je nach den wirtschaftlichen Erfordernissen des Weinbaugebietes, des lokalen Sortiments und der Arbeitsrichtung der betreffenden Züchtungsinstitute werden einzelne Aufgaben bevorzugt bearbeitet, treten zurück, gelten als erfüllt oder werden ganz abgelehnt.

1a) Klonenzüchtung der *vinifera*-Sorten

I. Frühauslese auf Ertrag und Qualität

Die Mostqualität und der Ertrag der Rebe, als einer langlebigen verholzenden Pflanze, werden durch die Witterung zweier Jahre modifiziert. Mitte Juni bis Mitte August des der Ernte vorausgehenden Jahres werden die Gescheine (Blütenstände) angelegt, worauf Temperatur und Sonnenschein maßgeblichen Einfluß haben, und die Witterung des Ertragsjahres entscheidet über die weitere Entwicklung, Befruchtung und Reife der Trauben (1, 14). In der Zwischenzeit üben die Herbstwitterung auf die Holzreife und evtl. Winter- und Spätfröste ihren Einfluß aus. Außerdem kann ein reicher Ertrag den Rebstock so schwächen, daß er im folgenden Jahr nur wenig trägt.

Es wäre daher die mehrjährige Beobachtung einer Rebanlage notwendig, um nur jene Individuen auszulesen, die eine geringe Modifizierbarkeit zeigen und daher vermutlich erbbedingt über eine hohe Leistung verfügen. Im Weinbau wurde diese Methode der jahrelangen Einzelstockbeobachtung mit Verklonung nur weniger Individuen vorwiegend angewandt. Das Ergebnis sind einige leistungsfähige Klone, mit denen je nach Sorte und Weinbaugebiet der jährliche Bedarf an Pflanzmaterial schon ± vollständig gedeckt werden kann. Im südbadischen Weinbaugebiet stand am Ende des 2. Krieges nur sehr wenig Klonenmaterial zur Verfügung. Der Bedarf an hochwertigem Pflanzmaterial war jedoch durch die Umstellung auf Pfropfreben im Zuge einer Flurbereinigung sehr groß. So mußte kurzfristig eine umfangreiche Auslesezüchtung aufgebaut werden. Die bisherige Methode kam dafür als zu zeitraubend nicht in Betracht.

Führt man die Verklonung unmittelbar im Anschluß an eine einmalige Selektion durch, so kann nach 4—5 Jahren bereits der Nachbau geprüft werden, zu einer Zeit also, zu der nach der bisherigen Methode noch die Einzelstöcke beobachtet werden oder doch erst die Verklonung ihren Anfang nimmt. Bei nur einmaliger Auslese wird ein größerer Anteil erblich leistungsschwächerer Stöcke, die modifikativ bedingt positiv bewertet wurden, vermehrt, als auf Grund mehrjähriger Beobachtung. Aber dieser Nachteil wird überdeckt durch den großen Vorteil, die erblich besten Klone durch Prüfung im Nachbau um mehrere Jahre früher herauszufinden. Außerdem sind die geringsten Klone, weinbaulich gesehen, zumindest nicht minderwertiger als unselektiertes Holz, was sonst verwendet werden müßte. Das beweist z. B. die einmalige Selektion einiger Anlagen, deren gesamtes Holz zur Vermehrung zugelassen werden sollte, in denen aber nur 12% der Reben als vermehrungswürdig gezeichnet werden konnten. Weiterhin zeigte sich, daß nur einmal selektierte Stöcke in den folgenden Jahren vorwiegend wiederum positiv bewertet wurden.

Der Erfolg der einmaligen Selektion wird maßgeblich bestimmt durch die besonderen Umstände, welche die Ausbildung der zu selektierenden Eigenschaft in dem Selektionsjahr beeinflussen. Wirkt z. B. der Witterungsverlauf ungünstig auf die Gescheinanlagen und Entwicklung der Trauben, so werden die Stöcke mit hohem Ertrag mit größerer Wahrscheinlichkeit erblich als modifikativ bedingt ertragreich sein, und ihr Nachbau wird vorwiegend die Tendenz zu hohem Ertrag zeigen.

Ein weiterer Nachteil der langjährigen Beobachtung ist die vorzeitige Einengung des Erbgutes, da nur wenige Einzelstöcke verklont werden. Dies ist für den Weinbau gefährlich, denn für die hinsichtlich Klima, Lage und Boden abwechslungsreichen und oft sehr extremen Gebiete sind Lokal-Klone mit optimaler Anpassung zur Erzielung der Höchstleistung notwendig. Diese können nur aus einem reichhaltigen Erbbestand ausgewählt werden. Durch die rasche Umstellung auf Pfropfreben werden große Bestände wurzelechter Reben vernichtet, die sich in Jahrzehnten und Jahrhunderten gegenüber den lokalen klimatischen und edaphischen Faktoren behauptet haben, also ein ökologisch wertvolles Erbgut besitzen. Es ist daher notwendig, durch eine kurzfristige und umfangreiche Auslese möglichst viel dieser Erbmasse zu erhalten, ehe sie unwiederbringlich vernichtet wird.

Das Holz der ausgelesenen Stöcke muß bei der Verklonung zum Schutze gegen eine Vernichtung durch die Reblaus auf resistente Unterlagen gepfropft werden. Die Ausbeute bei der Herstellung der Pfropfreben wird im Durchschnitt mit 30—45% pflanzfähiger Reben angenommen, worauf neben anderen Faktoren die Edelreis- wie Unterlagen-Sorten einen Einfluß haben. Auch innerhalb einer Sorte bestehen klonenweise Unterschiede. So lag die Ausbeute bei der Pfropfung des Holzes von 117 Einzelstöcken der Sorte Silvaner auf *berl.* × *rip.* Kober 5 BB zwischen 4% und 65%. Das Mittel war 37%, entsprach also dem langjährigen Durchschnitt. Die Zahl der zu prüfenden Kleinklone muß beschränkt werden, wobei die zur Verfügung stehenden geeigneten Anbauflächen, die Zahl der züchterisch zu bearbeitenden Sorten und nicht zuletzt die technische Durchführung der Bonitierung und Ertragsprüfungen begrenzende Faktoren sind. Auf Grund der Ausbeute bei der Veredlung erfolgt eine Auslese, denn der Wert eines Klones wird mit durch die Höhe seiner Veredlungsaffinität bestimmt. Auch Einzelstockvermehrungen mit kleiner Stockzahl scheiden aus, da entweder der Mutterstock zu wenig veredlungsfähiges Holz liefert,

also zu schwachwüchsig ist, oder die Anwachsprozente zu gering sind. So wurden z. B. 1951 von den 117 Einzelstockvermehrungen nur 63 mit durchschnittlich 14 Pflanzen und 40% Ausbeute in eine Anlage gepflanzt, während die restlichen 54 mit durchschnittlich 6 Pflanzen und 33% Ausbeute ausgeschieden, d. h. nicht weiter geprüft wurden.

Bringt nun diese Frühauslese hinsichtlich Ertrag und Qualität einen Verlust mit sich? Im ersten Ertragsjahr (1954) wurden auf Grund einer Vorbonitierung 41 Klone einzeln auf Ertrag und Mostgewicht geprüft. Im Mittel hatten sie 2,7 kg Einzelstockertrag, 88° Ö und 8,4 $^0/_{00}$ Säure. Das Mittel ihrer Anwachsprozente 1950 betrug 46%. Die restlichen Klone, insgesamt 22, ergaben nur die Hälfte = 1,4 kg Stockertrag bei erhöhtem Mostgewicht = 95° Ö und 9,5 $^0/_{00}$ Säure. Ihre Ausbeute bei der Veredlung 1950 war nur 34%. Ertragsmäßig waren also die Klone mit den erhöhten Anwachsprozenten leistungsfähiger. Das höhere Mostgewicht der letzteren geht größtenteils auf Kosten des Ertrages.

In den folgenden Jahren bis 1958 wurden jeweils nach vorangehender Bonitierung nur von 30 Klonen 3mal Ertrag, Mostgewicht und Säure bestimmt. (1956 und 1957 fielen für diese Bestimmung wegen Frostschadens aus.) Die Mittel sind 3,2 kg Stockertrag (Rest der Klone nur 1,5 kg), 81° Ö (Rest 82° Ö) und 7,9 $^0/_{00}$ Säure (Rest 8,0 $^0/_{00}$ Säure). Das Mittel der Ausbeute bei der Veredlung 1950 lag für diese 30 Klone bei 46% gegenüber dem der Restklone mit 34%. Zur Veredlung 1959 wurden von diesen 30 Klonen 18 Klone ausgewählt und 12 ausgeschieden. Ihre Ertragswerte (1954—58), geordnet in bezug auf eine mittlere Veredlungsausbeute von 40% im Jahre 1950, sind in Tab. 1 enthalten:

Tabelle 1. *Vitalität und Leistung.*

Klone	Mittel 1950		dreijähriger Durchschnitt (1954—58)		
	Ausbeute %	Zahl der Veredlungen	Stockertrag kg	Mostgew. °Ö	Säure $^0/_{00}$
18 Klone vermehrungswürdig	10	56	32	3,4	83	8,0
	4	40	28	3,3	85	7,2
	4	29	53	3,8	83	8,1
12 Klone ausgeschieden	7	52	45	2,6	77	8,2
	2	42	50	2,9	80	8,3
	3	34	52	2,9	78	8,0

Obgleich im Durchschnitt der ganzen Anlage die Klone mit überdurchschnittlichen Anwachsprozenten leistungsmäßig (Ertrag und Qualität) an der Spitze liegen, so befinden sich doch unter den 18 zur Vermehrung ausgelesenen Klonen 4, die ausgeprägt unterdurchschnittliche (nur 29%) Ausbeute lieferten. Ihre Mutterstöcke sind aber sehr kräftig und haben durchschnittlich für 53 Veredlungen Augen geliefert, was bei fast hundertjährigen Stöcken eine erstaunliche Leistung bedeutet. Diesen Werten liegt nur eine einmalige Veredlungsausbeute auf *berl-rip* Kober 5 BB zugrunde. Bei Wiederholung auf gleicher Unterlage und auf anderer Unterlage können sich die Ausbeuteprozente relativ zum Gesamtmaterial verschieben. So lagen bei Veredlung des später anfallenden Klonenholzes eines Klones, dessen Mutterstock auf 5 BB 30% pflanzfähige Pfropfreben geliefert hatte, die Anwachsprozente auf 125 AA und Barr 503 über dem Durchschnitt. Bei den übrigen Klonen mit schlechter Veredlungsaffinität zu 5 BB ergab auch das Klonenholz auf den verwandten Sorten *berl-rip* 125 AA und Barr 503 unterdurchschnittliche Werte, so daß ihre geringe Veredlungsaffinität (für berl-rip Sorten) klonentypisch ist. Auch BIRK und AMBROSI (4) sowie BIRK und SCHENK (5) beobachteten sehr beträchtliche Unterschiede der Anwachsprozente, der Ertrags- und Gütekomponenten in Beziehung zu Unterlags- und Edelreisklonen.

Die Frage nach dem Wert der Frühauslese auf Grund des Veredlungsergebnisses von Einzelstöcken ist positiv zu beantworten, ein gesundes reifes Veredlungsholz und eine ungestörte Entwicklung in der

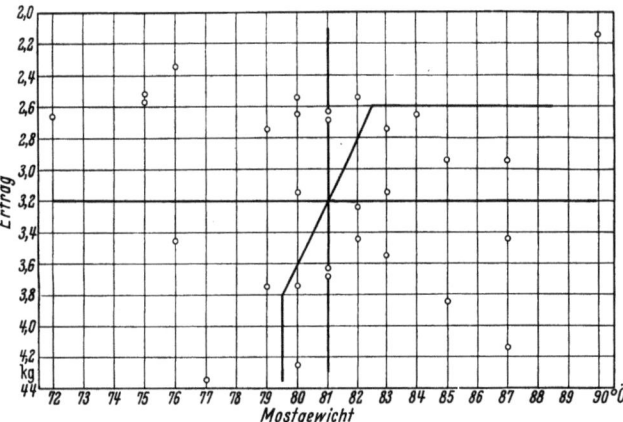

Abb. 1. Korrelation von Stockertrag (kg) und Mostgewicht (°Ö) für 30 Silvaner Klone (Mittelwerte von 1954—1958). Mittlerer Stockertrag aller Klone = 3,2 kg, mittleres Mostgewicht = 81 °Ö. Die schräg verlaufende Gerade entspricht der Regression Menge:Güte. Die Klone rechts davon und mit mehr als 2,6 kg Stockertrag und mehr als 79,5 °Ö sind vermehrungswürdig. Anordnung der Korrelationstabelle nach E. WEBER (22).

Rebschule vorausgesetzt. Einzelstockvermehrungen mit geringen Anwachsprozenten ergeben vorwiegend leistungsschwache Klone, die auch zahlenmäßig schwach sind. Sie können daher ohne Schaden für die weitere Züchtung ausscheiden. Sind jedoch die Mutterstöcke sehr vital und liefern viel Veredlungsholz, so werden die Klone trotz geringer Ausbeute zahlenmäßig so stark, daß sie mit in die Klonenprüfung kommen und ihre Leistung beweisen können. Da nicht nur auf Ertrag und Güte, sondern auch auf Vitalität ausgelesen werden muß, ist diese Frühauslese berechtigt. Daraus ergibt sich, daß die Wirkung der positiven Massenauslese durch den Veredlungsprozeß verstärkt wird, da die leistungs- und lebensschwachen Stöcke eine geringere Vermehrungsquote haben als vitale und leistungsstarke. Für unselektiertes Material ist keine derartige Auslese zu erwarten, da dieses viel Stöcke mit stärkerer vegetativer als generativer Leistung enthält, die sehr gute Anwachsprozente ergeben, aber später ertragsschwach oder ganz ohne Ertrag bleiben (sog. Riesreben). Die Bewertung der Klone erfolgt nach Quantität und Qualität, um eine einseitige Verschiebung der Leistungseigenschaften in Richtung Ertrag zu vermeiden. Dabei muß die Beziehung von Menge und Güte berücksichtigt und in einer Korrelation Mostgewicht zu Stockertrag dargestellt werden (Abb. 1). Die in den IV. Quadranten*) fallenden Klone kommen ohne Vorbehalt zur Vermehrung. Außerdem besteht für alle Stämme, die im II. oder III. Quadranten liegen,

*) nach E. WEBER S. 205 (22).

die Möglichkeit, bei anderen Erträgen entsprechend der Beziehung Menge:Güte in den IV. zu gelangen. Die positive Abweichung vom Mittelwert des Ertrages darf dabei nicht zu tief unter dem des Mostgewichtes und umgekehrt, die des Mostgewichtes nicht zu weit unter dem des Ertrages liegen, aus Gründen der Qualität und der Wirtschaftlichkeit. Die Mindestwerte für Ertrag und Mostgewicht richten sich für jede Anlage nach den gegebenen Verhältnissen. Sie sind so zu wählen, daß das Erbgut nicht zu frühzeitig eingeengt wird, im vorliegenden Beispiel bei 2,6 kg und 80° Ö. Alle Klone in dem umschriebenen Bereich kommen zum Nachbau und unterliegen später der gleichen Prüfung und Auslese, so daß eine sukzessive Hebung der Leistung erfolgt. Der einjährige oder mehrjährige Durchschnitt aller Klone innerhalb einer Anlage genügt zunächst als Wertmesser, wobei natürlich auch die Ergebnisse anderer Anlagen, in denen der zu beurteilende Klon steht, berücksichtigt werden. Erst wenn das Zuchtmaterial auf die leistungsfähigsten Stämme beschränkt werden kann und Klone fremder Züchter in Konkurrenz treten, werden statistisch zu sichernde Wertprüfungen notwendig. Bis dahin wird durch diese frühzeitige Auslese rasch eine hohe durchschnittliche Leistung der Klone erzielt.

II. Frühauslese und Blattrollen

Einige *vinifera*-Sorten neigen besonders stark zu einem Rollen der Blätter, z. B. die Sorte Gutedel, welche als Hauptsorte der Markgrafschaft die Wirtschaftlichkeit dieses Weinbaugebietes entscheidend beeinflußt. Diese Sorte kann zwar sehr hohe Erträge bringen, jedoch sind auch ihre Ertragsschwankungen sehr groß. In einer 13jährigen Beobachtungsreihe verhielt sich der minimale zum maximalen Ertrag wie 1:9, während im gleichen Zeitraum das Verhältnis für Silvaner 1:5 und für Riesling nur 1:4 betrug (15). Da Riesling und Silvaner im hiesigen Weinbaugebiet nicht oder nur unbedeutend „rollen", liegt es nahe, die geringe Ertragssicherheit des Gutedel mit dem starken „Rollen" in Beziehung zu bringen. Für die Klärung dieser Beziehung kann die Frage unberücksichtigt bleiben, ob das Blattrollen viröser Natur oder nur eine durch Jahreswitterung und Boden bedingte Erscheinung oder ein Zusammenwirken beider ist.

Im Rebzuchtgarten wurden 82 Gutedelklone 1946 bis 1950 nach dem Blattrollen bonitiert und mit dem Stockertrag 1950 verglichen.

Tabelle 2. *Blattrollen und Ertrag von Klonen.*

	Zahl der Klone	Stockertrag 1950
nichtrollend (rr)	46	3,4 kg
mittelmäßig rollend (Rr)	16	2,9 kg
stark rollend (RR)	20	1,5 kg

Mit zunehmendem Rollen nimmt der Ertrag stark ab. Eine Ausnahme machen 5 Klone, die in den 5 Beobachtungsjahren zwischen rr, Rr und RR schwankten und im Durchschnitt 4,4 kg Stockertrag hatten. Weitere 3 Klone mit 5,2 kg waren nur 1948 „Rr", sonst stets „rr". Die Ursache für „Rr" liegt vermutlich in der ungewöhnlich naßkalten Periode Mitte Juni—Mitte Juli 1948, so daß die an sich nicht rollenden Klone nur witterungsbedingt ein leichtes Blatt-

Tabelle 3. *Blattrollen und Leistung eines Klones.*

Blattyp	Stockertrag kg			Mostgewicht ° Ö			Säure ‰			Zuckerwert			Körper des Weines
	1953*	1959	1960	1953*	1959	1960	1953*	1959	1960	1953*	1959	1960	1953*
rr	3,75	3,6	4,5	67	70	55	5,0	6,2	8,5	590	590	580	1,9
Rr	2,75	5,2	2,6	73	60	60	4,6	—	7,4	470	730	370	2,6
RR	1,00	1,6	2,7	68	80	58	4,0	6,3	7,5	160	300	370	1,5

* 1953* = Einzelstöcke des Ausgangsklones
1959 und 1960 = Nachbau

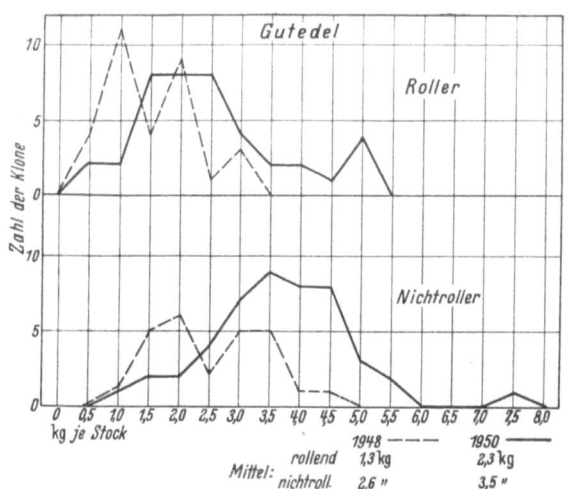

Abb. 2. Gutedel-Klone Ertragsunterschiede in den Jahren 1948 und 1950 Roller zu Nichtroller.

rollen zeigten. Anderseits gibt es Roller mit hohem und Nichtroller mit geringem Ertrag, wie die beiden Diagramme für 41 rollende und 47 nichtrollende Klone mit ihren Stockerträgen für 1948 und 1950 zeigen (Abb. 2). Im Mittel brachten 1948 die „rr"-Klone 2,6 kg gegen 1,3 kg der „RR"-Klone und 1950 „rr" = 3,5 kg und „RR" = 2,3 kg. Es besteht also eine deutliche Beziehung zwischen Blattrollen und Ertrag.

Wie verhält sich die Qualität bei Rollern und Nichtrollern?

Unter 10 Stöcken des nichtrollenden Gutedel-Klones 36—5 wurden 1953 neben „rr"- je 3 „Rr"- und „RR"-Stöcke festgestellt, so daß an genetisch gleichwertigem Ausgangsmaterial ein zuverlässiger Vergleich möglich ist (Tabelle 3).

Die „RR"-Stöcke brachten nur etwa $1/4$ des Ertrages bei etwa gleichem Mostgewicht und geringerer Säure als die „rr"-Stöcke. Auch der Körper des Weines war geringer. Der Stockertrag von „Rr" war um 1 kg geringer als von „rr" und das Mostgewicht um 6° Ö höher, was sich später im körperreicheren Wein günstig bemerkbar macht. Um das Verhalten der drei Rolltypen weiter zu klären, wurde eine vegetative Vermehrung vorgenommen. Bereits die geringere Menge und schwächere Ausbildung des einjährigen Holzes der reichtragenden „rr"-Stöcke gegenüber „RR" und besonders „Rr" ist auffallend (Abb. 3). Im 3. Jahr nach der Pflanzung der vegetativen (wurzelechten!) Vermehrung 1959 war die Rr-Reihe am kräftigsten im Wuchs, brachte einen hohen Ertrag und zeigte schwaches Blattrollen. Die rr-Reihe war der Rr-Reihe gegenüber, wegen des wesentlich schwächeren Ausgangsmaterials, im Wuchs zurück, hatte grüne nichtrollende Blätter und einen um 30% geringeren Ertrag. Die RR-Reihe mit sehr niedrigem Ertrag fiel auf durch die frühvergilbenden und stark rollenden Blätter. Die histologischen

Untersuchungen des Jahrestriebes ergaben für „Rr" den größten, für „RR" den kleinsten Querschnitt. Bei den „rr"-Pflanzen sind sowohl die histologischen Werte als auch die Holzreife am günstigsten. 1960 zeigten die „RR"-Typen schon sehr frühzeitig ein deutliches Blattrollen, die „Rr" später und schwächer, während die „rr" wiederum nicht rollten. Ihr Ertrag liegt um $2/3$ der „Rr"- und „RR"-Stöcke höher, ihr Mostgewicht ist zwar am niedrigsten (55°), aber doch höher, als nach der Korrelation Menge: Güte (innerhalb eines Klones am gleichen Standort) zu erwarten war. Vergleicht man die „Zuckerwerte" (Refraktometerwert × kg/Stockertrag), so zeichnen sich die „rr"-Typen durch eine konstant hohe und gleichmäßige Leistung auch vom Mutterstock zum Nachbau aus. Die „Rr"-Typen schwanken stark, sind also umweltlabil und die „RR"-Typen haben eine sehr geringe Leistung.

Die Holzreife (18, 20) ist um so besser, je geringer der Wassergehalt der Rute und je höher der Refraktometer- und pH-Wert des Preßsaftes ist. Wie die Tabelle 4 zeigt, besitzen die „rr"-Pflanzen die beste Holzreife.

Tabelle 4. *Blattrollen und Holzreife eines Klones.*

	Wassergehalt	Refraktometerwert	pH-Wert
rr	45,0%	13,9%	4,94
Rr	45,8	12,2	4,79
RR	46,6	13,0	4,80

Auch in der Entwicklung von Trieb und Blatt zeigen die drei Rolltypen Unterschiede. Bis zum 11. Knoten, von der Triebspitze aus, bleiben bei den „RR"-Pflanzen die Internodienlänge und die Blatt-

Abb. 3. Gutedel-Klon 365 Holzanfall von je drei Stöcken „RR", „Rr", „rr".

Tabelle 5. *Blattrollen und histologische Werte eines Klones.*

	n	$\bar{x}$	Blattdicke μ $\pm s_{\bar{x}}$	D* $\pm s_d$	$\bar{x}$	Palisadenparenchym μ $\pm s_{\bar{x}}$	D* $\pm s_d$	$\bar{x}$	Schwammparenchym μ $\pm s_{\bar{x}}$	D* $\pm s_d$	$\bar{x}$	Epidermis μ oben $\pm s_{\bar{x}}$	D* $\pm s_d$	$\bar{x}$	unten $\pm s_{\bar{x}}$	D* $\pm s_d$
rr	10	163	± 0,3	—	61	± 7,1	—	78	± 6,8	—	13,4	± 1,0	—	11,4	± 1,1	—
Rr	10	174	± 15,2	11 ± 5,6	63	± 7,9	2 ± 3,6	85	± 10,9	7 ± 4,0	14,2	± 0,8	0,8 ± 0,4	11,4	± 1,4	0 ± 0,5
RR	10	182	± 14,4	19 ± 5,4	64	± 7,5	3 ± 3,3	91	± 9,1	13 ± 3,6	15,2	± 2,0	1,8 ± 0,7	12,2	± 0,8	0,8 ± 0,4

* Differenz gegen „rr".

Tabelle 6. *Blattrollen, Transpiration, Oberflächenentwicklung, Trockensubstanz.*

	n	Transpiration mg/100 cm²/5 Min. $\bar{x}$	$s_{\bar{x}}$	D* $\pm s_d$	Oberflächenentwickl. 100 cm²/g Frischgewicht $\bar{x}$	$s_{\bar{x}}$	D* $\pm s_d$	Trockensubstanz $\bar{x}$	$s_{\bar{x}}$	D* $\pm s_d$
rr	10	108	± 29,8	—	53	± 05	—	29,8	± 1,2	—
Rr	10	104	± 16,8	4 ± 10,8	51	± 04	2 ± 2	30,6	± 1,2	0,8 ± 0,54
RR	10	76	± 25,4	32 ± 12,4	41	± 04	12 ± 2	33,3	± 1,1	3,5 ± 0,51

* Differenz gegen „rr"

fläche hinter denen der „rr" zurück, während „Rr" längere Internodien als „rr" bildet. Die Histologie des Blattes (19) zeigt bis zum 11. Blatt keine wesentlichen Unterschiede zwischen „RR" und „rr", aber bei den älteren Blättern entwickelt sich das Schwammparenchym und die obere Epidermis der „RR"-Pflanzen stärker, so daß diese schließlich um 19 μ (hochsignifikant) dicker sind als bei „rr" bei etwa gleicher Fläche (122 cm²) der ausgewachsenen Blätter (Tabelle 5). Die Differenzen zwischen „rr" und „Rr" sowie „Rr" und „RR" sind nicht signifikant.

Hinsichtlich der Transpiration, der Oberflächenentwicklung und Trockensubstanz unterscheiden sich die drei Rolltypen bei etwa gleich großer Blattfläche (106—118 cm²) wie folgt (Tabelle 6):

Die Transpiration von „RR" ist gegenüber „rr" um 34% herabgesetzt, während die Oberflächenentwicklung um 23% tiefer und die Trockensubstanz um 10% höher als bei „rr" liegen (alle Differenzen hochsignifikant). Infolge der Verdickung des Blattes nimmt die Oberflächenentwicklung (cm²/g Frischgewicht) von 53 auf 41 ab. Die Wasserabgabe ist gehemmt infolge verringerter Transpiration, ebenso die Ableitung der Assimilate, wodurch die Trockensubstanz erhöht wird. Mit dem Blattrollen ist also eine Störung der ganzen Blattfunktion verbunden, die sich nachteilig auf Ertrags- und Qualitätsbildung auswirken muß.

Die in der Blattrollung intermediären Typen („Rr") fallen zwar ertragsmäßig gegen die rollfreien nur wenig ab, sind qualitativ sogar etwas besser und haben ein starkes Wachstum, lassen aber doch eine Labilität erkennen, die unter ungünstigen Bedingungen zur Verstärkung des Blattrollens und damit zur Minderung der Leistung und zu Unsicherheit der Erträge führen wird. Infolge der stärkeren Wüchsigkeit und des reichen Holzanfalles kommen die „Rr"-Typen unbeabsichtigt bevorzugt zur Vermehrung. Gleichgültig, ob das Blattrollen viröser Natur ist oder nur eine ökologische Empfindlichkeit ausdrückt, blattrollende Pflanzen müssen von der Vermehrung ausgeschlossen werden. Hier ist eine Frühauslese um so notwendiger, da die Neigung zum Blattrollen mit jedem Nachbau ohne vorhergehende Selektion stockzahlenmäßig vermehrt wird.

1b) Kombinationszüchtung der *vinifera*-Sorten

I. Frühauslese auf Vitalität

Bei der Kombinationszüchtung der *vinifera*-Sorten erfolgt bereits im ersten Sämlingsjahr automatisch eine Vorauslese auf Wüchsigkeit und Gesundheit, da schwachwüchsige, kümmerliche Sämlinge und solche mit Trieb- oder Blattdeformationen sowie mit Panaschüren ausscheiden, sobald sie als Minus-Abweicher erkannt werden. Beim Ausschulen aus den Frühbeetkästen im Herbst werden Sämlinge mit schwacher Trieb- und Wurzelbildung sowie mit schlechter Holzreife vernichtet. Die verbleibenden Pflanzen werden bei sehr großem Anfall von Sämlingsmaterial aus betriebstechnischen Belangen (begrenzte Anbaufläche) nochmals reduziert. Dadurch kommen nur lebenskräftige, gutwüchsige Sämlinge in die Quartiere, so daß Neuzüchtungen vitaler als selbst die besten Klone der Vergleichssorten sind. Das zeigte sich 1953, als ein starker Spätfrost die noch durch Erde bedeckten austreibenden Augen frisch gesetzter Pfropfreben vernichtete. Die Neuzüchtungen mit Gutedel als Elter entwickelten trotz dieses Rückschlages noch im gleichen Jahr bis 2 m lange Triebe und brachten im 2. Jahr nach der Pflanzung z. T. bis zu 1 kg durchschnittlichen Stockertrag, während die gleichzeitig gesetzten Gutedel-Klone nur bis 1,5 m lange Triebe bildeten und im 2. Jahr keinen Ertrag hatten. Die Frühauslese von nur kräftigen Sämlingen vermindert und verhindert auch den sonst in den ersten Jahren nach der Pflanzung unausbleiblichen Ausfall schwächlicher Pflanzen (s. 2 II).

II. Ertrag und Qualität

Die *sativa*-Sorten sind infolge einer dauernden vegetativen Vermehrung und Auslese sehr heterozygote somatische Mutanten, deren Qualitäts- und Quantitätseigenschaften durch eine größere Zahl dominanter wie rezessiver Faktoren bestimmt werden. Kreuzungen wie Selbstungen ergeben daher zwar eine sehr große Variationsbreite, aber doch ungewöhnlich selten eine die Elternsorten übertreffende Kombination. Für die erste Auslese der Sämlinge aus *vinifera*-Kreuzungen sind daher Ertrag und Mostgewicht entscheidend. Im 3. bis 5. Jahre nach der Pflanzung bringen die Sämlinge die ersten Erträge, falls nicht ungewöhnliche Witterungsbedingungen (Frost, Hagel) eine Verzögerung bewirken. Sämlinge, die erst im 6. oder 7. Jahr zu fruchten beginnen, sind wegen der langen Jugendphase weinbaulich ohne Bedeutung. Bereits mit dem ersten Ertrag beginnt die Auslese der Sämlinge.

Die Höhe des Ertrages hängt von der Zahl der Trauben je Rute, Größe, Dichte und Verzweigung der

Trauben und Größe der Beeren ab. Wie bei der Klonenzüchtung hängt auch bei der Sämlingszüchtung der Erfolg einer frühen Auslese vom „typischen Selektionsjahr" ab. Vergleicht man die „Menge:Güte"-Korrelation der F_1-Population Silvaner × Gutedel im Jahre 1948 und 1950, so erweist sich 1948 als besonders günstig für die Selektion in dieser Richtung. Der Sommer 1948 war niederschlagsreich und der Juli sehr kühl, so daß die Beerenentwicklung und -reife verzögert wurde. So kamen nur die Sämlinge mit erblich bedingt geringer Witterungsempfindlichkeit zu einem guten Reifegrad mit hohem Ertrag (16). Diesen „positiven" Abweichern (Abb. 4 rechts von R_x) steht eine Gruppe „negativer" Abweicher (links von R_y) gegenüber. Das Jahr 1950 brachte als Nachwirkung des trockenen heißen Sommers 1949 einen sehr hohen Ertrag und die Reife nahm einen normalen Verlauf. Dadurch wurden die erblich bedingten Qualitätsunterschiede verwischt und das Korrelationsfeld ist zwar in Richtung Ertrag weiter auseinandergezogen als das von 1948, in Richtung Qualität aber enger geworden. Es ist nun zu prüfen, ob die 1948 als positive und negative Abweicher ausgelesenen Sämlinge sich auch später mit gleicher Tendenz verhalten haben, d. h. ob eine Frühauslese auf Grund einer einmaligen Bewertung berechtigt ist. Der Vergleich der beiden Jahre 1948 und 1950 zeigt für die 125 Sämlinge der F_1 Silvaner × Gutedel in 1950 im Mittel fast den doppelten Ertrag und ein um 2° Ö*) höheres Mostgewicht. Die 8 positiven Abweicher von 1948 haben 1950 ebenfalls wieder einen überdurchschnittlichen Ertrag mit einem Mostgewicht, das dem Mittelwert entspricht. Ihre Reaktion auf die günstigen Voraussetzungen für den Fruchtansatz war positiv, nur hat die Qualität unter dem Einfluß des höheren Ertrages keine Steigerung über den Mittelwert erfahren. Die 8 negativen Abweicher ergaben 1950 trotz günstiger Vorbedingungen keine Ertragssteigerung und nur eine geringe Erhöhung des Mostgewichtes über den Mittelwert, bedingt durch den niedrigen Ertrag (Tab. 7).

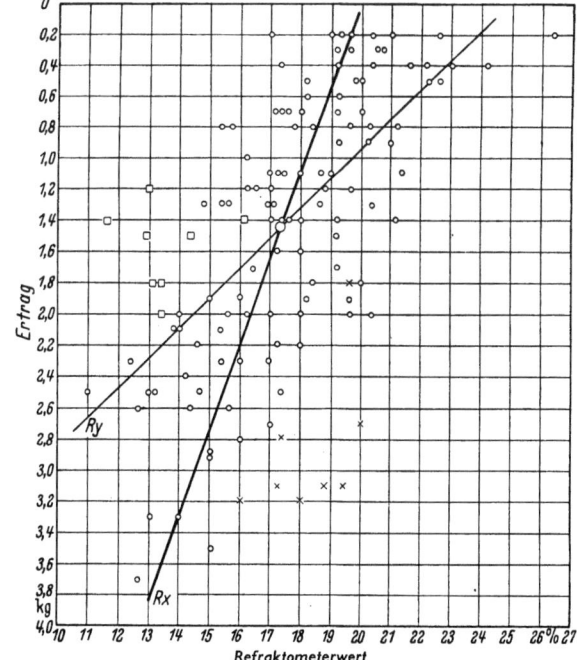

Abb. 4. F_1-Population Silvaner × Gutedel, Korrelation Ertrag zu Refraktometerwert 1948. Positive Abweicher = X Negative Abweicher = ☐.

Tabelle 7. *Leistung der positiven und negativen Abweicher.*

	Zahl der Sämlinge	1948			1950		
		kg/Stock	° Ö	Zuckerwert	kg/Stock	° Ö	Zuckerwert
Mittel	125	1,5	74	259	2,9	76	514
Positive	8	2,9	78	532	3,5	75	616
Negative	8	1,6	58	216	1,7	78	311

Die schwache physiologische Leistung der Minus-Abweicher tritt besonders in den niedrigen „Zuckerwerten" (= Refraktometerwert × Stockertrag) 216 und 311 gegen 532 und 616 der Plus-Abweicher beider Jahrgänge hervor. Auch im Nachbau mit je 8 Stöcken haben die Minus-Reben in den meisten Jahren versagt. Ein einmaliger hoher Ertrag oder hohe Qualität eines Minus-Abweichers kann das Versagen in den anderen Jahren ebenfalls nicht ausgleichen, da die Ertragssicherheit Voraussetzung für den Anbauwert einer neuen Sorte ist. Von den nachgebauten Plus-Abweichern stehen dagegen 10 Jahre nach der Selektion noch 4 als „weinbaulich wertvoll" in Prüfung.

Die Auslese in einer Sämlingspopulation kann also bereits im ersten Ertragsjahr nach Ertrag und Qualität erfolgen. Je ungünstiger die Jahreswitterung und für die Anlagen der Gescheine die des vorhergegan-

*) Öchslegrade-Refraktometerwert × 4,25

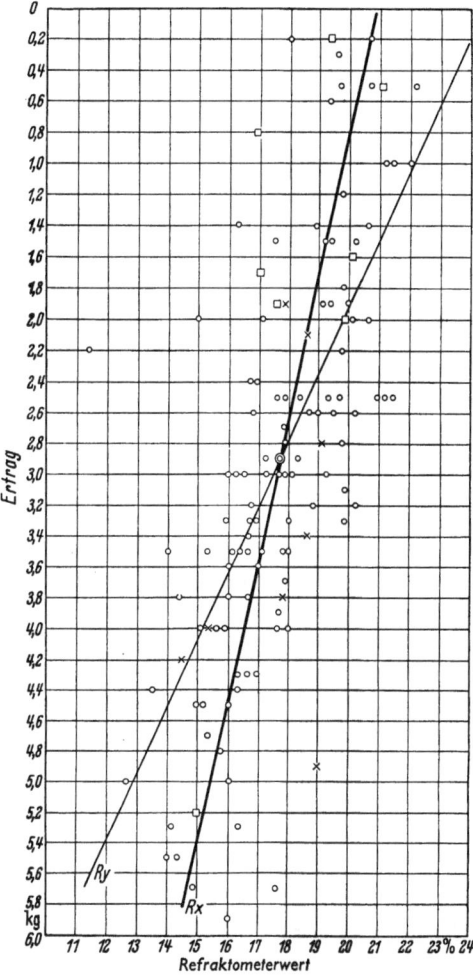

Abb. 5. Korrelation der gleichen F_1-Population Silvaner × Gutedel wie Abb. 4 1950. Die positiven Abweicher (X) von 1948 zeigen vorwiegend wiederum positive Werte, während die negativen Abweicher (☐) wiederum nur leistungsschwach (geringer Ertrag) sind.

genen Jahres für Ertrag und Qualität sind, desto größer wird die Wahrscheinlichkeit, daß die Plus-Abweicher der Korrelation Stockertrag:Mostgewicht leistungsfähige Stämme ergeben. Sie erhöht sich noch durch das zwangsweise Ausscheiden der zwar positiv bewerteten, aber wegen unvollständiger Traubenbildung und Kleinbeerigkeit gezeichneten Sämlinge, welche die prozentuale Mostausbeute drücken. Auch Sämlinge mit Neigung zu früher Beerenfäulnis werden ausgeschieden, da diese zum vorzeitigen Herbsten zwingt oder zu einer empfindlichen Ertragsminderung führt. So ermöglicht diese Frühauslese ein Abräumen der Sämlingsfelder nach 5, spätestens 6 Jahren und eine rasche Einengung des Zuchtmaterials auf die aussichtsreichsten Stämme. Wenn auch diese frühzeitige Auslese eine spürbare Verkürzung im Wechsel der Sämlingsfelder erlaubt, so ist doch eine Frühauslese im Sämlingsstadium, d. h. vor der weinbergsmäßigen Pflanzung, das angestrebte Ziel. Die Untersuchungsbefunde von GEISLER (9) liegen in dieser Richtung. GEISLER findet an Populationen interspezifischer Kreuzungen eine Korrelation zwischen der Blattlappung der Sämlinge im 2. Sämlingsjahr zu den Fruchtbarkeitseigenschaften. Mit abnehmender Lappung der Blätter nimmt die Fruchtbarkeit ($r = 0,50$), die Traubengröße ($r = 0,35$) und -dichte ($r = 0,45$), die Beerengröße ($r = 0,57$) und der Beerengeschmack ($r = 0,40$) zu. Diese Beziehungen sind populationsspezifisch. Sie erlauben eine Frühauslese dort, wo die Sämlinge in ihrem 2. Lebensjahr noch im Topf kultiviert oder vor der Pflanzung so weit vorgetrieben werden, bis einige Blätter normal ausgebildet sind. Bei Frühjahrspflanzung im 2. Lebensjahr kann keine Selektion erfolgen, da nach GEISLER diese Beziehungen für Blätter im 1. Sämlingsjahr nicht bestehen. In diesem Zusammenhang sei auf die praktische Erfahrung bei der Erhaltungszüchtung der Kultursorten hingewiesen, daß sich ertragreiche und ertragsichere Stöcke (und Klone) durch ein geschlossenes, also nicht oder nur wenig gelapptes und im Umriß kreisähnliches Blatt auszeichnen, soweit dies die sortentypische Blattform gestattet.

III. Frühtest auf rotgefärbten Beerensaft

Der Rotweinfarbstoff der deutschen Rotweinsorten befindet sich nur in der Beerenhaut, während der Beerensaft ungefärbt ist. Je nach Jahrgang bedürfen die deutschen Rotweine eines Zusatzes von dunkelrot gefärbten ausländischen Deckweinen, um vollfarbige Rotweine zu erhalten. Häufig verleihen die Deckweine den ungedeckt rubinroten Weinen einen bläulichen Ton. Es ist daher eine Rotweinsorte erwünscht, die ohne Zusatz von Deckwein tiefrot gefärbte Weine vom Burgundertyp liefert, oder eine Deckweinsorte, deren Weine im Farbton dem Burgunderrot entsprechen. Die sog. Färbertraube (Teinturier) besitzt Beeren, deren Saft gefärbt ist und den gewünschten Farbton liefert, nur sind Ertrag und Qualität zu gering. Aus Kreuzungen dieser Sorte mit Spätburgunder oder Ruländer können quantitativ und qualitativ wirtschaftlich tragbare Sorten gewonnen werden, die tiefrote Weine liefern. „Roter Beerensaft" ist mit „roter Blattverfärbung" gekoppelt (DE LATTIN, 7). Die Blattverfärbung von grün zu dunkelrot tritt an ausgewachsenen Pflanzen im Juli—August auf, bei Sämlingen verfärben sich aber schon die jungen Laubblätter frühzeitig, zumindest fleckig, so daß bereits während der Topfkultur im Treibhaus eine Frühauslese erfolgen kann. Alle rein grün bleibenden Pflanzen sind für die Zuchtrichtung wertlos und scheiden aus.

2. Unterlagenzüchtung

Eine Unterlage muß folgende Anforderungen erfüllen:

I. Resistenz (zumindest Feldresistenz) gegen Reblaus und Pilzkrankheiten.
II. Ökologische Eignung für das deutsche Weinbaugebiet und gute Adaption für bestimmte Lagen und Böden.
III. Gute Affinität zu bestimmten Edelsorten.

Diese Anforderungen gelten sowohl für die Klonenauslese der vorhandenen Sorten wie für die Kombinationszüchtung.

2/I. Frühauslese gegen Reblaus und *Plasmopara*

Über die Prüfung und Auslese gegen Reblaus wurde von HUSFELD (13) und BREIDER (6) berichtet. Die Selektion *Plasmopara*-resistenter Reben erfolgt nach künstlicher Infektion im „Mehrblatt-Stadium" der Sämlinge im Treibhaus nach HUSFELD (11).

II. Frühtest auf ökologische Eignung

a) *Photoperiodische Reaktion*. Als ein Kriterium für eine gute ökologische Anpassung gilt ein zeitgerechter Vegetationsabschluß. Dieser wird weitgehend durch die photoperiodische Reaktion bestimmt, die bei den jetzt gebräuchlichen Unterlagen, deren Eltern nordamerikanische Wildarten aus südlicheren Breiten sind, sehr verschieden von den in unseren Breiten kultivierten *vinifera*-Sorten ist (HUSFELD 12). Die photoperiodische Reaktion steht nach Untersuchungen von ALLEWELDT (2) in enger Verbindung zur Sensibilität gegen Gibberellinsäure. Nach Auftropfen einer wäßrigen Lösung von Gibberellinsäure auf die Blätter der tagneutralen Kulturformen beobachtete ALLEWELDT ein stark gefördertes Längenwachstum, bei den Kurztagsorten, also den amerikanischen Wildreben, aber nicht. Ob sich hieraus eine Frühauslese nach der photoperiodischen Reaktion der Sämlinge entwickeln läßt, bleibt abzuwarten.

b) *Wassergehalt der Jahrestriebe*. Im Spätsommer und Herbst setzt an den einjährigen Trieben die Borkebildung ein, äußerlich feststellbar an der Bräunung. Bei den *vinifera*-Sorten beginnt die Borkenbräunung bereits in der zweiten Augusthälfte, bei den Unterlagen erst einen Monat später, dann aber ziemlich rasch. Bis Anfang November ist die Borkebildung auch bei den Unterlagen so weit fortgeschritten, daß gegenüber den *vinifera*-Sorten äußerlich kein Unterschied zu beobachten ist. Diese „Holzreife"-Bestimmung auf Grund der Bräunung sagt daher zu wenig über die physiologischen Verhältnisse in den Trieben aus.

Hier hat sich der Wassergehalt (WG) der Triebe als ein sehr brauchbares Kriterium zur Beurteilung der Holzreife bewährt. Er verändert sich vom Austrieb bis zur Winterruhe mit den physiologischen Zuständen. In der wachsenden Triebspitze beträgt der WG etwa 80%, erreicht in den Internodien, deren Längenwachstum vor dem Abschluß steht, bis 91%. Mit anteilmäßiger Vergrößerung des Holzgewebes, fortschreitender Verstärkung der Zellwände, Borkebildung und Ablagerung von Reservestoffen geht der

Wassergehalt zurück (18). Zur Zeit des durch Frost ungestörten Laubfalles liegt er je nach Jahrgang zwischen 42% und 50%. Triebteile mit einem höheren WG sind frostgefährdet oder vertrocknen während der Winterruhe. Es besteht eine negative Korrelation „Wasser- zu Stärkegehalt" von $r = -0,52$ $s_r = 0,06$ $n = 142$. Mit Zunahme des Stärkegehaltes um eine Klasse (bei 5 Klassen) sinkt der WG um 1,5%. Physiologische Störungen während der Vegetationszeit, z. B. Trockenperioden, verzögern und behindern die normale Holzreifung, so daß trockengeschädigte Reben im Vergleich einer beregneten mit einer unberegneten Parzelle je nach Sorte und Triebteil nach dem Laubfall einen um 2—24% höheren WG hatten (18).

Das Markgewebe hat einen höheren WG (55—90%) als der Trieb in seiner Gesamtheit (mit Mark und Borke) und hat die Funktion eines Wasserspeichers und -regulators vom Herbst bis zum Austrieb (17). Je feuchter der Herbst und der Boden, desto höher die Werte; in sehr trockenen Jahren und Lagen werden die Tiefstwerte erreicht. Der Wassergehalt des Markes erhöht den Gesamtwassergehalt des Triebes um so mehr, je größer das Mark ist. So errechnete sich für die Sorte Gutedel eine positive Korrelation „Wassergehalt : Markgröße" $r = +0,55$ $s_r = 0,057$ $n = 150$. Das bedeutet eine Abnahme des WG um 0,3% bei Verkleinerung des Markes um 2% der Querschnittsfläche, so daß der Faktor „Markgröße", der für die Veredlungsaffinität Bedeutung hat, gleichzeitig mit dem WG erfaßt wird. Der WG des Triebes ist somit ein Ausdruck seines physiologischen Zustandes und damit zu einem bestimmten Zeitpunkt ein Gradmesser für die „Holzreife". Für die Auslese im Rebzuchtgarten und Prüfung der Neuzüchtungen müssen die Untersuchungen im Oktober durchgeführt werden, da zu dieser Zeit die sorten- und standortbedingten Unterschiede der Holzreife am stärksten ausgeprägt sind. Die Höhe des Wassergehaltes als Gradmesser der Holzreife ist nicht ein absoluter Maßstab, sondern wird naturgemäß stark durch die Jahreswitterung beeinflußt (Abb. 6). Je höher die Temperatursumme während der Vegetationszeit, desto besser die Holzreife, desto geringer der Wassergehalt. Die beiden Kurven Temperatursumme und Wassergehalt lassen die wechselseitige Beziehung gut erkennen. Abweichungen beruhen auf extremen Witterungsperioden (wie im Sommer und Herbst 1948 und 1952) oder Spätfrostschäden (1953) (20). Da der WG als abhängig vom Jahrgang kein absoluter Wert sein kann, ist der Mittelwert der geprüften Population als Bezugsgröße einzusetzen.

Tabelle 8. *Gutedelklone am gleichen Standort 1950.*

Klon Nr.	WG %	Stockertrag	Stärke	Mark %	Spätholz	Blattrollen
3674	47,0	0,5	1	16,5	2	Rr
3829	48,0	1,2	+2	25,1	3	R
38101	46,8	1,4	1	21,7	2	rr
3624	51,1	1,8	3	21,3	3—	R
3883	51,7	2,0	3—	25,7	3—	R
Standort a	44,5	4,5	—	24,0	—	rr
3676	47,9	3,6	1—	15,1	2	rr
Standort a	45,3	2,5	—	24,4	—	rr
365	48,0	4,2	+2	19,6	3	r
Standort a	46,2	3,9	—	24,4	—	rr
3888	52,9	4,4	3	23,5	4	r
368	50,1	4,9	3—	26,1	3—4	Rr

Außerdem muß die Prüfung innerhalb einer möglichst eng begrenzten Zeitspanne erfolgen, um witterungsbedingte Streuungen weitgehend auszuschalten. Bei Beachtung dieser Einschränkung ergeben sich auch für die Klone einer Sorte Unterschiede in der Holzreife, wie Tabelle 8 zeigt. Dabei wird die Höhe des WG am gleichen Standort, von 46,8% bis 52,9% streuend, nicht entscheidend durch die Ertragshöhe bestimmt, wie ein Vergleich der Klone 365 und 3676 mit 3624 und 3883 zeigt. Die Klone 365 und 3676 mit hohem Ertrag und geringem WG haben einen um zwei Klassen besseren Stärkegehalt (1 = sehr gut), einen um 6% geringeren Markanteil, einen etwas

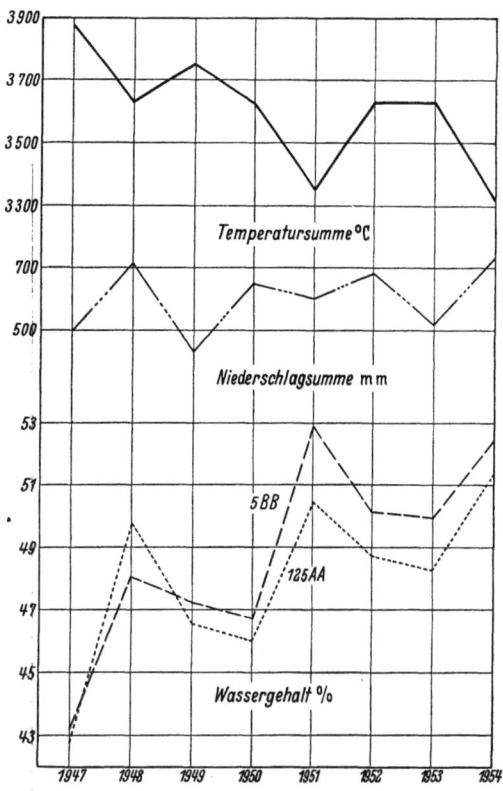

Abb. 6. Temperatur- und Niederschlagsumme (1. 3.—31. 10.) in den Jahren 1947—1954 im Vergleich mit dem Wassergehalt der Unterlagen *berl.—rip.* Kober 5 BB und 125 AA.

höheren Anteil Spätholz als Zeichen eines ausgeglichenen Vegetationsabschlusses als 3624 und 3883, dazu nicht rollende Blätter (s. 1 a II). Für 3 Klone ist noch der WG für einen zweiten Standort „a" angegeben. Die Klone 365 und 3676 haben am Standort „a" bessere Holzreife bei etwas geringerem Ertrag, werden aber von Klon 3883 durch sehr hohen Ertrag und sehr gute Holzreife (geringster WG) übertroffen, worin sich die unterschiedliche Reaktionsnorm der Klone auf den Standort ausdrückt.

Der Wassergehalt der Triebe ist also ein empfindlicher Wertmesser für die Holzreife und damit für die ökologische Eignung und für bestimmte Standorte.

Die WG-Bestimmung kann bereits im ersten Sämlingsjahr durchgeführt werden. Sie erfolgt aber meist erst ab zweitem Jahr nach der weinbergsmäßigen Pflanzung, da das im 1. und 2. Sämlingsjahr anfallende Holz für die Prüfung auf Reblausresistenz benötigt wird. In späteren Jahren kann auf Grund der Reblausprüfung der ökologische Test auf die reblausresistenten Sämlinge beschränkt werden.

In der Bestimmung des Wassergehaltes des Triebes am Ende der Vegetationszeit ist ein für Serienuntersuchungen geeigneter Frühtest für eine Auslese auf Holzreife und ökologische Eignung gegeben.

c) *Sproßhistologie*. Die Einflüsse des Standortes lassen sich auch an einigen histologischen Größen des Sprosses nachweisen. So deutet ein vergrößerter Bastanteil auf erschwerte Nährstoffaufnahme und Wurzelentwicklung hin (20). In gleichem Sinne ist der Quotient Bast:Holz × 100 (B:H) zu werten, der sich um so mehr vergrößert, je geringer die ökologische Eignung und damit die allgemeine Wüchsigkeit ist. Um diese Beobachtungen an Sämlingen nachzuprüfen, wurden 6 Populationen im 1. Sämlingsjahr (Frühbeetkultur 1953) nach dem natürlichen Blattfall sproßhistologisch untersucht und mit ihrer Wüchsigkeit (1 = sehr gut, 5 = sehr schlecht) im 3. und 6. Jahr nach der weinbergsmäßigen Pflanzung verglichen (vgl. Tab. 9*).

* Herr Dr. RUNDFELDT, Institut f. Gärtnerische Pflanzenzüchtung, Hannover-Herrenhausen hat die statistischen Berechnungen durchgeführt. Für sein freundliches Entgegenkommen und die umfangreichen Arbeiten möchte ich auch hier meinen verbindlichsten Dank aussprechen.

Die beiden Selbstungspopulationen besitzen, nach der Größe des Sproßquerschnittes beurteilt, viel kräftigere Sämlinge als die Kreuzungen von Silvaner und Gutedel mit diesen Selbstungs-Eltern. Sie unterscheiden sich voneinander durch das prozentual größere Bast- und das kleinere Holzgewebe sowie den sich daraus ergebenden größeren Quotienten Bast:Holz in der Selbstung von Sbl 2-26-30. Außerdem besitzt diese Selbstung in der Wüchsigkeitsklasse 1 keinen Vertreter. Der große Bastanteil von Sbl 2-26-30 tritt bei den Sämlingen in Kombination mit Gutedel verstärkt auf, während er sich in Kombination mit Silvaner weniger bemerkbar macht.

Die Gutedel-Kreuzungspopulationen haben in der Wüchsigkeitsklasse 1 keinen und in der 2. nur zwei (5%) Vertreter, sind also allgemein schwachwüchsig. Ihre einjährigen Sämlinge haben im Mittel einen kleinen Sproßquerschnitt (5,8 und 6,4 mm²), einen großen Bastanteil (30,3% und 34,0%) sowie einen hohen B:H-Quotienten (55 und 63). Im Gegensatz hierzu reihen sich die Sämlinge der Silvaner-Kreu-

Tabelle 9. *Korrelation zwischen den sproßhistologischen Werten im 1. Sämlingsjahr und der Wüchsigkeit im 3. Weinbergsjahr.*

Population	1. Sämlingsjahr histolog. Werte	Wüchsigkeit im 3. Weinbergsjahr						Mittel und n	histolog. Werte zu Wüchsigkeit r	s_r
		1	2	3	4	5	tot			
FS$_4$-195-39 (Dr. Deckerrebe) Selbstung	n	3	30	29	24	19	3	108		
	a. Querschnitt mm²	19,8	15,6	13,4	12,0	11,4	8,3	13,4	+0,48	++
	b. Bast %	25,7	25,4	26,8	26,8	28,9	25,6	26,6	−0,30	++
	c. Holz %	63,4	57,9	56,4	54,4	51,6	55,5	56,7	0,43	++
	d. Mark %	10,6	16,7	16,8	18,8	20,1	19,1	17,7	−0,35	++
	e. Bast:Holz	41	45	48	49	56	52	47	−0,35	++
Sbl 2-26-30 Selbstung	n	—	20	38	24	11	4	97		
	a. Querschnitt mm²	—	13,0	10,4	9,5	8,0	8,8	10,1	+0,41	++
	b. Bast %	—	32,5	32,7	32,9	32,0	31,4	32,5	0,00	—
	c. Holz %	—	52,9	52,8	51,7	52,5	50,7	52,5	+0,05	—
	d. Mark %	—	14,6	14,5	15,4	15,5	17,9	15,0	−0,12	—
	e. Bast:Holz	—	61	62	64	61	63	62	−0,02	—
Silvaner × FS-4-195-39	n	13	57	25	1	—	4	100		
	a. Querschnitt mm²	8,1	7,6	7,6	7,2	—	6,6	7,7	+0,09	—
	b. Bast %	24,7	25,6	26,2	28,8	—	24,6	25,4	−0,08	—
	c. Holz %	59,7	59,4	57,9	60,0	—	61,9	59,6	+0,09	—
	d. Mark %	15,6	15,0	15,9	11,2	—	13,5	15,0	−0,02	—
	e. Bast:Holz	41	43	45	48	—	40	43	−0,09	—
Silvaner × Sbl 2-26-30	n	1	8	5	1	1	3	19		
	a. Querschnitt mm²	9,2	7,1	6,5	6,7	5,8	6,7	6,9	+0,33	—
	b. Bast %	30,6	27,3	25,1	27,6	31,7	30,6	27,8	−0,02	—
	c. Holz %	63,1	60,4	54,5	60,3	54,5	57,1	58,7	+0,43	—
	d. Mark %	6,3	12,3	20,4	12,1	13,8	12,3	13,5	−0,36	—
	e. Bast:Holz	49	45	46	46	58	54	47	−0,31	—
Gutedel × FS-4-195-39	n	—	2	11	9	7	6	35		
	a. Querschnitt mm²	—	6,2	6,2	5,8	5,6	5,3	5,8	+0,26	—
	b. Bast %	—	27,8	29,6	32,0	32,7	27,3	30,3	−0,32	—
	c. Holz %	—	51,2	57,0	54,9	51,2	55,7	54,9	0,27	—
	d. Mark %	—	21,0	13,4	13,1	16,1	17,0	14,8	0,00	—
	e. Bast:Holz	—	54	52	58	64	49	55	−0,34	+
Gutedel × Sbl 2-26-30	n	—	2	19	17	6	2	46		
	a. Querschnitt mm²	—	7,1	6,4	6,3	6,4	5,7	6,4	+0,08	—
	b. Bast %	—	32,1	33,9	34,7	31,7	35,7	34,0	−0,06	—
	c. Holz %	—	57,1	53,3	52,6	58,5	54,0	54,4	0,15	—
	d. Mark %	—	10,8	12,8	12,7	9,8	10,3	11,6	−0,09	—
	e. Bast:Holz	—	56	64	66	54	66	63	−0,08	—
Mittel der 6 Sämlingspopulationen als Gesamtkollektiv	n	17	119	127	76	44	22	405		
	a. Querschnitt mm²	10,2	10,5	9,4	9,1	8,8	6,8	9,5	+0,39	++
	b. Bast %	25,2	27,0	29,6	31,1	30,8	28,6	28,9	−0,45	++
	c. Holz %	60,5	57,8	55,1	53,4	52,6	55,9	55,9	+0,36	++
	d. Mark %	14,2	15,2	15,2	15,5	16,6	15,5	15,2	−0,13	—
	e. Bast:Holz	41	47	54	59	58	53	52	−0,45	++

++ = hochsignifikant; + = signifikant; — = nicht signifikant.

zungen zum größten Teil in die Klassen 1 und 2 für Wüchsigkeit (70 bzw. 47%) ein. Der Bastanteil ist gering (25,4 bzw. 27,8%) und B:H liegt mit 43 bzw. 47 wesentlich tiefer. Im 6. Weinbergsjahr hat sich die Verteilung der Sämlinge bei Gut × Sbl 2-26-30 nach rechts verschoben, so daß in Klasse 2 und 3 zusammen jetzt nur noch 14 stehen statt 21 drei Jahre vorher. In der Population Gut × FS-4-195-39 ist zwar ein Sämling in Klasse 1 mit züchterischem Wert gelangt, aber aus den Klassen 4 und 5 sind 9 Sämlinge mit B:H = 61 total ausgefallen und in Klasse 5 kümmern noch zwei mit B:H = 68. Während in der Population Silv. × Sbl 2-26-30 keine wesentliche Verschiebung eingetreten ist, finden sich bei Silv. × FS-4-195-39 nach 6 Jahren 91 Sämlinge (gegen 70 nach 3 Jahren) in den Klassen 1 und 2. Sie zeichnen sich alle durch einen kleinen (*vinifera*-ähnlichen) Bastanteil und kleinen B:H-Quotienten aus, weswegen sie sich gegenüber den edaphischen Faktoren gut behaupten und kräftig weiterentwickeln konnten. Es lassen sich nun einige Korrelationen zwischen den histologischen Werten im ersten Sämlingsjahr und der Wüchsigkeit im 3. Jahr nach der weinbergsmäßigen Pflanzung nachweisen. Diese Korrelationen bestehen jedoch nur in den Populationen, in denen alle 5 Wüchsigkeitsklassen entsprechend der Wahrscheinlichkeit besetzt sind, nicht aber dort, wo z. B. die Klasse 1 oder 5 leer sind. Werden die Glieder aller Populationen in einem Gesamtkollektiv zusammengefaßt, so treten die Beziehungen zwischen den histologischen Werten und der Wüchsigkeit deutlich hervor (Tab. 9, unterster Abschnitt). Mit abnehmender Wüchsigkeit nimmt der Sproßquerschnitt von 10,2 mm² bis 8,8 mm² und der prozentuale Holzanteil von 60,5% bis 52,6% ab, dagegen der Bastanteil von 25,2% bis 30,8% und auffallend B:H von 41 bis 58 zu. Der Anteil des Markes erhöht sich nur unbedeutend. Die Glieder der Klasse „tot", die nicht mit in die Korrelationsberechnung einbezogen wurden, zeichnen sich im Gesamtkollektiv als die im Querschnitt schwächsten (6,8 mm²) Pflanzen aus.

Für die weitere Züchtung oder bereits zur unmittelbaren Verwendung als Neuzüchtung kommen in der Regel nur Pflanzen in Betracht, die in Klasse 1 oder 2 stehen. Aus den Werten für das Gesamtkollektiv läßt sich daher ableiten, daß einjährige Sämlinge mit einem Bastanteil über 28%, einem Holzanteil unter 56% oder mit einem B:H über 50 keine Aussicht haben, bei Berücksichtigung der ökologischen Eignung züchterische Bedeutung zu erlangen. Es können also vor der weinbergsmäßigen Pflanzung nach den vorliegenden Ergebnissen bis zu ²/₃ des ganzen Kollektivs entfernt werden. Der Züchter läuft dabei nicht Gefahr, durch voreiliges Wegwerfen der schwachen Pflanzen und besonders solcher mit hohem B:H Zuchtmaterial zu verlieren, das sich möglicherweise in späteren Jahren doch noch als vital entwickelt hätte. Bei der Festlegung eines Grenzwertes für das Wegwerfen muß die populationsspezifische Bedingtheit der Mittelwerte berücksichtigt werden.

d) *Blattstruktur und Dürreresistenz*. Die ökologische Anpassung und Eignung finden ihren Ausdruck auch in den Merkmalen der Blattstruktur. Die Eltern der am häufigsten verwendeten Unterlagensorten stammen z. T. von Standorten, die eine gesicherte Wasserversorgung während der Vegetationszeit garantieren. In den deutschen Weinbaugebieten werden Hanglagen bevorzugt. Hier herrscht zeitweise Trockenheit, an welche die europäischen (*vinifera*-) Kultursorten, auf eigener Wurzel stehend, angepaßt sind, während die gleichen Sorten auf eine Unterlage gepfropft der Gefahr von Trockenschäden ausgesetzt sind. Um die ökologische Eignung, insbesondere die Dürreresistenz der *Vitis*-Arten, -Sorten und -Sämlingspopulationen möglichst frühzeitig erkennen zu können, bestimmt GEISLER (10) die Blattstrukturen nach den Dimensionsquotienten: Oberflächenentwicklung (cm² Blattfläche je g Frischgewicht), Sukkulenzgrad (g Wasser je 100 cm² Blattfläche), Hartlaubcharakter (g Trockensubstanz je 100 cm² Blattfläche) und Wassergehalt in % des Blattfrischgewichtes. GEISLER kommt zu dem Schluß, daß eine Selektion von dürreresistenten Pflanzen möglich erscheint, wobei die Oberflächenentwicklung die größte Variabilität zeigt. Die absolute Größe der Oberflächenentwicklung ist zwar kreuzungsspezifisch, aber die Beziehung zur Dürreresistenz ist in allen untersuchten Populationen gleichsinnig. Je kleiner die Oberflächenentwicklung, desto günstiger die Dürreresistenz. Für die Auslese nach den Dimensionsquotienten des Blattes ist die Beobachtung GEISLERs von Interesse, daß bei Treibhauskultur die Korrelation zwischen Blattstruktur und Dürreresistenz deutlicher wird als bei Freilandkultur. Weiterhin verringern bei Wassermangel dürreanfällige Pflanzen ihre Oberflächenentwicklung stärker als dürreresistente. Es zeichnet sich hier also ein Weg ab, der zu einer Frühauslese im 1. und 2. Sämlingsjahr führen kann.

III. Frühauslese auf Affinität

Bei der Prüfung und Auslese auf Affinität ist zu unterscheiden zwischen Veredlungs- und Leistungsaffinität.

a) *Veredlungsaffinität*. Unter Veredlungsaffinität fassen wir die Faktoren zusammen, die den Verwachsungsvorgang der beiden Pfropfpartner beeinflussen. Die Holzreife ist hierfür ein wichtiger Faktor, der bereits behandelt wurde. Neben biochemischen und entwicklungsphysiologischen Vorgängen beeinflußt der histologische Zustand der einjährigen Triebe den Verwachsungsprozeß. Die Ursache liegt in dem unsymmetrischen Sproßbau. Infolge der zweizeiligen Blattstellung und der blattgegenständigen Ranken lassen sich im Internodium die Ranken- und Augenseite (= die beiden Breitseiten) unterscheiden. Zwischen beiden liegen die viel stärker entwickelten, aber unter sich gleichwertigen Schmalseiten (18). Auf der Rankenseite sind das Holzgewebe, die Leitfläche sowie das Bastgewebe am schwächsten ausgebildet, so daß hier infolge unzureichender Stoffversorgung und -leitung häufig nur schwache oder keine Kallusbildung und Verwachsung beider Pfropfpartner erfolgt und sog. „Rückendarre" eintritt. Auch das Mark ist in Richtung der Breitseiten wesentlich größer als zwischen den Schmalseiten. Dieser nachteilige unsymmetrische Sproßbau hängt mit dem Lianenwuchs zusammen. Es gibt jedoch Kultursorten (Steinschiller) und innerhalb der Sorten Klone sowie Kreuzungsprodukte, die weniger zum Lianentyp, als vielmehr zu einem „*erectum*"-Wuchs neigen und deren Sproßachse morphologisch und histologisch nicht so stark asymmetrisch gebaut ist. Bereits in der Topf- und Beetkultur fallen „*erectum*"-Sämlinge auf, so daß eine Frühauslese möglich ist.

b) *Leistungsaffinität*. Die Leistungsaffinität einer Pfropfrebe wird mitbestimmt durch den gleichsinnigen oder voneinander abweichenden Entwicklungsrhythmus beider Pfropfpartner. Die Arten *Vitis riparia*, *rupestris*, *vinifera* und *berlandieri* unterscheiden sich in ihrem Entwicklungsrhythmus auffallend dadurch, daß die Blattentfaltung in der Rangfolge *riparia—berlandieri* in einem fortschreitend früheren Stadium erfolgt (19). Die Entfernung des sich entfaltenden Blattes vom Vegetationspunkt aus ist aus der Tabelle 10 zu entnehmen. Ein weiteres Charakteristikum des Entwicklungsrhythmus ist die Größe des (meistens) 7. Blattes, dessen darunterstehendes Internodium sein Längenwachstum beendet hat, äußerlich daran kenntlich, daß es dem Biegen einen merklichen Widerstand entgegensetzt. Je größer dieses Blatt in % des ausgewachsenen Blattes ist, desto eher erreichen die Blätter ihre volle Aktivität. Das 7. Blatt hat bei *rupestris* bereits die Hälfte des ausgewachsenen Blattes erreicht. Bei *berlandieri* und *cinerea* verläuft das Blattwachstum extrem langsam (Fläche des 7. Blattes erst 10% des ausgewachsenen).

Tabelle 10. *Triebspitzen-Entwicklung*.

Art, Sorte	Länge bis s. öffn. Blatt mm	7. Blatt in % d. ausgew. Blattes	ausgew. Blatt cm²
riparia	65	22	235
rupestris	35	50	165
vinifera	25	24	160
berlandieri-cinerea	15	10	190
rip-berl. 125 AA, 5 BB	—	13	256
rip-rup C 3309	—	50	180

Es bestehen zwischen *vinifera* und den Unterlagen, die nur in einzelnen Fällen *vinifera*-Erbgut enthalten, starke Differenzen in der Trieb- und Blattentwicklung, die noch durch Unterschiede in der Blatthistologie und im Wasserhaushalt verstärkt werden (19).

Je nach ihrem Entwicklungsrhythmus beeinflussen die Unterlagen das Edelreis hinsichtlich Wachstum und Leistung. Vergleicht man die Trieb- und Blattentwicklung der *vinifera*-Sorte Gutedel auf *berl.-rip* 5 BB und 125 AA mit *rip-rup* C 3309 und MG 101-14, so ergeben sich deutliche Unterschiede.

Tabelle 11. *Triebwachstum von Gutedel auf verschiedenen Unterlagen (4. 6. 1957)*.

Unterlage		Trieblänge in cm		Blattfläche in cm²	
		insgesamt	bis 7. Blatt	7. Blatt	größtes Blatt
berl-rip	5 BB	39	17	53	99
	125 AA	40	17	47	96
rip-rup	C 3309	28	13	72	134
	101—14	31	14	73	112

Die Blattentwicklung ist auf *rip-rup*-Unterlage auf Kosten des Längenwachstums stark gefördert. Damit stehen der Geschein- und Blütenausbildung frühzeitig mehr Assimilate zur Verfügung als auf *berl-rip*-Unterlage. Eine gleichsinnige Wirkung ist auf die Anlage der Gescheine für das folgende Jahr zu erwarten. Auch die Ertragshöhe und -sicherheit werden durch diese *rip-rup*-Unterlagen gefördert. Daraus kann geschlossen werden, daß auch der Entwicklungsrhythmus die Leistungsaffinität beeinflußt. Die Entwicklungstypen lassen sich ab 2. Jahr im Weinberg durch einfache Längen- und Blattflächenmessungen feststellen. Damit ist zwar keine Frühauslese an ein- oder zweijährigen Sämlingen in Beetkultur, wohl aber eine Auslese zu einer so frühen Zeit möglich, zu der andere Eigenschaften noch nicht sicher erkannt werden können. In gleichem Sinne sind die Ergebnisse von GEISLER (9) zu werten.

GEISLER konnte in einem Pfropfversuch bei fünfjähriger Prüfung Beziehungen zwischen Eigenschaften der Unterlagssämlinge und den Ertragsmerkmalen der Edelreissorte nachweisen. So verringert ein früher Vegetationsabschluß der Unterlage den Ertrag des Edelreises je Klasse (sehr früh bis sehr spät = 5 Klassen) um 100 g. Dagegen erhöht ein früher Austrieb den Ertrag um rund 100 g je Klasse. Eine gute Holzreife der Unterlage bewirkt eine Qualitätshebung des Edelreises. Diese Ergebnisse ermöglichen eine strengere und besonders gerichtete Selektion der Unterlagensämlinge, zumal die Beziehungen signifikant und physiologisch verständlich sind. GEISLER (10 a) prüfte auch den Einfluß von Unterlagen mit unterschiedlicher Dürreresistenz auf die Leistungen des Edelreises. Er kommt zu dem Ergebnis, daß Unterlagensämlinge mit extrem hoher Dürreresistenz nur für besonders trockene Lagen Bedeutung haben und daß Sämlinge mit einer mittleren Dürreresistenz die Leistungen des Edelreises in den meisten Jahren besonders günstig beeinflussen.

Für die Unterlagenzüchtung stehen heute eine Anzahl Frühteste zur Verfügung, die eine rasche Einengung des Zuchtmaterials erlauben und dadurch den Züchter in die Lage setzen, den verbleibenden Rest noch eingehender auf Bewurzelung und Wurzeltyp, extensive oder intensive Wurzelbildner (vgl. GEISLER, 8) usw. zu untersuchen, um nur gut analysierte Sämlinge zur Veredlung und weinbaulichen Prüfung zu bringen.

3. Züchtung von Keltertrauben mit Schädlingsresistenz

Das uns z. Z. zur Verfügung stehende Rebensortiment bietet nur wenig Aussichten für eine in kurzer Zeitspanne erfolgversprechende Resistenzzüchtung auf der Grundlage reiner *vinifera*-Sorten. Die Resistenzeigenschaften müssen daher durch Kombinationszüchtung mit resistenten nordamerikanischen Wildarten erzielt werden. Außer den bei der Unterlagenzüchtung erwähnten Frühauslesen auf Resistenz (13) ist hier eine frühzeitige Auslese auf Geschmack erwünscht. Durch die Wildarten werden bekanntlich für die europäischen Weine nicht erwünschte Bukett- und Geschmackstoffe eingeführt, die bisher durch subjektives Verkosten des Weines festgestellt wurden. Auf Grund der papierchromatischen Bestimmung nach BAYER (3) können Traubenmoste von Neuzüchtungen auf artspezifische Stoffe geprüft und gegebenenfalls ausgeschieden werden. In gleicher Weise lassen sich die nicht *vinifera*-typischen Anthozyane nachweisen, was besonders die Züchtung von Rotweinsorten mit rotem Beerensaft vereinfacht und bereits beim ersten, selbst sehr geringen Ertrag eine frühzeitige Auslese gestattet. In einer vorläufigen Mitteilung beschreibt DRAWERT (7a) die Methode.

In der Züchtung pilzresistenter Keltertrauben ist eine Frühauslese im ersten Sämlingsjahr auf Pilzresistenz gegeben, im zweiten Sämlingsjahr eine solche in Richtung Ertragsleistung auf Grund morphologischer Blattmerkmale, und mit dem ersten Fruchtansatz ist es mittels der Papierchromatographie möglich, hinsichtlich bestimmter Geschmacksstoffe und Anthozyane geeignete Sämlinge auszulesen bzw. ungeeignete auszuscheiden. Bei der Rebe kann man eine Auslese, die erst mit dem ersten Fruchtansatz, also etwa an 3—4jährigen Sämlingen einsetzt, auf Grund unserer bisherigen Kenntnisse noch als „Frühauslese" betrachten. Ohne eine mittels der Papierchromatographie gesicherte Auslese wäre eine mehrjährige Qualitätsprüfung durch die Zungenprobe notwendig, die wiederum einen größeren Ertrag voraussetzt, um eine genügend große Menge verkostbaren Weins zu erzeugen. Daher kürzt eine Auslese selbst erst im 4. Jahr der weinbergsmäßigen Pflanzung die Bewirtschaftung der Sämlingsquartiere immer noch um mehrere Jahre.

Zusammenfassung

Es wird über Beobachtungen und Untersuchungsergebnisse berichtet, die eine Frühauslese in der Rebenzüchtung ermöglichen.

1. Im Rahmen der Klonenzüchtung besitzt der Nachbau von selektierten Einzelstöcken, die infolge geringer Veredlungsaffinität und anfallender Holzmenge eine niedrige Vermehrungsquote haben, eine geringere Ertragsleistung als der von vitalen, gut veredlungsfähigen Mutterstöcken. Auf die weitere Kontrolle und Prüfung der nur schlecht vermehrbaren Einzelstöcke kann daher verzichtet werden.

2. Die Bewertung der Kleinklone erfolgt auf Grund einer Korrelationstabelle „Menge:Güte", wobei der Mittelwert der Klonenanlage als Maßstab zugrunde gelegt wird. Auf diese Art ist eine frühe Einengung des Zuchtmaterials möglich.

3. Klone der Sorte Gutedel mit rollenden Blättern bringen im Durchschnitt wesentlich geringere Erträge und haben eine schlechtere Holzreife als nichtrollende Klone. Klone und Sämlinge mit rollenden oder stark zum Rollen neigenden Blättern sind nicht vermehrungswert und können beim ersten Auftreten ausgeschlossen werden.

4. In der Kombinationszüchtung der *vinifera*-Sorten können entsprechend der Beziehung Menge: Güte in den ersten Ertragsjahren mit großer Sicherheit die in ihrer Leistung positiven Typen ausgelesen werden; je ungünstiger die Jahreswitterung, desto sicherer der Ausleseerfolg.

5. Es bestehen (nach GEISLER) Korrelationen zwischen der Blattform zweijähriger Sämlinge und Fruchtbarkeitseigenschaften.

6. Sämlinge, die später Beeren mit rotem Beerensaft besitzen, sind bereits im jungen Stadium während der Anzucht an der Rotfärbung der jungen Laubblätter zu erkennen.

7. Ein Frühtest auf Holzreife und ökologische Eignung auf Grund des Wassergehaltes der einjährigen Triebe wird erläutert. Je niedriger der Wassergehalt, desto besser die Holzreife.

8. Die Querschnittsfläche, die Größe des Bast-, Holz- und Markgewebes des einjährigen Triebes ermöglichen im ersten Sämlingsjahr ein Ausscheiden der Pflanzen, die auch in späteren Jahren infolge geringer Wüchsigkeit wertlos bleiben.

9. Beziehungen zwischen Blattstruktur und Dürreresistenz (nach GEISLER) ermöglichen eine Frühauslese auf ökologische Eignung.

10. Die Veredlungsaffinität wird durch den unsymmetrischen Sproßbau, der mit dem Lianenwuchs zusammenhängt, beeinflußt. Es ist möglich, im 1. Sämlingsjahr die nicht überhängenden und sich nicht verzweigenden „*erectum*"-Sämlinge auszulesen.

11. Auf die Leistungsaffinität der Pfropfreben hat der Entwicklungsrhythmus der Pfropfpartner Einfluß. An Hand von Längen- und Blattflächenmessungen ist eine Frühauslese gewünschter Entwicklungstypen möglich.

12. Die Leistung des Edelreises wird durch die Unterlage in Abhängigkeit von dem Grad ihrer Dürreresistenz beeinflußt. Nach GEISLER wirken sich Unterlagen mit mittlerer Dürreresistenz im Durchschnitt der Jahre am günstigsten auf das Edelreis aus.

13. Für die Züchtung pilzresistenter und geschmacklich einwandfreier Keltertrauben wird auf die Testung mittels der Papierchromatographie hingewiesen, wodurch eine negative Auslese von Sämlingen bereits beim ersten Fruchtansatz auf Grund unerwünschter artspezifischer Stoffe und besonders der Anthozyane möglich ist.

Summary

Observations and investigations are reported, which make possible an early selection in the breeding work of grape-vines.

1. When clonal breeding is used the propagated plants from selected single plants, which have on account of a lower affinity for grafting and a lower yield of wood a modest quote of propagation, possess also a lower productivity than the ones of vital mother grapes. A further control and examination of the single plants, which are not well suited for propagation can be renounced.

2. The valuation of the small clons (few plants) is done with a correlation-table using the average value of the „clon-multiplying plat" as a measure. This way it is possible early to limit the breeding material, provided that the correlation-coefficients have an higher degree.

3. Clons of the variety „Gutedel" with rolling leaves bring in the average a remarkably smaller yield than the ones with non-rolling leaves together with a worse maturity of the wood. Clons and seedlings with rolling leaves or leaves, which tend to roll are not worth to be propagated. Showing up these symptoms they can be excluded early.

4. In the combination-improvement-work of the *vinifera* varieties the types positively productive, according to the relation of quality und quantity, can be selected with great security. Unfavorable

meteorological conditions of the season guarantee a more precise and a more reliable result of the selection.

5. There are (see GEISLER) correlations between the form of the leaves of two year old seedlings and the productivity-performance.

6. Seedlings, showing berries with red sap at later stages, are recognizable in an early stage by red coloring of the young leaves.

7. An early test of the maturity of the wood and an ecological aptitude test, by means of the water contents of the one-year-old shoot is explained. The lower the water contents the better the maturity of the wood.

8. The surface of the cross-section, the volume of the bastwood and pith tissue of the one-year-old shoot make possible in the first year an elimination of the plants, which are worthless in later years, in consequence of inferior growth.

9. Relation between the structure of the leaves and droughtresistence (see GEISLER) makes possible an early selection referring to the ecological aptitude.

10. The grafting affinity is influenced by the asymmetrical arrangement of the sprouts, which is connected with the lianalike growth. It is possible to select in the first year the not overhanging and not branching „erectum" seedlings.

11. The rhythm of the development of the grafted partner is influenced by the productive affinity of the whole plant.

12. The productivity of the stamen component is influenced by the root component according to its droughtresistance. According to GEISLER root components with a mediocre drought resistance are most favourable for the stamen component.

13. For the breeding of grapes for wine-production, that are fungusresistent and without objection against the taste of the wine, it is referred to the testing by means of the paper chromatographic method, whereby a negative selection of seedlings, already with the first fruits, on account of undesirable substances, due to type and especially to anthocyanogen is possible.

Literatur

1. AICHELE, H.: Der Weinbau, Wiss. Beih. 2, S. 241 (1948). — 2. ALLEWELDT, G.: Z. f. Pfl. Züchtung 43, 63—84 (1960). — 3. BAYER, E.: Vitis 1, 298—312 (1958). — 4. BIRK, H., u. H. AMBROSI: Die Weinwissenschaft, Beih. z. „Der Deutsche Weinbau" 8, H. 5 (1954). — 5. BIRK, H., u. W. SCHENK: Mitt. A Klosterneuburg 7, 188—197 (1957). — 6. BREIDER, H.: Der Züchter, 4. Sonderh. (Frühdiagnose) 33—39 (1957). — 7. DE LATTIN, G.: Proc. IX Int. Congr. Genet. Bellagio 2, 823—827 (1954). — 7a. DRAWERT, F.: Vitis 2, 179—180 (1960). — 8. GEISLER, G.: Vitis 1, 14—30 und 82—92 (1957/58). — 9. GEISLER, G.: Vitis 2, 117—133 (1960). — 10. GEISLER, G.: Vitis 2, 153—171 (1960). — 10a. GEISLER, G.: Vitis 2, 198—207 (1960). — 11. HUSFELD, B.: Gartenbauwissenschaft 7 (1932). — 12. HUSFELD, B.: Der Züchter 10, 291—299 (1938). — 13. HUSFELD, B.: Handbuch der Pflanzenzüchtung. 2. Aufl. Berlin: Parey 1961. — 14. WEGER, N., u. E. WANNER: Bioklimatische Beibl. 4, 124 (1937). — 15. ZIMMERMANN, J.: Der Weinbau, Wiss. Beih. 3, 39—43 (1949). — 16. ZIMMERMANN, J.: Der Züchter 20, 81—91 (1950). — 17. ZIMMERMANN, J.: Z. f. Pfl. Züchtung 32, 137 (1953). — 18. ZIMMERMANN, J.: Mitteilungen A, Klosterneuburg 4, 101—119 (1954). — 19. ZIMMERMANN, J.: Mitteilungen A, Klosterneuburg 5, 70—90 (1955). — 20. ZIMMERMANN, J.: Mitteilungen A, Klosterneuburg 6, 1—19 (1956). — 21. ZIMMERMANN, J.: Mitteilungen A, Klosterneuburg im Druck (1961). — 22. WEBER, E.: Grundriß der biologischen Statistik, Jena 1948.

III. Autorenreferate

Aus dem Institut für gärtnerische Pflanzenzüchtung, Wageningen

Die praktische Bedeutung einer Identifikation von Auskernerbsen im Sämlingsstadium

Von J. M. ANDEWEG und A. VAN KOOTEN

Mit 2 Abbildungen

Zur Identifikation von Auskernerbsen sind die Samenmerkmale wichtig, aber nur beschränkt brauchbar. VAN DER VAART (5) stellte fest, daß die Form der ersten zwei Knospenschuppen junger Erbsensämlinge sehr charakteristisch für die verschiedenen Sorten ist. Mit Hilfe dieser Knospenschuppen konnte er 14 Felderbsensorten voneinander unterscheiden. G. P. MORRIS (3) konnte 40 Erbsensorten unterscheiden, unter denen sich einige Auskernerbsen befanden. PETERS (4) identifizierte 20 Sorten, hauptsächlich Auskernsorten. Eine schnelle und richtige Bestimmung der Identität und Sortenechtheit von Erbsensorten ist sehr wertvoll für den Samenhandel, besonders wenn diese Bestimmung bei Jungpflanzen im Winter, zwischen der letzten Ernte und der folgenden Aussaat, durchgeführt werden kann.

Im Institut für gärtnerische Pflanzenzüchtung in Wageningen haben die Autoren dieses Referats die Methode von VAN DER VAART zur Identifikation von ungefähr 500 Auskernerbsensorten aus ihrem Sortiment angewandt (1). In den Wintermonaten Dezember und Januar wurden Erbsenpflanzen in klimatisierten Gewächshäusern (2) des obengenannten Instituts bei einer konstanten Temperatur von 20 °C angebaut; einige Sorten wurden auch bei konstanten Temperaturen von 17 und 26 °C angebaut.

Die Samen wurden in Schalen gesät, die mit einer Mischung aus gleichen Teilen Sanderde und Torfmull gefüllt waren, und mit einer etwa 5 cm dicken Schicht groben Sandes bedeckt. Vor der Aussaat wurde die Erde gründlich befeuchtet, um Gießen und Fäule während der Vegetationsperiode zu vermeiden. Die Samen wurden mit T.M.T.D. desinfiziert und dann in die Sandschicht gesät. Von 8 bis 16 Uhr wurde Zusatzbeleuchtung durch 450 W Philips' H.O 2000 Lampen gegeben; eine Lampe pro m², 0,85 m über der Bodenoberfläche. Es wurden 30 Samen je Sorte gesät.

Etwa 20 Sämlinge wurden zur Herstellung von Abdrücken der Blattschuppen verwandt. Die dazu benutzten Pflanzen wurden willkürlich ausgewählt; sehr schwache Pflanzen wurden nicht benutzt. Bei 20 °C konnten die Abdrücke 14 Tage nach der Aussaat hergestellt werden, nämlich dann, wenn das vierte Blatt der Pflanzen im Begriff war, sich zu entfalten. Die Jungpflanzen wurden herausgezogen und, wenn nötig, in Polyäthyltüten aufbewahrt, um einem Welken vorzubeugen. Die Schuppen wurden von den Pflanzen gerissen, indem man sie über den Rand eines scharfen Messers bog, wonach sie auf das Glas eines 13×18 cm photographischen Kopierrahmens gelegt wurden. Das Glas war vorher mit

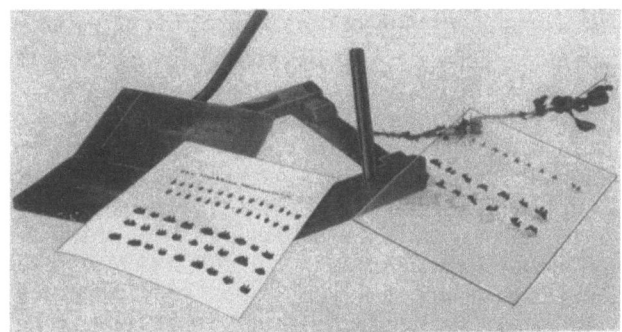

Abb. 1. Kopierrahmen.

Wasser befeuchtet worden, um das Kräuseln der sehr kleinen Schuppen zu vermeiden. Die Schuppen auf dem Glas wurden zuerst mit einer dünnen transparenten Polyäthylenschicht und danach mit einer Lichtdruckpapierschicht (Ozalid schwarz K) bedeckt, wonach der Kopierrahmen geschlossen wurde (Abb. 1). Wenn es nötig ist, die Abdrücke zu vervielfältigen, kann man „transparent Ozalid Radexpapier" verwenden. Nach Beleuchtung wurde der Abdruck in Ammoniak entwickelt. Ein Vergleich der Knospenschuppen der bei 17—20—27 °C herangewachsenen Pflanzen zeigt, daß die Form der Schuppen nur wenig verschieden ist; die Abmessungen werden aber stark von der Temperatur beeinflußt. Bei 26 °C sind die Schuppen klein, bei 20° viel größer und noch größer bei 17 °C (Abb. 2). Diese Größenunterschiede wurden bei im Winter angebauten Pflanzen, die Zusatzbeleuchtung erhalten hatten, sowie bei im Vorjahr ohne Zusatzbeleuchtung angebauten Pflanzen gefunden. Hieraus geht hervor, daß ein zuverlässiger Vergleich der Schuppenabdrücke einer bestimmten Sorte mit Abdrücken einer früher angelegten Kollektion nur dann möglich ist, wenn die Temperaturverhältnisse möglichst gleich sind.

Der Name einer Sorte wird folgendermaßen bestimmt: An Hand der Form und Farbe des Samens kann die Sorte in eine bestimmte Gruppe eingeordnet werden; der Samen kann nämlich rund oder runzlich

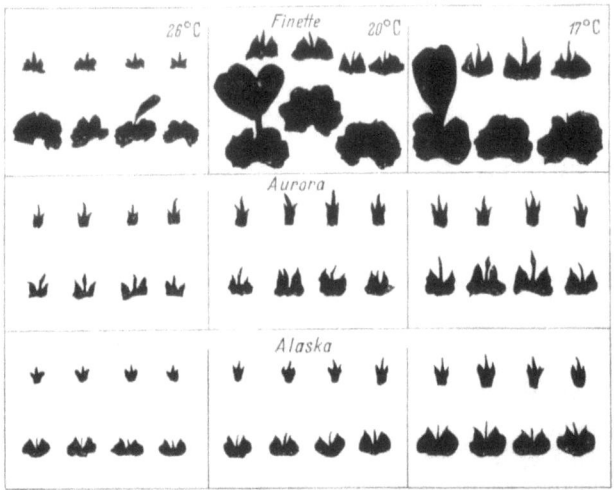

Abb. 2. Die Größe und Form der Schuppen bei verschiedenen Temperaturen. Oberste Reihe bei jeder Sorte zeigt die erste Schuppe, unterste Reihe zeigt die zweite Schuppe.

sein, die Kotyledonen können grün oder gelb sein, in einigen Fällen können Merkmale der Samenhaut und des Hilums benutzt werden. An den Jungpflanzen kann man sofort sehen, ob man es mit einer Buscherbse oder einer Reisererbse zu tun hat. Reisererbsen haben lange Internodien, Buscherbsen aber viel kürzere.

Dann werden die Abdrücke aller Sorten aus der Gruppe, zu der die unbekannte Sorte gehört, auf einem Tisch ausgelegt, und nach der Größe und der Form der Schuppen sortiert. Die Schuppenabdrücke der unbekannten Sorte werden mit den Abdrücken auf dem Tisch verglichen. In den meisten Fällen kann der größte Teil der Sorten sofort eliminiert werden, da sie deutliche Unterschiede zeigen. Die übrigen Sorten werden dann genauer mit der unbekannten Sorte verglichen. Auf diese Weise war es möglich, die Sorten mit Sicherheit zu identifizieren. In Zweifelsfällen ist es nötig, die unbekannte Sorte wieder auszusäen, zusammen mit einer oder mehreren Sorten, die die größte Übereinstimmung in Samen und Schuppen aufweisen. Mehrere kleine Unterschiede im Samen und in der Jungpflanze und in einigen Fällen Abdrücke des dritten Blattes (des ersten unvollständigen Blattes) genügen meistens für eine zuverlässige Identifikation.

Es hat sich ebenfalls als möglich erwiesen, mit dieser Methode Vermischungen in Saatgutproben festzustellen; in den meisten Fällen konnte auch die Identität der vermischten Sorten erkannt werden. Korrelationen zwischen bestimmten Formen der Knospenschuppen und gewünschten Sortenmerkmalen wurden noch nicht gefunden.

Summary

With the aid of the first and second scale, in combination with seed and other characteristics of the young plants, it is possible to identify the numerous commercial garden pea varieties. A reliable comparison of scale shadowgraphs is only possible if the conditions under which the young seedlings have grown, have been as nearly identical as possible. Mixtures in commercial seed can nearly always be readily detected in the seedling stage of the plants. In most cases it is also possible to identify the mixed varieties.

Literatur

1. ANDEWEG, J. M., and A. VAN KOOTEN: The practical importance of an identification of garden pea varieties in the seedling stage. Euphytica 6, 237—241 (1957). Meded. Inst. Vered. Tuinb. gew. Wageningen 120 (1958). — 2. BRAAK, J. P., and L. SMEETS: The phytotron of the Institute of Horticultural Plant Breeding at Wageningen, Netherlands. Euphytica 5, 205—217 (1956). — 3. MORRIS, G. P.: Investigations into the use of the first two leaves of pea seedlings in varietal identification. Journal of the National Institute of Agr. Bot. 6, 489—493 (1953). — 4. PETERS, NELSON, SPANIER: Contribucae á identificaçao de variedades de ervilha (*Pisum sativum* L.) pela morfologia dos catafilos. Jornada de Agrinomia do Rio Grande Do Sul. Dec. 1954. — 5. VAART, F. M. VAN DER: The identification of pea varieties in the seedling stage. Euphytica 1, 29—33 (1952).

Aus dem Institut für gärtnerische Pflanzenzüchtung, Wageningen

Indikatoren für das agro-physiologische Verhalten von Möhren

Von O. BANGA

Einfache Indikatoren für das Ertragsvermögen

Der Ertrag in kg je ar kann als Anzahl Möhren je ar × mittleres Möhrengewicht geschrieben werden.

Die Anzahl Möhren je ar ist ein sehr wichtiger Ertragsfaktor. Sie wird nicht nur von der Aussaatdichte, sondern auch von der Keimfähigkeit und den Keimungsbedingungen der Samen bestimmt. Das alles ist aber mehr eine Frage der Anbautechnik als der genetischen Veranlagung, es sei denn, daß man auf erbliche Unterschiede in der Samenvitalität auslesen will.

Das mittlere Möhrengewicht kann weiter als das Produkt aus spezifischem Gewicht × mittlerem Möhrenvolumen gesehen werden.

Das spezifische Gewicht ist vermutlich stark vom Trockensubstanzgehalt abhängig. Dieser kann recht große erbliche Unterschiede zeigen. Für die meisten Sorten liegt er bei 9, 10 oder 11%, aber es bestehen Sorten mit 6% und andere mit 16%. Sorten mit einem zu niedrigen Gehalt an Trockensubstanz sind in der Regel wenig haltbar. Diejenigen mit einem zu hohen Trockensubstanzgehalt sind wohl gut aufzubewahren, aber sie produzieren zu wenig Masse und sind außerdem zu trocken für den menschlichen Verbrauch. In den meisten Fällen wird daher ein mittlerer Prozentsatz die beste Befriedigung geben. Der Trockensubstanzgehalt ist daher kein ausschlaggebender Gesichtspunkt für die Selektion auf Produktivität.

Das mittlere Möhrenvolumen ist schließlich abhängig von der Länge, dem Kopf-Durchmesser und der Form der Möhre.

Ist r der Halbmesser des Kopfes und l die Länge der Möhre, so ist der Inhalt einer kegelförmigen

Möhre $^1/_3 \, l \times \pi \, r^2$ und der Inhalt einer zylindrischen $l \times \pi \, r^2$. Das Volumen einer zylindrischen Möhre ist also dreimal so groß wie das einer kegelförmigen. Auch findet man die Zylinderform gewöhnlich am schönsten. Eine rein zylindrische Möhre ist jedoch vermutlich weniger stark als eine mehr konische. Daher zieht man in der Praxis meistens eine wohl stumpfe, aber leicht konische Form vor.

Der Kopfdurchmesser kann Bedeutung haben für die Sicherheit der Ernte, insofern als eine Möhre mit einem dicken Kopf vielleicht stärker ist als eine Möhre mit einem schmalen Kopf. Aber für die Ertragsgröße ist der Kopfdurchmesser an sich kein Faktor. Eine kleine Berechnung verdeutlicht das. Ist r wieder der Halbmesser des Kopfes, dann ist die Oberfläche seines Durchschnittes $\pi \, r^2$ cm². Nehmen wir der Einfachheit halber an, daß die Möhren im Quadratverband stehen und daß ihr Abstand untereinander proportional ihrem Durchmesser $2 \, r$ ist, also einen Wert von $2 \, r$ mal eine Verhältniszahl x hat, das ist $2 \, r \, x$. Wenn der Durchmesser $2 \, r$ cm und der Abstand von Möhre zu Möhre $2 \, r \, x$ cm ist, hat jede Möhre eine Oberfläche von $(2 \, r + 2 \, r \, x)^2$ cm² zur Verfügung. Ist das zur Verfügung stehende Feld ij cm² groß, so enthält es

$$\frac{ij}{(2 + 2 \, x)^2 \cdot r^2} \text{ Möhren.}$$

Die Gesamtoberfläche der Kopfdurchmesser aller Möhren beträgt dann

$$\frac{ij \, \pi \, r^2}{(2 + 2 \, x)^2 \cdot r^2} = \frac{ij \, \pi}{(2 + 2 \, x)^2} \text{ cm}^2.$$

In dieser Formel kommt der Faktor r nicht vor. Deshalb spielt der Durchmesser an sich keine Rolle für den Ertrag, wenn die Pflanzweite proportional dem Kopfdurchmesser ist. Letzteres braucht natürlich nicht unbedingt der Fall zu sein, ist es jedoch mehr oder weniger, da bei Möhren mit einem großen Kopf gewöhnlich auch das Laub schwerer ist.

Übrig ist dann noch die Möhrenlänge. Diese ist neben der Form der Möhre der wichtigste Ertragsindikator bei der Auslese. Da der Ertrag nicht der einzige Gesichtspunkt bei der Auslese einer Möhre ist und z. B. Erntemöglichkeit und Hantierbarkeit auch wichtig sind, wird man auch die Länge nicht extrem groß machen können, aber man wird einen Kompromiß mit solchen Anforderungen schließen müssen. Trotzdem bleibt es wahr, daß die Länge der Möhren, neben ihrer Form, ein direkt sprechender Indikator für ihr Ertragsvermögen ist.

Indikator für das Reifegleichgewicht der Möhre

Form und Farbe (Karotingehalt) einer Möhre sind wichtige Faktoren für ihre Qualität. Es hat sich gezeigt, daß sowohl in der Form als im Karotingehalt der Möhre große Unterschiede bestehen. Daneben jedoch sind diese Größen sehr empfindlich für Modifikationen durch Umweltfaktoren. Wir haben plausibel machen können, daß diese Umweltfaktoren hauptsächlich über den Einfluß auf das Reifegleichgewicht der Möhre arbeiten.

Dieses Reifegleichgewicht kann wie folgt geschrieben werden:

primäres vegetatives Wachstum ⟷ das Reifen zum Reservestofforgan (Verdickung und Färbung)

Eine Möhre beginnt ihre Entwicklung als eine gewöhnliche Pfahlwurzel. Das Gleichgewicht liegt dann noch völlig nach links verschoben. Nach dem Maße der Größenzunahme verlagert sich das Gleichgewicht automatisch nach rechts, bis ein (leider nicht konstantes) Maximum erreicht ist. Diese Verschiebung des Reifegleichgewichtes nach rechts während des Wachstums geschieht automatisch, kann aber durch bestimmte Umweltfaktoren verzögert oder beschleunigt werden.

Findet die Entwicklung der Möhre statt, während das Gleichgewicht nach links verschoben ist, dann geht das Längenwachstum weiter, auch der Kopf kann dicker werden, aber die Form bleibt spitz und die Farbe bleich. Erfolgt die Entwicklung, wenn das Gleichgewicht nach rechts verschoben liegt, so wird das Längenwachstum mehr oder weniger verzögert oder hört ganz auf, die Möhre schwillt über ihre totale Länge an und bildet eine gute Farbe aus. Das Gleichgewicht kann mehr extrem nach rechts oder nach links verschoben sein, aber auch irgendwo dazwischen liegen. Die Lage kann sich auch während des Wachstums ändern. Eine unreif gewachsene Möhre kann dann später noch reifen, aber eine reife Möhre natürlich nicht mehr unreif werden. Wohl kann eine noch wachsende reife Möhre in ihrem neugewachsenen Teil später unreif bleiben.

Die wichtigsten Umweltfaktoren in dieser Hinsicht sind Temperatur, vorhandener Wuchsraum, Wassergehalt des Bodens und Sauerstoffgehalt der Bodenluft.

Bei niedriger Temperatur (z. B. 8 °C), viel Wuchsraum und (oder) einem Sauerstoffgehalt von 6% oder weniger, überwiegt das primäre vegetative Wachstum mehr. Bei höheren Temperaturen (z. B. 18 °C) oder wenig Wuchsraum wird das Reifen zum Reservestofforgan gefördert. Bei einem Sauerstoffgehalt der Bodenluft von 9% oder mehr wird es nicht verzögert. Bei einer Frühsorte verschiebt sich das Reifegleichgewicht unter normalen Verhältnissen schnell nach rechts, bei einer Spätsorte viel später.

Der Faktor Möhrengröße als Ausdruck des Entwicklungsgrades der Möhre einerseits und andererseits Möhrenform und Möhrenfarbe (Karotingehalt) stehen also in gewisser Beziehung zueinander.

Sind von einem bestimmten Möhrentyp diese Verhältnisse bekannt, so bildet eine Änderung der Verhältnisse einen Indikator für die Wachstumsbedingungen, unter denen die Möhren sich entwickelt haben.

Sind dagegen die Wachstumsbedingungen bekannt, so bilden diese Verhältnisse einen Indikator für den Typ und den Charakter der Möhren, die man untersucht, insbesondere für ihre Frühzeitigkeit und für die Reaktion ihres Reifegleichgewichtes auf die Wachstumsbedingungen.

Kennt man weder die Wachstumsbedingungen, unter denen man arbeitet, noch den Möhrentyp, dann kann man keine gültigen Schlüsse ziehen in bezug auf den wirklichen Wert des Materials.

Zusammenfassung

1. Einfache Indikatoren für das Ertragsvermögen einer Möhrensorte sind die Möhrenform und die Möhrenlänge.

2. Unter bekannten Wachstumsbedingungen bildet die Beziehung zwischen Größe, Form und Karotingehalt der Möhre einen Indikator für die Frühzeitigkeit einer Sorte und für die Reaktion des Reifegleichgewichtes auf die Umwelt.

Summary

1. Root shape and root length are indicative of the yielding capacity of a carrot variety.

2. Under controlled conditions the relation between weight, shape and carotenoids content of the roots provides an indicator of the earliness of the plants.

In addition, for a certain variety, the way the relation changes under adverse growth conditions gives information on the adaptation of the variety to those growth conditions.

Literatur

1. BANGA, O.: Carrot yield analysis. Euphytica 4, 116—126 (1955). — 2. BANGA, O., and J. W. DE BRUYN: Selection of carrots for carotene content. Euphytica 3, 203—211 (1954). — 3. BANGA, O., J. W. DE BRUYN and L. SMEETS: Selection of carrots for carotene content. II. Sub-normal content at low temperature. Euphytica 4, 183—188 (1955). — 4. BANGA, O., and J. W. DE BRUYN: Selection of carrots for carotene content. III. Planting distances and ripening equilibrium of the roots. Euphytica 5, 87—93 (1956). — 5. BANGA, O.: Effect of some environmental factors on the carotene content of carrots. Pharmaceutisch Weekblad 92, 796—805 (1957). — 6. BANGA, O., J. W. DE BRUYN, J. L. VAN BENNEKOM and H. A. VAN KEULEN: Selection of carrots for carotene content. IV. Reduction in the gas exchange of the soil. Euphytica 7, no. 3 (1958). — 7. BARNESS, W. C.: Effects of some environmental factors on growth and colour of carrots. Cornell Un. Agr. Exp. Sta. Memoir 186, 1—36 (1936). — 8. BOOTH, V. H., and S. O. S. DARK: The influence of environment and maturity on total carotenoids in carrots. J. of Agr. Sci. 39, 226—236 (1949). — 9. BREMER, A. H.: Temperatur og plantevekst. III. Gulrot. Meldinger fra Norges Landbrukshøgskole 11, 55—100 (1931). — 10. BROWN, G. B.: The effect of maturity and storage on the carotene content of carrot varieties. Proc. Am. Soc. of Hort. Sci. 50, 347 (1947). — 11. GOODWIN, T. W.: The comparative biochemistry of the carotenoids. London: Chapman & Hall Ltd. 1952. — 12. HANSEN, E.: Variations of the carotene content of carrots. Proc. Am. Soc. of Hort. Sci. 46, 355—358 (1945). — 13. LAMPRECHT, H., and V. SVENSSON: The carotene content of carrots and its relation to various factors. Agr. Hort. Genet. 8, 74—108 (1950). — 14. WERNER, H. O.: Dry matter, sugar and carotene content of morphological portions of carrots through the growing and storage season. Proc. Am. Soc. of Hort. Sci. 38, 267—272 (1941).

Ohio Agricultural Experiment Station, Wooster, Ohio

Some Techniques for Early Diagnosis of Genotype in *Acer saccharum* L.

By H. B. KRIEBEL

In progeny tests of forest trees, it is desirable to be able to recognize at an early age two types of characters: (1) characters of biological importance for survival and good growth of the tree from seedling age to maturity; (2) characters of economic importance desired in the mature tree at time of harvest. Obviously, characters of the first type must be compatible with those of the second type, and vice versa.

Fortunately, some important economic traits are more than just compatible with traits essential for survival. These traits are in themselves important for survival. This is apparently true in the case of rate of growth of an intolerant species. Natural selection tends to eliminate the very slow-growing individuals unless these are released and permitted to reproduce. However, a tolerant hardwood species may survive suppression for many years until eventually it is released and can bear seed. The suppressed individual may or may not be inherently capable of fast growth, but nevertheless there is a relatively low degree of selection pressure against the slow-growing individual.

Rapid rate of growth may in some cases conflict with the characteristics of the élite mature tree. *Pinus strobus* provides an illustration of this apparent incompatibility of desirable genetic characters. The most vigorous individuals are also the most susceptible to injury by the white pine weevil (*Pissodes strobi* Peck), which reduces the value of the tree by deformation (MACALONEY, 1930).

Our information concerning inheritance in many of the tolerant deciduous species is considerably more limited than our knowledge of the conifers. This is especially true in North America, where there is no background of early hardwood race studies or selection trials which might furnish important basic information. Therefore, in studies of *Acer saccharum*, the first information concerning early diagnosis of the genotype pertains to characters required for survival of trees during the first critical years of plantation establishment, obtained from greenhouse and nursery studies of trees now in the seedling and sapling stages. In addition, some techniques have been applied for the diagnosis in young trees of the mature genotype.

Growth Rate

Progeny testing for vigor in sugar maple is difficult because of the very great variability in height growth. A single one-parent progeny may show a tenfold or greater variation in seedling height at the end of the third growing season. Comparisons of provenances at this age with respect to vigor show only the very broad differentiation between the northern trees and the southern provenances which respond to the longer photoperiod by a prolonged growing season. Desirable as this variability may be from the standpoint of genetic selection, it has the effect of masking differences in vigor between progenies. Early diagnosis requires biometric techniques comparing frequency distributions or other measures of dispersion rather than comparisons of means.

This wide variation in growth rate could be in part the result of inbreeding depression. Several of the maples have a high degree of self-fertility (PIATNITSKY, 1934); this is characteristic of *Acer saccharum* in the Philadelphia area where dichogamy is often incomplete (WRIGHT, 1953) and also in Ohio (KRIEBEL, 1954). Tests are being made of comparative vigor in seedlings resulting from artificial cross- and self-pollinations, but sufficient data are not yet available to draw conclusions concerning inbreeding depression. However, among seedlings growing in provenance tests there are a substantial number which show the extremely reduced growth suggestive of inbreeding depression.

Regardless of the source of this depressed vigor, it seems advisable to separate data on these very slow-growing individuals before running statistical analyses of comparative progeny vigor, and to segregate the trees themselves in establishment of long-term field tests.

In *Acer saccharum*, some information can be obtained of growth capacity of the individual tree from comparative measurements of duration of seasonal shoot growth of different biotypes under field conditions. Measurements taken in 1955 of about 50 trees averaging four feet in height and six years of age showed variation both between and within sources in time of growth cessation. Measurements two years later showed a correlation between total height and duration of 1955 growing season. Most of the trees with an extended growing season were from latitudes to the south of Wooster, Ohio, indicating a photoperiodic effect as reported by KRAMER (1936), SYLVÉN (1940), PAULEY (1952), VAARTAJA (1954), and others. However, in *Acer saccharum* the actual cessation of terminal growth is the result of a complex of factors and does not appear to be predominantly controlled by photoperiod, although leaf coloration and leaf abscission are very closely associated with decreasing day length (OLMSTED, 1951). Ohio provenance tests support this evidence, showing for example, that shoot growth cessation of most of the central Illinois trees, from about the same latitude as Wooster, occurs nearly as late as among the Gulf Coastal Plain selections. The relation of growth rate to duration of growing season can be seen in trees now up to 5 meters in height and 12 years of age. Relationships in older trees remain to be determined. Variation in time of flushing has much less influence on the total number of days of growth than does variation in time of growth cessation, because all the variation in time of bud-breaking occurs within a two or three-week period, while there is a span of about four months from the earliest growth cessation to the latest.

Tree Form

Forking and production of multiple stems is a racial characteristic in *Acer saccharum* (KRIEBEL, 1957). It can be recognized in two-year-old seedlings and persists as the tree grows older. Selections having relatively few or no individuals forked during the second year will produce saplings which are nearly all straight with no forks. Forked progenies produce forked, bushy trees. The greater the number of forks per seedling, the bushier is the tree.

A few trees in the tests exhibit a consistent tendency to put practically all growth into the terminal shoot, with the result that lateral branches are few and extremely reduced in length. These trees are among the tallest trees in the study plots. The characteristic becomes recognizable when the trees are about one meter in height.

In early evaluation of form, it is necessary to recognize that forking may be the result of frost damage to the terminals. In this case, the dead shoot, or a portion of it, will be visible during at least part of the succeeding growing season. Selection for climatic adaptability, which this type of forking actually represents, should be made on the basis of race identification, prior to the selection for inherent apical dominance.

Sugar Content of the Sap

The sugar maple is a tree commercially valuable for its sap, from which maple syrup is obtained by boiling. Average sugar content of the sap is from 2 to 4 percent, but commonly varies 1 or 2 percent between trees, between sugar bushes, and between climatic regions. A single tree will show comparable fluctuation, although some trees are consistently higher than others. Boiling the sap of a 2 percent tree down to a standard syrup weight of 11 pounds per gallon means an average requirement of about 43 units of sap to one unit of syrup, while the ratio of sap to syrup in a 4 percent tree is only 22 to 1

Abb. 1. Field testing of sugar content. A hand refractometer reads directly in percent sugar.

(TAYLOR, 1956). Occasional trees have been found which average 5 or 6 percent sugar after numerous tests over a period of years. Thus there are large potential benefits to be derived from genetic selection.

Sugar content is very easy to measure directly under climatic conditions of freezing and thawing during late winter. A hand refractometer is used which reads directly in percent sugar after a temperature correction is made. Only a single drop of sap is required for the test. However, small trees do not readily yield even a small drop of sap, even under the most favorable climatic conditions. Trees 3 centimeters in diameter at 5 centimeter height above ground level are about the minimum size for consistent success in sap testing. A dropper bottle is used in testing, and the dropper is rinsed with distilled water after each test. Yearly, daily, and hourly variability in percent sugar is sufficient to require several tests a year over a period of at least two or three years for an accurate assessment of a tree's relative sweetness. Heritability of sweetness has yet to be proved; in Ohio, crosses of trees of high, low, and intermediate sugar content have been made and seedlings will be large enough for testing in two or three years.

Clonal testing is difficult because of the difficulty of obtaining rooted cuttings of *Acer saccharum*. Cuttings will root but survival is poor (DUNN and TOWNSEND, 1954). Extensive research on rooting techniques of this species is being continued in New Hampshire by DUNN and in Vermont by GABRIEL, MARVIN and TAYLOR at the University of Vermont. Clonal testing at the Ohio Agricultural Experiment Station has so far been confined to grafting. The possible effects of rootstock on scion are being investigated by grafting scions from two trees on a single rootstock, and by using numerous ramets per clone to isolate rootstock variability in statistical comparisons of ortets.

Studies of mature sugar trees have demonstrated that the trees with the highest sugar content are those with large, deep crowns extending nearly to the ground and providing a maximum of photosynthetic surface for the manufacture of carbohydrates (STEVENSON and BARTOO, 1940, MORROW, 1955). The optimum sugar tree is therefore exactly the opposite of the optimum timber tree from the standpoint of form and it is impractical to attempt to select for both uses simultaneously.

Several early diagnostic techniques for sugar analysis have been tried unsuccessfully at the Ohio Agricultural Experiment Station. Potted seedlings of 0.5 to 1.0 centimeter diameter have been moved in and out of the greenhouse in order to induce sap flow. Micropipettes have been used in conjunction with paper chromatography and densitometer analysis, for quantitative comparisons. It would be possible to cut back the stem and extract the sugar from the wood. However, the most definitive, reliable method of diagnosis seems to be that which tests the sap directly at the time of normal flow. It appears likely that an accurate progeny appraisal will be obtained by the time the trees are ten years old.

Drought Resistance

Drought resistance is a racial characteristic in *Acer saccharum* (KRIEBEL, 1957). Trees from the Appalachian-Northeastern region are most susceptible. This is a region of low average and maximum summer temperatures and general absence of drought periods. Trees grown from seed of southern and western provenances, where the summers are warmer and drier, are comparatively drought-resistant. In southern genotypes this characteristic is linked genetically with poor form, but among provenances from the west-central part of the species range the form of young trees is very good from a timber standpoint.

Resistance of young trees to drought shows a significant correlation with capacity to maintain healthy green foliage during warm periods under full exposure to the sun. Diagnosis of the latter is quite possible in the greenhouse or nursery as soon as the first pair of true leaves is fully grown, by measurement of the extent of leaf desiccation in a progeny or group as a percentage of total leaf surface area.

In Ohio provenance tests, rigorous field testing of sugar maple seedlings under drought conditions was a matter of coincidence. However, the clear racial differentiation which was identified by analysis of mortality data emphasized the desirability of deliberate screening for drought resistance under controlled conditions in regions where droughts occasionally occur. For purposes of race identification, such a screening would be desirable regardless of practical considerations of adaptability.

Summary

Some methods are described for early evaluation of genotype in *Acer saccharum* L. Rate of annual growth, at least up to the 12th year and 5 meters in height, has a relation to duration of shoot elongation of the tree in the test locality. The latter varies with provenance, and can be measured during the second growing season. Forking tendency, both inherent and that resulting from frost injury, can be measured after two growing seasons for an appraisal of expected degree of apical dominance. Sugar content of the sap, an important economic trait, can be accurately appraised by repeated refractometer measurements between the ages of 5 and 10 years. Trees can be screened for drought resistance under controlled conditions during the first year of growth.

Zusammenfassung

Einige Methoden der frühen Wertbestimmung des Genotyps bei *Acer saccharum* L. werden beschrieben. Die Größe des jährlichen Wachstums, wenigstens bis zum 12. Jahr und 5 m Höhe, ist korreliert mit der Andauer des jährlichen Wachstums der Triebe des Baums im Versuchsgelände. Letztere variiert mit der klimatischen Herkunft und kann während der zweiten Wachstumssaison gemessen werden. Gabelungstendenzen, die angeboren oder auf Frostempfindlichkeit zurückzuführen sein können, lassen sich nach zwei Wachstumsjahren messen und liefern eine Voraussage für den erwarteten Grad der apikalen Dominanz. Der Zuckergehalt des Saftes, ein wirtschaftlich wichtiges Kriterium, kann genau durch wiederholte Refraktometer-Messungen zwischen den Altern von 5 bis 10 Jahren abgeschätzt werden. Eine Frühselektion auf Dürreresistenz kann unter kontrollierten Bedingungen während des ersten Wachstumsjahres erfolgen.

Literature

1. DUNN, STUART, and RALPH J. TOWNSEND: Propagation of sugar maple by vegetative cuttings. Jour. For. 52, 678—679 (1954). — 2. KRAMER, P. J.: The effect of variation in length of day on the growth and dormancy of trees. Plant Phys. 11, 127—137 (1936). — 3. KRIEBEL, H. B.: Unpublished data, Ohio Agr. Experiment Station 1954. — 4. KRIEBEL, H. B.: Patterns of genetic variation in sugar maple. Ohio Agr. Experiment Station, Res. Bull. 791. 56 pp. (1957). — 5. MACALONEY, H. J.: The white pine weevil (*Pissodes strobi* Peck). Its biology and control. N. Y. State College of Forestry, Tech. Pub. 28, 87 pp. (1930). — 6. MOORE, H. R., W. R. ANDERSON, and R. H. BAKER: Ohio maple syrup ... some factors influencing production. Ohio Agr. Experiment Station Bull. 718, 53 pp. (1951). — 7. MORROW, ROBERT R.: Influence of tree crowns on maple sap production. Cornell Agr. Experiment Station, Bull. 916, 30 pp. (1955). — 8. OLMSTED, C. E.: Experiments on photoperiodism, dormancy, and leaf age and abscission in sugar maple. Bot. Gazette 112 (4), 365—393 (1951). — 9. PAULEY, S. S.: Photoperiodic growth response in *Populus*. Genetics 37, 613 (1952). — 10. PIATNITSKY, S. S.: Experiments on self-pollination of *Larix*, *Acer*, and *Quercus*. (Opyty samoopyleniia u *Larix*, *Acer*, i *Quercus*). From: Trudy Botanicheskogo Instituta Akademii Nauk S.S.S.R. 4 (1): 297—318 (1934). (Translation No. 290, Division of Silvics, U.S. Forest Service, 1936). — 11. STEVENSON, D. D., and R. A. BARTOO: Comparison of the sugar percent of sap in maple trees growing in open and dense groves. Pennsylvania State Forest School, Res. Paper No. 1 (1940). — 12. SYLVÉN, N.: Lang- och Kortdagstyper av de svenska skogsträden. Svensk Pappertidn. 43, 317—324, 332—342, 350—354 (1940). — 13. TAYLOR, FRED H.: Variation in sugar content of maple sap. Vermont Agr. Experiment Station. Bull. 587, 39 pp. (1956). — 14. VAARTAJA, OLLI: Photoperiodic ecotypes of trees. Can. Jour. Bot. 32, 392—399 (1954). — 15. WRIGHT, JONATHAN W.: Notes on flowering and fruiting of northeastern trees. Northeastern For. Experiment Station, Sta. Paper No. 60, 38 pp. (1953).

Aus dem Institut für Zierpflanzenbau der Technischen Hochschule Hannover

Weiterer Beitrag zur Frage der Erhöhung der Prozente gefüllt blühender Levkojen (*Matthiola incana* R. Br. var. *annua* Sweet)

Von R. MAATSCH

Mit 2 Abbildungen

Im Heft 7/9 des „Züchter" 1955 S. 206—209 wurde über Erhöhung der Prozente gefüllt blühender Levkojen durch Auslese der früh keimenden Sämlinge berichtet. Es konnte festgestellt werden, daß der prozentuale Anteil an gefüllt blühenden Levkojen unter den zuerst aufgelaufenen Sämlingen höher ist als bei allen Pflanzen einer Sorte zusammengenommen. Es wurde gleichfalls darauf hingewiesen, daß von Erfurter Gärtnern schon 1915 und neuerdings von der Praxis in USA empfohlen wurde, nur die stärksten Jungpflanzen auszuwählen, um den Prozentsatz an gefüllten zu steigern; ein Verfahren, nach dem WASSCHER, Aalsmeer, bei den stärksten Jungpflanzen 70% gegenüber mittleren mit 55% und schwachen mit 40% gefüllten erzielte. Die Überprüfung eines größeren Sortimentes im Frühjahr 1956 gab uns die Möglichkeit, auch dieser Frage nachzugehen. Es standen Farbsorten folgender Treiblevkojen-Klassen zur Verfügung:

Klasse	Anzahl Farbsorten
Nordische Riesen	5
Brillant Treib	5
Riesen Stangen	5
Mammut Excelsior	3
Giants of California	2
insgesamt	20

Die Aussaat erfolgte am 28. 11. 55, die Sämlinge wurden am 10. 12. in Kisten pikiert, dabei wurden die schwächsten nicht voll entwickelten Sämlinge wie üblich ausgeschieden. Die Pflanzen kamen am 21. 12. in 6 cm Töpfe und wurden am 28. 2. 56 nach vorheriger Sortierung in 3 Gruppen im Haus ausgepflanzt. Gruppe A umfaßte die 50 stärksten, Gruppe C die 50 schwächsten Pflanzen eines Bestandes, während Gruppe B als Kontrolle 100 Pflanzen eines normalen Bestandes umfaßte. Die Wuchsunterschiede während der Entwicklung zwischen der Gruppe A und C zeigt die Aufnahme 1.

Abb. 1. Levkoje Brillant Treib 'Weiß' nach dem Auspflanzen. — Links: Gruppe C (Schwachwüchsige); rechts: Gruppe A (starkwüchsige Sämlinge).

Abb. 2. Levkoje Brillant Treib 'Weiß' während der Hauptblüte. — Hinten: Gruppe A (starkwachsende Sämlinge); vorn: Gruppe C (schwachwachsende Sämlinge).

Die Auswertung der Parzellen erfolgte während der Hauptblüte, die vom 20. 4.—18. 5. dauerte. Das Ergebnis zeigt im einzelnen die nachfolgende Tabelle und die Abb. 2.

Sorte	Anteil gefüllt blühender Levkojen %		
	Gruppe A (starkw.)	Gruppe B (normal)	Gruppe C (schwachw.)
Nord. Riesen			
Weiß	88	50	23
Gelb	84	56	55
Karminrosa	78	62	55
Rubin	84	48	45
Hellblau	64	55	36
Brilland Treib			
Weiß	84	59	40
Gelb	82	57	30
Rubin	48	46	36
Dunkelrosa	80	51	36
Hellblau	100	47	26
Ries. Stangen	90	52	39
Silberlila	70	51	19
Violett	80	54	48
Weiß	90	64	30
Gold-Standard	80	54	40
Mam. Excelsior			
Rosa	80	48	36
Silberlila	87	54	13
Purpurherz	90	48	44
Giants of California			
Santa Maria	74	52	28
Yosemithe	56	77	44

Wie die Tabelle zeigt, konnte tatsächlich durch Auslese der stärksten Jungpflanzen bei 18 von 20 Sorten eine meist sehr beträchtliche Steigerung des prozentualen Anteils der gefüllt blühenden Levkojen erreicht werden. Lediglich eine Sorte, Giants of California, 'Yosemithe', brachte in der unsortierten Gruppe B einen wesentlich höheren Prozentsatz (77%) als die Gruppe A (56%) und die Sorte Brillant

Treib 'Rubin' bei B (46%) praktisch ebensoviel gefüllte wie bei A (48%). Bei beiden liegt aber die Gruppe C am niedrigsten (44 bzw. 36%). Sie ist in jedem Falle — bei 3 Sorten allerdings nur gering — der unsortierten Gruppe (B) unterlegen. Damit ist der Vitalitätsunterschied der gefüllten und ungefüllten Levkojen bestätigt. In der Regel sind die gefüllten die stärkeren. Die Ausnahmen konnten hier nicht begründet werden. Da auch 1915 schon von einem Praktiker die gegensätzliche Auffassung vertreten wurde, daß die besonders starken Pflanzen meist einfach blühten, darf vermutet werden, daß in Einzelfällen höhere Vitalität mit einfachen Blüten gekoppelt sein kann bzw. nicht auftritt.

Durch Auslese der Jungpflanzen vermag der Praktiker seinen Bestand an gefüllten Levkojen zu steigern und damit die Kultur — allerdings bei höheren Kosten für größere Samenmengen — wirtschaftlicher zu gestalten. Jedoch vermag er auch mit diesem Verfahren die restlose Ausnutzung der Kulturfläche, wie sie durch Verwendung 100% gefüllt blühender „Allgefüllter Levkojen" möglich ist, nicht zu erreichen.

Zusammenfassung

Es wurden von 20 Sorten verschiedener Klassen von Treiblevkojen neben der normalen Pflanzung besonders starke und schwache Jungpflanzen ausgelesen und aufgepflanzt. Zur Blütezeit konnte festgestellt werden, daß die Auslese der starken Pflanzen in 18 von 20 Fällen zu einer wesentlichen Erhöhung der gefüllt blühenden Individuen führte. So ist durch die höhere Vitalität der gefüllt blühenden Pflanzen die Möglichkeit einer Frühdiagnostik im Jugendstadium gegeben.

Die Betreuung der Versuche lag in den Händen von Fräulein Gerda Nolting. Sie wurden im Rahmen des Arbeitskreises „Sommerblumen" mit Unterstützung des BML durchgeführt.

Summary

With 20 varieties — belonging to various classes — of stocks a selection test was made. Just before bedding, plants were divided into 3 groups: very vigorous, medium and weak growth. Counting at flowering time showed that selection of vigorous plants markedly increased the percentage of double-flowering individuals; this held true in 18 of 20 cases. Thus the possibility of an early diagnosis is given by the double-flowering individuals having greater vitality.

Literatur

1. MAATSCH, R.: Beitrag zur Frage der Erhöhung der Prozente gefüllt blühender und der Bedeutung Allgefüllter Levkojen für den Erwerbsgartenbau. Der Züchter **25**, 206, 209 (1955). Hier weitere Literaturangaben.

Aus dem Institut für Vererbungs- und Züchtungsforschung Berlin-Dahlem

Kurze Mitteilung über eine Möglichkeit zur Frühdiagnose bei der Levkoje, *Matthiola incana* R. Br.

Von WILHELM SEYFFERT

Den ersten Hinweis auf die Möglichkeit einer Frühdiagnose bei der Levkoje verdanken wir C. CORRENS, der bereits 1900 über den engen Zusammenhang zwischen den Merkmalen Samenfarbe, Laubblattbehaarung und Blütenfarbe berichtete und auf die Möglichkeit, an Hand der Samenfarbe pigmentierte und behaarte von pigmentfreien, unbehaarten Typen zu unterscheiden, hinwies. CORRENS unterschied, ebenso wie auch später E. v. TSCHERMAK (1905, 1912), drei Typen von Samen: violettbraune, rötlichbraune und gelbbraune, deren Deszendenten violett, karmin oder rosa und weiß blühten. Aus seinen Untersuchungen geht hervor, daß pigmentierte Samen ausnahmslos Pflanzen mit farbigen Blüten hervorbringen und daß die Farbe der pigmentierten Samen stets der Blütenfarbe entspricht.

Unsere Beobachtungen an alljährlich zu Demonstrationszwecken angezogenen *Matthiola*-Nachkommenschaften führten zu den gleichen Ergebnissen. Violettblühende F_1-Bastarde aus der Kreuzung 707, weiß, *glabra* (λ S/+ s bb ee) × 697, violett, *incana* (λ S/+ s BB EE) trugen nach Selbstung violettbraune, rotbraune und gelbbraune Samen im Verhältnis 9:3:4. Nach der Samenfarbe vorsortiertes Saatgut ergab einheitlich violett-, karmin- und weißblühende Bestände. Bei Samen mit so stark ausgeprägten Farbunterschieden bereitet die Frühdiagnose keinerlei Schwierigkeiten, je geringer aber die Farbunterschiede zwischen den verschiedenen Typen werden — z. B. unter dem Einfluß der verschiedenen dominierenden und rezessiven Hellfaktoren (JUNGFER, 1957) —, desto eher ist es notwendig, eine zuverlässige Methode zur objektiven Klassifizierung der Samen anzuwenden.

Da die Papierchromatographie hierzu geeignet erschien, wurde ihre prinzipielle Anwendbarkeit auf diesen speziellen Fall der Frühdiagnose untersucht.

Je 30 Samen einer Farbklasse wurden mit wenigen Tropfen 1% butanolischer Salzsäure in der Reibschale zerrieben und mehrere Tage lang extrahiert. Die nur schwach gefärbten Extrakte wurden durch wiederholtes Auftupfen mit nachfolgendem Eintrocknen auf dem Papier angereichert. Zur gleichen Zeit wurden Extrakte aus frischen Blüten, unmittelbar nach dem Zerreiben in der Reibschale mit 1% but. HCl, auf die Startlinie des Chromatogramms aufgetragen. Die Chromatogramme wurden mit der Epiphase des Lösungsmittelgemisches Butanol-Eisessig-Wasser (4:1:5) in einer Entwicklungskammer DESAGA Nr. 310 absteigend entwickelt. Die Raumtemperatur betrug 18 °C, als Papier diente Schleicher und Schüll Nr. 2043a.

Unsere Versuche ergaben, daß Samen und Blüten die gleichen Anthocyanpigmente enthielten. Geringe Unterschiede in den R_f-Werten vergleichbarer Pigmente sind durch ungleiche Konzentration der aufgetragenen Extrakte und durch das unterschiedliche Vorkommen von Begleitsubstanzen in Blüten und Samen bedingt.

Das bedeutet, daß es prinzipiell möglich ist, die Pigmentstruktur einer *Matthiola*-Blüte bereits auf Grund der papierchromatographischen Untersuchung des Samens zu bestimmen.

Die Pigmente violettblühender Pflanzen wurden als acylierte Cyanidin-3,5-Triglukoside, die karminfarbiger als acylierte Pelargonidin-3,5-Triglukoside bestimmt. Sie ergaben nach alkalischer Hydrolyse als Spaltprodukte die Zimtsäuren p-Cumar-, Kaffee-, Ferula- und Sinapinsäure und die Anthocyane Cyanidin-3-glukogluko-5-glukosid (Genotyp BB) sowie Pelargonidin-3-glukogluko-5-glukosid (Genotyp bb). Die Natur der Triglykoside konnte mit Hilfe partieller saurer wie auch enzymatischer Hydrolysen (SEYFFERT, 1960, 1962) aufgeklärt werden. Spaltprodukte der sauren Hydrolyse sind die Anthocyanidine Cyanidin bzw. Pelargonidin und der Zucker Glukose.

Der Blaufaktor „B" ist für die Entstehung des Cyanidins anstelle des Pelargonidins verantwortlich, er wirkt pleiotrop sowohl auf die Pigmentierung der Blüten als auch der Samen.

Gelbbraune Samen, deren Deszendenten weißblühend sind, ergeben im Chromatogramm keinerlei Anthocyanpigmentierung.

Summary

By aid of paperchromatographic investigations it is possible to demonstrate that seeds and flowers of different *Matthiola* genotypes each have the same anthocyanin pigments. This gives us the possibility to class unknown seeds.

Literatur

1. CORRENS, C.: Über Levkojenbastarde. Bot. Centralblatt **84**, 97—113 (1900). — 2. KAPPERT, H.: Die Genetik des *incana*-Charakters und der Anthozyanbildung bei der Levkoje. Der Züchter **19**, 289—297 (1949). — 3. JUNGFER, E.: Über einige weitere Blütenfarbfaktoren bei *Matthiola incana*. Der Züchter **27**, 140—145 (1957). — 4. SEYFFERT, W.: Über die Wirkung von Blütenfarbgenen bei der Levkoje, *Matthiola incana* R. Br. Z. f. Pflanzenzücht. **44**, 4—29 (1960). — 5. SEYFFERT, W.: Über die Natur des Cyanidin-Triglucosids der Levkoje. Naturwissenschaften **46**, 38 (1962). — 6. v. TSCHERMAK, E.: Bastardierungsversuche an Erbsen, Levkojen und Bohnen. Z. Vererbungslehre **7**, 81—234 (1912).

Frühauslese auf Cumarin-Armut beim Steinklee

Von **M. UFER** — São Paulo

Die Grundlagen für eine Frühauslese bzw. Frühdiagnose auf bestimmte Eigenschaften liegen in der Möglichkeit, zwischen Merkmalen der jungen Pflanze und der ausgewachsenen Pflanze Beziehungen festzustellen, mögen diese nun gleiche oder verschiedene Eigenschaften der beiden Altersstufen verbinden.

Bei den Arbeiten für die Züchtung eines cumarinarmen Steinklees (*Melilotus*) war es von großer Bedeutung, eine Methode zu finden, mit der schon frühzeitig eine große Anzahl von Pflanzen schnell auf den Cumaringehalt geprüft werden kann. Da an Sämlingen, die gerade die Primärblätter ausgebildet haben, der Cumaringehalt normal wesentlich geringer ist als an der ausgebildeten Pflanze, kam nur eine sehr empfindliche Methode in Frage. UFER hat 1929/32 eine Methode ausgearbeitet, die den genannten Anforderungen weitgehend genügt (11, 12).

Die Methode beruht auf dem Prinzip, daß die sich bei längerem Erhitzen von cumarinhaltigen Blättern mit konzentrierten Alkalien bildenden Salze der Cumarsäure grün fluoreszieren. Die Intensität der Fluoreszenz ist abhängig von der Menge des Cumarins und der möglichen zugehörigen sehr nahestehenden Verbindungen. Die grüne Fluoreszenz überdeckt bei normal cumarinhaltigem Blatt die schwach rote Fluoreszenz der bei der Behandlung des Blattes mit Alkalien gleichfalls herausgelösten Chlorophyllfarbstoffe. Enthält jedoch ein Blatt wenig oder kein Cumarin, so wird die rote Fluoreszenz mehr oder weniger stark hervortreten. Damit gestattet die an sich qualitative Methode dem geübten Beobachter bis zum gewissen Grade ein quantitatives Urteil, das als Grundlage für die Selektion ausreicht.

Die Technik der Methode kann leicht gegebenen Verhältnissen angepaßt werden und sei deshalb nur kurz gemäß der von UFER geübten Praxis geschildert. Einzelheiten finden sich in der unten angegebenen Literatur. Wir benutzten Muldenplatten mit 50 oder 100 Vertiefungen (8 mm tief, 15 mm oberer Durchmesser). Diese werden, nachdem je ein etwa gleich großes Blatt in jede Mulde eingelegt worden ist, zu etwa $^2/_3$ mit einer 10prozentigen Kali- oder Natronlauge gefüllt. Die Platten werden in Stapeln in Dampfkocher oder Dampföfen gebracht. Der Dampf erhitzt die Lauge mit den Blättern genügend, um nach 2stündiger Erhitzung die Prüfung der Platten unter der Fluoreszenzlampe durchführen zu können.

Die Untersuchung der Platten im ultravioletten Licht erfolgt sofort, am besten im verdunkelten Raum. Im allgemeinen wird die Flüssigkeit in den Mulden mehr oder weniger stark grün fluoreszieren. Die Abweichungen nach rotgrün oder rot können so mit einem Blick erkannt werden.

Zwecks Identifizierung der ausgelesenen Sämlinge muß in Kästen sehr dünn in Reihen gesät werden, am besten je Reihe nicht mehr angeritzter Samen, als Vertiefungen auf einer Platte vorhanden sind. Die zugehörige Platte wird entsprechend gekennzeichnet. Soll wegen abweichender Fluoreszenz ein Sämling herausgesucht werden, so muß erneute Untersuchung erfolgen, nachdem nunmehr die einzelnen Pflanzen in der Reihe markiert worden sind. Die zugehörigen Primärblätter werden in der gleichen Reihenfolge in die Mulden einer besonders gekennzeichneten Platte gelegt.

Die Anzucht der Sämlinge muß unter den günstigsten Lichtverhältnissen vorgenommen und darf im Spätherbst oder Winter unter keinen Umständen ohne zusätzliche Beleuchtung durchgeführt werden. Ist der Cumaringehalt auch ziemlich modifizierbar, so erweist er sich doch an in Kästen herangezogenen Sämlingen wesentlich gleichmäßiger als an Feldmaterial. Ausgelesene und isolierte Abweicher müssen natürlich wiederholt in ihren verschiedenen Entwicklungsstadien untersucht werden, bei genügendem Wachstum schließlich auch mit genaueren quantitativen Methoden (1, 3, 5, 6).

Das Verfahren wurde von zahlreichen Forschern in Europa, Canada und den USA angewendet und hat besonders in Canada zu Erfolgen geführt, in den letzten Jahren vor allem auch in Deutschland (9). Näheres darüber ist aus der unten angegebenen Literatur zu ersehen. Es wird an verschiedenen Stellen seit vielen Jahren mit der Methode gearbeitet, ohne daß diese grundsätzlichen Änderungen unterworfen worden wäre. Das Ziel gewisser Modifikationen war stets, die im Prinzip subjektive Prüfung objektiver zu gestalten und Arbeit und Kosten zu vermindern.

Erwähnt sei hier die Verwendung eines Fotofluorometers durch Slatensek und Washburn (10) und weiter das abgeänderte Verfahren nach Micke (4). Dieser benutzt eine Hochleistungs-Mikroskopier-Leuchte von Zeiß mit Quecksilber-Höchstdruckbrenner und verschiedenartige UV-durchlässige Erregerfilter. Bei geeigneten Filtern bzw. Filterkombinationen war es möglich, eine Prüfung von mit Lauge behandeltem frischem Pflanzenmaterial und Samen ohne Kochen bzw. Erhitzen vorzunehmen. Auch konnte die Konzentration der verwendeten Lauge herabgesetzt werden (auf 0,2—0,5%), wodurch Samen ohne Schädigung der Keimfähigkeit auf den Cumaringehalt untersucht werden können.

Summary

Like in corresponding selection problems, the breeding of sweet clovers of low coumarin content needs methods of testing, which will be able to test a high quantity of plants in a very short time and in an early stage of development. In 1929/32 Ufer elaborated a method, which uses seedlings with just formed primary leaves.

The method is based on the principle that leaves with coumarin when heated for a longer time with concentrated sodium or potassium hydroxide, produce sodium or potassium salts of coumaric acids fluorescing green. The intensity of the greenish fluorescence depends on the contents of coumarin and may — be other closely related compounds in the leaf-sample. The greenish fluorescence generally covers the weak red fluorescence of the chlorophyll-colours, also dissolved by the treatment with alkaline solutions. But if coumarin is low or lacking, the red fluorescence will appear more or less intensely. In this way the method allows to the experienced observer, at some degree, a quantitative judgment, completely sufficient as basis for selection of low-coumarin and free-coumarin plants.

Technically the method is easily adapted to various conditions and will therefore be demonstrated only briefly here, according to the practice finally exercised. Details will be seen in the literature cited below. We used spot-plates with 50 and 100 depressions (8 mm deep, 15 mm upper diameter). Having placed in each depression a single leaf of uniform size, a 10% solution of potassium or sodium hydroxide is added. Then the spot-plates, piled one upon another, are placed in steam-cookers or steam-ovens. After 2 hours of heating the plates are removed and are ready for examination under ultraviolet light.

The test under the fluorescence lamp should be made immediately in a darkened room. Generally the liquid in the depressions will show a more or less intense green fluorescence. Differences to reddish-green and red are therefore detected at first sight.

To identify the corresponding seedlings, sowing of scratched seeds in boxes will be made sparse and in rows, suitably not more seeds in a row than depressions on a spot-plate. The corresponding plate will be marked conformingly. To select a differing seedling, another test will be made, now after marking the various seedlings of the row. The corresponding primary leaf will be placed in similar succession in the depressions of a well-marked spot-plate.

The cultivation of the seedlings will be made under most favourable lighting conditions. In the late autumn and in winter always additional illumination is necessary. The coumarin content, being relatively modifiable, has proved less variable in seedlings than in field-grown plants. In spite of this observation, selected and isolated low- or free-coumarin plants must be tested repeatedly in their different stages of growth, if possible with more exact quantitative methods (see literature below).

The method has been used and proved by several researchers in Europe, Canada and USA and has shown some results especially in Canada and Germany. As far as will be known from literature, the described method did not suffer essential changes.

Literatur

1. Behr, G., G. Huelsmann und L. Thilo: Kritische Untersuchungen zur Bestimmung von Cumarin, Melilotsäure und Cumarsäure in Pflanzenteilen. Angew. Bot. 31, 63 (1957). — 2. Clayton, J. S., and R. K. Larmour: A comparative colour test for coumarin and melilotic acid in *Melilotus* species. Can. Jour. Res., C, 13, 80 (1935). — 3. Duncan, I. J., and R. B. Dustenan: Determination of coumarin in sweetclover. Ind. Eng. Chem. Anal. 9, 471 (1937). — 4. Micke, A.: Eine vereinfachte Methode zur Prüfung von Steinklee-Individuen auf Cumarin. Der Züchter 27, 179 (1957). — 5. Obermayer, E.: Quantitative Bestimmung des Cumarins in *Melilotus*-Arten. Z. f. anal. Chemie 52, 172 (1913). — 6. Roberts, W. L., and K. P. Link: A precise method for the determination of coumarin, melilotic acid and coumaric acid in plant tissue. Jour. Biol. Chem. 119, 269 (1937). — 7. Roberts, W. L., and K. P. Link: Determination of coumarin and melilotic acid. Ind. Eng. Chem. Anal. 9, 438 (1937). — 8. Scheibe, A., und G. Huelsmann: Über das Auftreten bitterstoffarmer Pflanzen von *Melilotus albus* in der C_2-Generation nach Behandlung mit mutagenen Chemikalien. Naturwissenschaften schaften 44, 17 (1957). — 9. Schlosser, G.: Über Untersuchungen an Zuchtmaterial von cumarinarmem („süßem") Steinklee (*Melilotus*). Der Züchter 28, 217—223 (1958). — 10. Slatensek, J. M., and E. G. Washburn: A rapid fluorometric method for determination of coumarin and related compounds in sweetclover. J. Amer. Soc. Agron. 36, 704 (1944). — 11. Stevenson, T. M., and J. S. Clayton: Investigations relative to the breeding of coumarin-free sweetclover (*Melilotus*). Can. Jour. Res., C., 14, 153 (1936). — 12. Ufer, M.: Wege und Ergebnisse der züchterischen Arbeit am Steinklee. Der Züchter 6, 255—258 (1934). — 13. Ufer, M.: Ein züchterisch brauchbares Verfahren zur Auslese cumarinarmer Formen beim Steinklee (*Melilotus*). Der Züchter 11, 317—321 (1939). — 14. White, W. J., R. G. Savage and F. B. Johnston: A slightly modified fluorometric method of testing for coumarin content in sweetclover. Canad. Jour. Agr. Sc. 32, 278 (1952).

SPRINGER-VERLAG
Berlin · Göttingen · Heidelberg

Moderne Methoden der Pflanzenanalyse
Modern Methods of Plant Analysis

Begründet von / Founded by K. PAECH · M. V. TRACEY
Fortgeführt von / Continued by H. F. LINSKENS · M. V. TRACEY

Ergänzungsband
Band/Vol. V

Mit 228 Abbildungen.

XXVIII, 536 Seiten (davon 437 Seiten in englischer und 9 Seiten in französischer Sprache) Gr.-8°. 1962.

Ganzleinen DM 98,—

Inhaltsübersicht/Contents

Emission and atomic absorption spectrochemical methods. By D. J. DAVID, Canberra City A. C. T. (Australia) · Mass spectrometric methods. By K. BIEMANN, Cambridge/Mass. · Plant spectra: Absorption and action. By W. L. BUTLER and K. H. NORRIS, Beltsville/Md. · Gefriertrocknung. Von H. MOOR, Zürich · Vapour phase chromatography. By S. P. BURG, Miami/Fla. · Ion-exchange chromatography. By N. K BOARDMAN, Canberra City A. C. T. (Australia) · Molecular sieving other than dialysis. By N. K. BOARDMAN, Canberra City A. C. T. (Australia) · Dünnschicht-Chromatographie. Von E. STAHL, Saarbrücken · Paper chromatography on a preparative scale. By F. A. HOMMES and H. F. LINSKENS, Nijmegen · Determination of size, shape and homogeneity of macromolecules in solution. By I. J. O'DONNELL and E. F. WOODS, Parkville (Australia) · Optical rotatory dispersion. Its application to protein conformation. By E. F. WOODS and I. J. O'DONNELL, Parkville (Australia) · Diffuse Röntgenkleinwinkelstreuung. Von O. KRATKY, Graz · Méthodes calorimétriques pour l'analyse des végétaux. Par H. PRAT, Marseille · Surface factors affecting the penetration of compounds into plants. By A. E. DIMOND, New Haven/Conn. · Tissue and single cell cultures of higher plants as a basic experimental method. By A. C. HILDEBRANDT, Madison/Wis. · Immunological methods. By J. A. VAN DER VEKEN, D. H. M. VAN SLOGTEREN, and J. P. H. VAN DER WANT, Lisse (Netherlands) · Polarography and tensammetry. By B. BREYER, Sydney N. S. W. (Australia) · Fallout contamination in plants. By J. V. POSSINGHAM, Merbein (Australia), and P. S. DAVIS, Lucas Heights N. S. W. (Australia) · Sachverzeichnis (Deutsch-Englisch). Subject Index (English-German).

Früher erschienen
Band/Vol. I: Mit 215 Abbildungen.
XVIII, 542 Seiten (davon 356 Seiten in englischer Sprache) Gr.-8°. 1956.
Ganzleinen DM 108,—

Band/Vol. II: Mit 48 Abbildungen.
XIV, 626 Seiten (davon 462 Seiten in englischer Sprache) Gr.-8°. 1955.
Ganzleinen DM 110,—

Band/Vol. III: Mit 77 Abbildungen.
XIV, 761 Seiten (davon 398 Seiten in englischer Sprache) Gr.-8°. 1955.
Ganzleinen DM 138,—

Band/Vol. IV: Mit 82 Abbildungen.
XVI, 766 Seiten (davon 548 Seiten in englischer Sprache) Gr.-8°. 1955.
Ganzleinen DM 145,—

In Kürze erscheint
Band/Vol. VI: Mit 87 Abbildungen.
Etwa 580 Seiten Gr.-8°. 1962. (16 Beiträge in deutscher und 10 Beiträge in englischer Sprache).
Ganzleinen etwa DM 98,—

■ Bitte Prospekt anfordern!

If you have any concerns about our products,
you can contact us on
ProductSafety@springernature.com

In case Publisher is established outside the EU,
the EU authorized representative is:
Springer Nature Customer Service Center GmbH
Europaplatz 3, 69115 Heidelberg, Germany

Printed by Libri Plureos GmbH
in Hamburg, Germany